Kraheck | Zahn

GRUNDLAGEN DER PERIMETERSICHERUNG

ADOLF KRAHECK | SUSANNE ZAHN

GRUNDLAGEN DER PERIMETER-SICHERUNG

Mechanische und elektronische Sicherung von der Grundstücksgrenze bis zum Objekt

VDE VERLAG GMBH

Bibliografische Information der Deutschen Nationalbibliothek
Die Deutsche Nationalbibliothek verzeichnet diese Publikation in der Deutschen Nationalbibliografie; detaillierte bibliografische Daten sind im Internet über http://dnb.dnb.de abrufbar.

ISBN 978-3-8007-4062-8 (Buch)
ISBN 978-3-8007-4063-5 (E-Book)

Coverabbildung: Adolf Kraheck

Druck: druckhaus köthen GmbH & Co. KG, Köthen (Anhalt)
Printed in Germany 2016-03

Vorwort

Der Schutz von Menschenleben und Sachwerten beginnt an der Außengrenze des Grundstücks, auf dem das zu sichernde Objekt steht bzw. die zu sichernden Objekte alle stehen, dem sogenannten Perimeter. Demzufolge beginnen auch alle Betrachtungen, die die Gesamtsicherheit betreffen, immer an dieser Grenzlinie und werden dann weitergeführt über den gesamten Außenbereich hin zu den Objekten und dann weiter hinein in einzelne Teilbereiche bis hin zur Sicherung einzelner Gegenstände; nach dem sogenannten Zwiebelschalenprinzip.

Bei der Perimetersicherung kommen zwangsläufig vielfältige und unterschiedlichste Gewerke zusammen. Planer und Errichter, die sich vornehmlich mit dem Thema „Sicherheitstechnik" befassen, könnten zu dem Schluss kommen, dass die mechanischen Komponenten und die damit verbundenen Fachkenntnisse kein Teil ihrer Arbeiten sind. Diese Ansicht zu vertreten war im vergangenen Jahrhundert eventuell noch akzeptiert, heute ist eine Trennung der einzelnen Gewerke nicht mehr möglich.

Wer heutzutage Sicherheitstechnik planen und installieren will, muss sich zwangsläufig auch mit den Fremdgewerken auseinandersetzen, denn Mängel am eigenen Gewerk, die ihren Ursprung in den Mängeln von Vorleistungen haben, muss sich auch derjenige zurechnen lassen, der diese Mängel nicht rügt und einfach in seine eigenen Arbeiten mit übernimmt. Die gängige Rechtsprechung zeigt, dass im Falle einer Auseinandersetzung davon ausgegangen wird, dass gewerkeübergreifende Kenntnisse vorausgesetzt werden.

Dieses Werk beschreibt daher die Perimetersicherung als eine Einheit, die neben der elektronischen Technik auch die vorausgehenden mechanischen Gewerke erfasst. Dies ist auch insoweit wichtig, als immer wieder festzustellende Mängel bei der elektronischen Sicherung auf Ursachen zurückzuführen sind, die in der reinen Mechanik begründet sind und vermieden werden könnten, wenn die gesamten Zusammenhänge berücksichtigt würden.

Nicht näher eingegangen wird auf spezifische Techniken einzelner Hersteller bzw. auf systemspezifische Einstellungen von Geräten. Neben dem dann nicht mehr zu vertretenden Gesamtumfang dieses Werkes ist es Aufgabe jedes Einzelnen, sich mit den Besonderheiten der Geräte vertraut zu machen, die er plant, anbietet und installiert. Dazu sind die Hersteller bzw. Distributoren zu kontaktieren.

Ferner zeigt dieses Werk auch verschiedene Fälle auf, die sich im Laufe der Zeit „eingebürgert" haben, jedoch nicht dem heutigen Kenntnisstand entsprechen. Oft werden bekannte Faktoren über lange Zeit hinweg als einzig richtige Lösungen angesehen. Es fehlt dabei aber das vorausschauende Denken, um die sich ständig verändernden Gegebenheiten als wichtige Entscheidungskriterien in die eigene Arbeit mit einfließen zu lassen.

Universelle und allumfassende Lösungen für alle Sicherheitsrisiken kann und wird es nicht geben. Daher sind im vorliegenden Werk so viele wie mögliche Lösungsansätze und Denkanstöße enthalten, die dem Leser helfen sollen, letztendlich das für den zu schützenden Kunden bzw. das zu schützende Objekt optimale Gesamtmaßnahmenpaket planen und ausführen zu können.

Da die Perimetersicherheit ein insgesamt sehr umfangreiches und weitreichendes Thema ist, beschränkt sich der Umfang des Werkes auf die wichtigsten und allgemeingültigen Grundlagen. Wer in diesem Bereich tätig ist oder tätig werden will, muss sich selber weiter informieren und im Laufe der Zeit auf einem aktuellen Stand halten. Wichtigste unterstützende Maßnahme ist die Aneignung beruflicher Erfahrung, ohne die nichts einwandfrei funktionieren kann.

Troisdorf/Siegburg, Februar 2016 *Adolf Kraheck/Susanne Zahn*

Autoren

Adolf Kraheck, Jahrgang 1954, in Bonn geboren und im Rheinland aufgewachsen, ist gelernter Fernmeldehandwerker, staatlich anerkannter Techniker Fachrichtung Elektronik und Meister im Elektro- und Fernmeldehandwerk. Zunächst als angestellter Sicherheitstechniker und dann in allen Unternehmensbereichen eingesetzt, machte er sich 1995 als freier und unabhängiger Berater und Planer für sicherheitstechnische Einrichtungen selbständig.

Zu seinen wesentlichen Aufgabengebieten gehören die Beratung, Planung, Projektierung und Projektbetreuung mit dem Schwerpunkt Sicherheitstechnik in Justizvollzugsanstalten. Darüber hinaus ist er seit vielen Jahren Autor für einschlägige Fachzeitschriften und Fachbücher der Sicherheitstechnik. Zusätzlich war er ehrenamtlicher Richter am Verwaltungsgericht und ist Beisitzer der Einigungsstelle der IHK (UWG).

Susanne Zahn, Jahrgang 1961, in Bonn geboren und im Rheinland aufgewachsen, absolvierte ihre juristische Ausbildung in Bonn und Göttingen. Seit 1992 ist sie Selbstständige Rechtsanwältin und seit 2003 Sozia in der Kanzlei Vogel & Zahn. Sie ist Fachanwältin für Bau- und Architektenrecht sowie Fachanwältin für Miet- und Wohnungseigentumsrecht.

Neben ihrer anwaltlichen Tätigkeit veröffentlicht sie als Autorin in einschlägigen Fachzeitschriften der Sicherheitstechnik.

Hinweise

Im vorliegenden Werk wurden an verschiedenen Stellen Oberbegriffe verwendet, die für diesen Bereich insgesamt gültig sind. Wenn es um spezielle Teile geht, so ist dies auch entsprechend vermerkt.

Soweit Geräte und Systeme bei ihrer Darstellung auch eine Wertung erfahren haben, gilt grundsätzlich, dass sie ohne Bezug auf ein explizites Objekt betrachtet wurden. Was in dem einem Objekt für größtmögliche Sicherheit sorgen kann, ist vielleicht in einem anderen Objekt völlig ungeeignet. Auch geht es in diesem Werk nicht darum, alle erdenklichen Betrachtungsweisen aufzuzeigen, da dies schlicht unmöglich ist. Selbst alle jemals bei irgendeinem Objekt gesammelten Erfahrungen lassen sich nicht allgemeingültig zusammenfassen.

An verschiedenen Stellen sind Maße angegeben, um einen ersten Eindruck zu vermitteln. Diese Maße können, je nach Hersteller und Material, unterschiedlich ausfallen. Daher sind bei der Planung und Ausführung grundsätzlich die Maße anzusetzen, die entweder im Sicherungskonzept vorgegeben wurden oder den Herstellervorgaben zu entnehmen sind. Eventuell sind Angaben bzw. Maße in unverbindlichen Normen und Richtlinien enthalten.

Der gesamte Bereich der bei der Perimetersicherung zu beachtenden Regelwerke wird nur angesprochen und nur vereinzelt im Detail besprochen. Wichtig ist es, die Grundlagen und die logischen Gesamtzusammenhänge zu erkennen und dann die Regelwerke hinzuzuziehen, die – zum jeweiligen Anwendungszeitpunkt – gültig sind und dazu noch Hinweise und zusätzliche Tipps enthalten können.

Dieses Werk stellt in den entsprechenden Kapiteln keine verbindliche Rechtsberatung dar. Jeder Fall einer rechtlichen Auseinandersetzung ist für sich zu betrachten und zu bewerten. In Zweifelsfällen und wenn eine Rechtsberatung generell notwendig sein sollte, so hat sie durch eine geeignete Person oder Institution zu erfolgen. Ob ein Gericht dann allerdings zu der gleichen Würdigung der Fälle kommt, sei dahingestellt.

Unabhängig davon hat sich jeder Leser eigenverantwortlich darum zu kümmern, dass er die ihn betreffenden Gesetze, Normen, Richtlinien und anderen Regelwerke kennt und, soweit er sie für seine Arbeit vorliegen haben muss, auf dem jeweils aktuellen Stand hält.

Die Autoren danken jenen Firmen, die dieses Buch mit Bildmaterial unterstützt haben. Die Bildnachweise sind im Anhang zu finden.

Alle im Werk genannten Personen und Personengruppen entsprechen beiderlei Geschlechts, auch wenn aus Gründen der Übersichtlichkeit und Lesbarkeit an verschiedenen Stellen geschlechtsspezifische Darstellungen erfolgen.

Inhaltsverzeichnis

1 Die Ausgangsbasis

1.1 Allgemeines

Perimetersicherung gibt es seit Urzeiten – in Annäherung an unsere heutigen Einrichtungen schon seit dem ersten Siedlungsbau. Damals wurden bereits mechanische Abgrenzungen der Territorien gegenüber den nicht dazu gehörenden Menschen, aber auch zum Personen- und Sachschutz (Tiere) gegenüber wilden Tieren errichtet. Das reichte vom einfachen Zaun bis hin zu hohen Palisaden.

Abb. 1.1.1: Die Anfänge

Offensichtlicher wurde die Perimetersicherung im Mittelalter, dem Zeitalter der Burgen. Dabei wurde in erster Linie auf eine unüberwindliche Mechanik Wert gelegt, die durch weitere mechanische Maßnahmen wie Zugbrücken ergänzt wurde. Dabei lassen sich folgende Vergleiche ziehen:

- Die Wehrgänge auf den Mauern sind vergleichbar mit den heutigen Abweisersystemen inkl. personeller Ergänzung.
- Zugbrücken entsprechen den heutigen Fahrzeugsperren. Im Ruhezustand für Pferdewagen passierbar, im angehobenen Zustand unüberwindlich.
- Das Burgtor entspricht den heutigen als stabile Barriere ausgeführten Schiebetoren.

Abb. 1.1.2: Das Mittelalter

Abb. 1.1.3: Vergleich damals und heute

In Abbildung 1.1.3 sind bereits die klassischen Merkmale einer gestaffelten Perimetersicherung erkennbar. Dabei sind:

① das äußere Perimeter in Form einer massiven Mauer (Abschnitt 2.2)

② visuelle Überwachung von Perimeter und Außenbereich; heute Videotechnik (Abschnitt 6.5)

③ Gang für die Bestreifung; heute im Bodenbereich

④ Freigelände für personelle Überwachung

⑤ Burggraben als landschaftliche Barriere (Abschnitt 2.1.1)

⑥ innere Perimetersicherung durch massives Mauerwerk; nach heutigen Maßstäben durchbruchsicher

⑦ Vergitterung von Fenstern in gefährdeten Bereichen

⑧ schräge Auskragung als Kletterschutz; heutiger Abweiser (Abschnitt 2.2.5)

⑨ visuelle Überwachung des Freigeländes; heute Videotechnik (Abschnitt 6.5)

⑩ Die schräg zulaufenden Mauern im Eckbereich erleichtern das Hochklettern, was nach heutigen Maßstäben eine Aufstiegshilfe und damit einen Mangel darstellen würde.

Die Entwicklung der Gesellschaft und vor allem die rasant fortschreitende Technik insgesamt bescheren uns nicht nur die klassischen Folgen wie Wachstum und Wohlstand. Daneben steht Fortschritt auch für Begehrlichkeiten. Wir sind zu einer sogenannten „must-have-Gesellschaft" geworden. Das führt dazu, dass auch einige diesen Wohlstand genießen wollen, ohne etwas dazu beizutragen.

Längst reicht es nicht mehr aus, ein Gebäude, in dem schützenswerte Dinge untergebracht sind, von außen mechanisch zu sichern. Heutzutage sind auch Rohstoffe, Maschinen, Fahrzeuge usw., die unternehmensbedingt außerhalb abgegrenzter und geschlossener Gebäude gelagert und abgestellt werden müssen, regelmäßig „lohnendes" Ziel für Täter fast aller Kategorien. Bestes Beispiel dafür sind die zunehmenden Bunt- und Edelmetalldiebstähle.

Das erfordert Schutzmaßnahmen, die schon weit vor einem zu schützenden Gebäude beginnen müssen. Dazu ist der erste Ansatzpunkt das Perimeter, also die Grenzlinie um das Areal herum, auf dem sich ein oder mehrere zu schützende Gebäude oder Objekte befinden. Zwar bedeutet Perimeter von der Wortherkunft im eigentlichen Sinne nur die äußere Grenzlinie, in der Sicherheitstechnik wird dieser Begriff allerdings weiter gefasst und beinhaltet den gesamten Bereich um die zu schützenden Objekte herum.

Zur besseren Unterscheidung wird in diesem Werk allerdings eine Differenzierung getroffen:

- Perimetersicherung = die Außengrenze und innerbetriebliche Bereichsabgrenzungen betreffend
- Freigeländesicherung = den Bereich zwischen dem Perimeter und Objekten auf dem zu schützenden Areal betreffend

Die Sicherung von Perimeter und Freigelände darf allerdings nicht aus einzelnen autarken Maßnahmen bestehen, bei denen jedes Gewerk für sich einen eigenständigen Teilbereich darstellt. Vielmehr ist es erforderlich, von der ersten Planung bis zum Betrieb gesamtheitlich zu denken und erforderliche Maßnahmen auch gesamtheitlich umzusetzen. Dazu gehören die drei Schwerpunktbereiche

- organisatorische Maßnahmen (innerbetrieblich bzw. Wachpersonal),
- mechanische Sicherungen,
- elektronische Sicherungen.

Dabei stehen die organisatorischen Maßnahmen an erster Stelle, weil immer wieder festzustellen ist, dass die beiden anderen Maßnahmen überhaupt erst notwendig werden, weil es Mängel in der betrieblichen Organisation gibt.

Beispielsweise gibt es keine Notwendigkeit, angeliefertes Material im Außenbereich zu lagern, wenn innerhalb eines Gebäudes ein entsprechender Lagerplatz vorhanden ist. Das Diebstahlrisiko sinkt, da das Material nicht mehr sichtbar und überdies schwerer erreichbar ist. Eine aufwendige mechanische/elektronische Sicherung des Außenlagerplatzes kann in diesem Fall ggf. entfallen.

Somit hat der Auftraggeber (AG) zuerst einmal seine betrieblichen Abläufe und Maßnahmen zu überprüfen und ggf. anzupassen. Darauf aufbauend erfolgt die Betrachtung der mechanischen/ elektronischen Sicherungsmöglichkeiten zur Risikominimierung und zum Schutz von Sachwerten und auch zum Schutz von Personen. Alle drei Schwerpunktbereiche sollten dabei so ausgerichtet sein, dass sie sich im Zentrumsbereich der Gesamtmaßnahme treffen.

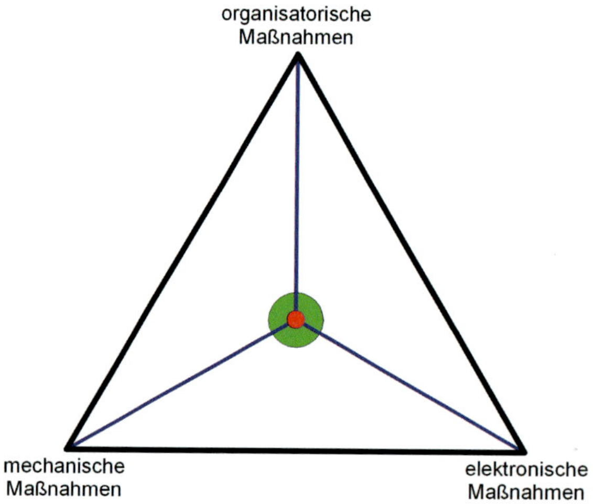

Abb. 1.1.4: Gleichgewicht der Maßnahmen

Sind die personellen Maßnahmen unzureichend oder werden sie nicht umgesetzt, bedeutet das, das Gesamtsystem befindet sich nicht im Gleichgewicht. Es sind deutlich mehr mechanische/ elektronische Maßnahmen erforderlich, um einen umfassenden Schutz zu gewährleisten.

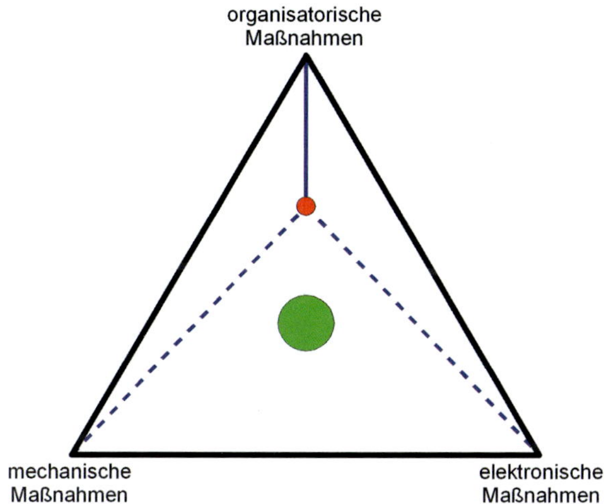

Abb. 1.1.5: Ungleichgewicht der Maßnahmen

Allerdings gibt es auch betriebliche Voraussetzungen und Gegebenheiten, die ein ideales Ergebnis nicht zulassen, z.B. fehlende Geldmittel für den Einsatz von Wachpersonal. Dann gilt es festzulegen, bis zu welcher Abweichung das dadurch erhöhte Risiko der Unternehmer (AG) selber tragen kann und inwieweit (bis zu welchem Grenzring) das Restrisiko versicherbar ist.

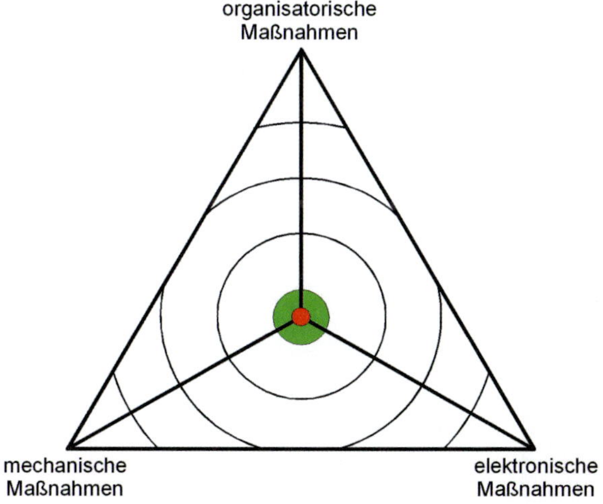

Abb. 1.1.6: Vertretbare Abweichungen

1.1.1 Das Zwiebelschalenprinzip

Grundsätzlich baut die Perimetersicherheit auf einer Risikoanalyse und einem daraus entwickelten Sicherheitskonzept auf. Da diese beiden Punkte Teil der Planungsarbeit sind, wird an dieser Stelle noch nicht darauf eingegangen, sondern in Abschnitt 9.1.1.

Alle Maßnahmen zur Sicherung von Gebäuden und Objekten sollten nach einem einheitlichen Schema aufgebaut sein, dem Zwiebelschalenprinzip. Die mechanischen/elektronischen Sicherungen an der Perimetergrenze bilden dabei die äußere Schale. Die Absicherung der Geländebereiche zwischen der Außengrenze und den Gebäuden ist vergleichbar mit der nachfolgenden Schicht usw. Nur wenn alle Schichten vollständig sind, kann letztendlich ein Schutz für das Herz der Zwiebel bzw. für das eigentliche Sicherungsziel erfolgen.

HINWEIS!

Selbstverständlich ist es nicht bei jedem Objekt erforderlich, alle erdenklichen Maßnahmen nach einem Zwiebelschalenprinzip auch durchzusetzen. Objektsicherheit ist kein Patentrezept und eine 100 %ige Sicherheit kann nicht gewährleistet werden.

In diesem Buch werden lediglich die äußeren Zwiebelschichten betrachtet, und zwar die Sicherung des eigentlichen Perimeters und des daran anschließenden Geländes.

1.1.2 Das Zonenkonzept

Beim Zonenkonzept geht es weniger um kleinere Gewerbeobjekte und schon gar nicht um Einzelobjekte, sondern um Industrieunternehmen, besondere öffentliche Bereiche, wie Justizvollzugsanstalten (JVA), Forensische Kliniken und vergleichbare Einrichtungen, sowie Objekte, die unter den Begriff der „kritischen Infrastruktur" (KI) fallen. Das sind Objekte, deren teilweiser oder totaler Ausfall sich auf die Sicherheit des ganzen Landes auswirken kann, z.B. Kernkraftwerke und Ölraffinerien.

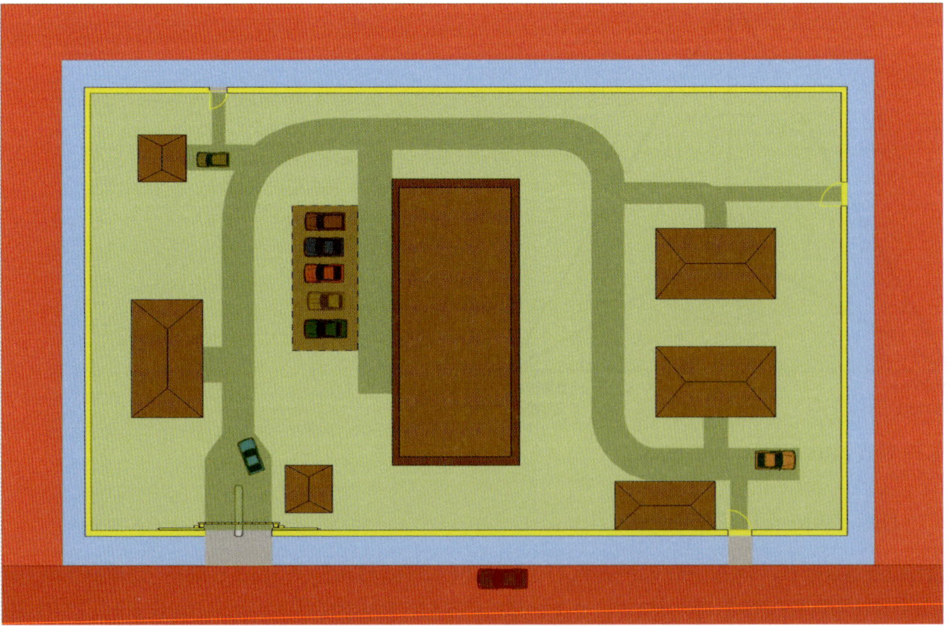

Abb. 1.1.7: Zonenkonzept Industrie

Um nach dem zuvor genannten Zwiebelschalenprinzip vorgehen zu können, gibt es festgelegte Bereiche, die einmal alleine für sich zu betrachten sind und anschließend im Verbund mit den weiteren Bereichen. Dazu wird das gesamte Objekt inkl. aller Außenbereiche in einzelne Zonen aufgeteilt. In diesen Zonen sind unterschiedliche Ziele zu definieren und zu ermitteln, mit welchen mechanischen/elektronischen (und organisatorischen) Maßnahmen das erforderliche Sicherungsziel möglichst zu erreichen ist. Möglichst deshalb, weil eine 100 %ige Sicherheit nicht zu gewährleisten ist, alle Maßnahmen aber darauf abzielen sollten, sich der 100-%-Marke weitestgehend anzunähern.

Anhand eines fiktiven Unternehmens werden im Folgenden die einzelnen Zonen dargestellt und beschrieben. Abbildung 1.1.7 zeigt die Aufteilung (die Fahrzeuge in der Bildmitte bilden im Beispiel ein eigenes Sicherungsobjekt).

Die einzelnen Zonen sind wie folgt definiert:

Zone 0 (rot)

- Es handelt sich um den Bereich rund um das Gelände des Unternehmens. Da dieser Bereich nicht mehr zum Unternehmen gehört, kann es sich um öffentlichen Raum handeln oder um privates Gelände der angrenzenden Unternehmen.
- Da hier keine Befugnis für irgendeine Sicherungsmaßnahme besteht, ist auch die Definition eines Schutzzieles nicht erforderlich.
- Eine Überwachung dieser Zone ist nur dergestalt möglich, dass beispielsweise Wachpersonal, welches sich entlang der Perimeterabgrenzung im Einsatz befindet, diesen Bereich rein visuell und ohne technische Hilfsmittel beobachten darf. Das gilt, obwohl beispielsweise im Sicherungsleitfaden VdS 3143 2012-09 bei der intelligenten Videoanalyse angegeben ist (Zitat): „Zusätzlich können über diese Definition öffentliche Bereiche (Vorfeld) mit in die Detektion und damit in die Gesamtbetrachtung des Sicherheitskonzeptes integriert werden."

Zone 1 (blau)

- Bei dieser Zone handelt es sich um alle Geländeteile, die zwar noch zum Unternehmensgelände gehören, sich aber außerhalb des geschlossenen Perimeters befinden. Sie können frei zugänglich sein, durch landschaftsbauliche Maßnahmen optisch als Privatbereich erkennbar oder auch mittels einfacher Barrieren (z.B. niedriger Zaun) als „juristische Grenze" (siehe Abschnitt 1.2) vom öffentlichen/privaten Bereich abgetrennt sein.
- Dieser Bereich kann mit in die Überwachung einbezogen werden. Ziel ist es, eine Annäherung an die Perimeterabgrenzung (Mauer/Zaun) möglichst frühzeitig zu erkennen, um geeignete Gegenmaßnahmen ergreifen zu können. Ferner lassen sich die Annäherung ans Perimeter erschweren, insbesondere für Fahrzeuge (siehe Abschnitt 2.1.1), und Angriffe auf das Perimeter möglichst verhindern.
- Voraussetzung für eine Detektion in dieser Zone ist allerdings, dass eine eindeutige Abgrenzung z.B. zum öffentlichen Bereich besteht, damit versehentlich sich in diesem Bereich aufhaltende Personen und Tiere nicht zu einer ständigen Alarmauslösung führen. Insbesondere die Überwachung mittels Videotechnik ist hier geeignet, sofern diese Überwachung nicht in die Zone 0 übergeht.

In den Bereich der organisatorischen Maßnahmen fällt die sogenannte Bestreifung dieser Zone, d.h. Wachpersonal kann diesen Bereich für regelmäßige Kontrollgänge nutzen. Einerseits bedeutet das Abschreckung durch Zeigen von Präsenz, andererseits besteht für das Personal, je nach Bedrohungslage, ein erhöhtes Risiko, selber angegriffen zu werden und sich nicht von jedem Punkt aus sofort hinter die sichere Barriere zurückziehen zu können.

Zone 2 (gelb)

- Zur Zone 2 gehören alle unmittelbaren Bereiche, die zu einem geschlossenen Perimeter gehören. Ferner alle vergleichbaren Bereiche, die innerhalb der nachfolgenden Zone in sich abgeschlossene Teilbereiche bilden. Dies trifft insbesondere für Bereichsabtrennungen z.B. in einer JVA zu.
- Ziel in dieser Zone ist es, ein Überwinden des Perimeters sowie das unbefugte Betreten und Befahren der nachfolgenden Zone zu verhindern.
- Durch mechanische und elektronische Maßnahmen ist es möglich, Überwindungen dieses Bereiches zu verhindern, zu erschweren und eine möglichst frühe Erkennung von Angriffen zu erreichen.

Zone 3 (oliv)

- Auf die Perimeterabgrenzung der Zone 2 folgt der Geländebereich bis zu den Gebäuden bzw. zu besonderen Schutzobjekten, die sich an beliebiger Stelle im Gelände befinden können. Diese Zone muss nicht starr sein, denn zu unterschiedlichen Zeiten an den verschiedensten Plätzen gelagerte Schutzobjekte bedeuten ggf. eine wiederholte Anpassung dieser Zone an die tatsächlichen Gegebenheiten, wodurch hier eingesetzte Detektionssysteme jedweder Art ebenfalls anzupassen sind.
- Ziel in dieser Zone ist es, Personen und Fahrzeuge, die sich unberechtigt im Gelände bewegen und die Zone 2 bereits überwunden haben, zu erfassen, zu melden und dann schnellstmöglich geeignete Maßnahmen zu ergreifen.
- Auch in diesem Bereich sind mechanische und elektronische Maßnahmen möglich. Hierzu stehen vielfältige Überwachungssysteme zur Verfügung, die auf den unterschiedlichsten Funktionsprinzipien basieren und für Täter sowohl abschreckend sichtbar als auch unsichtbar sein können.

Zone 4 (braun)

- Zur Zone 4 gehören alle baulichen Einrichtungen, die separat zu sichern sind (mechanisch/elektronisch), sowie einzelne Schutzobjekte, die aus abgestellten Containern, Fahrzeugen, Baumaschinen, Material usw. bestehen können.
- Gebäude, die unmittelbar an oder Teil des Perimeters sind, gehören ebenfalls zur Zone 4, auch wenn dazwischen keine Zone 3 besteht.
- Ziel dieser Zone ist es, bereits in die Zone 3 eingedrungene Täter daran zu hindern, in schutzwürdige Gebäude einzudringen bzw. bewegliche Objekte abzutransportieren. Alternativ zur Verhinderung stehen die deutliche Verzögerung i. V. m. der frühestmöglichen Erkennung eines Tatgeschehens, um geeignete Maßnahmen einleiten zu können.

- In diesem Bereich sind ebenfalls mechanische und elektronische Maßnahmen möglich. Es stehen sowohl in Zone 2 als auch in Zone 3 einsetzbare Systeme zur Verfügung.

HINWEIS!

Zu berücksichtigen ist, dass Schutzmaßnahmen in Form einer Umhüllung erfolgen. Weitergehende Maßnahmen, z.B. eine Einbruchmeldeanlage in einem Gebäude, zählen nicht mehr zur Perimetersicherung.

1.2 Die juristische Grenze

Nicht nur das Bestreben, unerlaubtes Betreten des eigenen Besitztums zu verhindern, ist bei der Perimetersicherung bzw. Freigeländesicherung wichtig. Denn häufig korrespondiert die juristische Grenze eines Grundstücks (katastermäßig festgelegte Grundstücksgrenze mit Flur und Flurstück) nicht mit der durch Perimetersicherung erzeugten, visuell wahrgenommenen Grenze eines Grundstücks. Ein offenes Gelände um ein Objekt, wie es in den meisten Fällen bei Parkplätzen an Warenhäusern und Supermärkten der Fall ist, kann jederzeit von befugten sowie von unbefugten Personen betreten werden. Dies kann gewollt sein, z.B. zur Ansicht von Schaufensterauslagen, oder auch nicht, z.B. zu bestimmten Tages- bzw. Nachtzeiten.

Will der Eigentümer bzw. der Besitzer eines solchen Geländes den unbefugten Zutritt Dritter unterbinden, so kann er lediglich von seinem Hausrecht Gebrauch machen, Hausverbot erteilen und die Person von seinem Grundstück verweisen. Im Wiederholungsfall, wenn eine des Grundstücks verwiesene Person erneut das Grundstück betritt, besteht die Möglichkeit, eine Anzeige wegen Hausfriedensbruch zu stellen und daneben auf Unterlassung zu klagen. Liegt das Grundstück an einer stark frequentierten öffentlichen Straße, ist die Durchsetzung der eigenen Ansprüche auf dem Rechtswege jedoch langwierig und deshalb unpraktikabel.

Ist das Grundstück allerdings ummauert, eingezäunt oder in einer anderen Weise mit einer deutlich erkennbaren Abgrenzung umgeben, ist für jeden Dritten erkennbar, dass das Betreten des Grundstücks unbefugten Dritten nicht gestattet ist. Eine Person, die diese Umfriedung überwindet, verletzt das Recht des Eigentümers, Dritte von dem Betreten des Grundstücks auszuschließen (§ 903 BGB).

In Abbildung 1.2.1 lassen sich die verschiedenen Situationen anhand einer JVA erkennen. Gehweg und Straße sind öffentlicher Raum (orange). Als Eigentumsgrenze sind sowohl links die Mauer als auch die Hecken anzusehen, die auch ohne besondere Beschilderung nicht überstiegen werden dürfen. Außerhalb dieser „juristischen" Grenze liegen der Zugang zum Haus, die Zufahrt zum Tor und die Rasenfläche an der Straßenecke (rot).

Da bei fehlender visueller Abgrenzung des Grundstücks jederzeit bewusst oder sogar unbewusst Personen (und Tiere) das Gelände betreten können, ist die Absicherung eines solchen Geländes mittels elektronischer Systeme nicht sinnvoll. Die Fehlalarme würden ins Uferlose steigen.

Hier muss eindeutig festgehalten werden, dass bei einer vom Nutzer gewünschten Offenheit des Geländes er die daraus resultierenden Probleme mit ungebetenen „Besuchern" in Kauf nehmen muss. Allerdings sind diese Probleme im Vorfeld der Planung zu besprechen und dem Nutzer offen darzulegen.

Abb. 1.2.1: Teilweise offene Grenze

Problematisch wird es auch dann, wenn beispielsweise bei Industriegebieten „auf der grünen Wiese" aufgrund der landschaftlichen Gegebenheiten nicht erkennbar ist, wo die eigentlichen Grundstücksgrenzen verlaufen (Abbildung 1.2.2).

Abb. 1.2.2: Nicht erkennbare Grenzen

1.3 Begriffe und Definitionen

Planer und Errichter als Fachleute sprechen i. d. R. eine andere Sprache als der laienhafte Kunde. Da sich immer mehr Kunden vor einem Beratungsgespräch im Internet „schlau machen", ist es wichtig, ein paar Begriffe zu kennen und sie notfalls erklären zu können. Nichts ist schlimmer, als ein Kunde, der mehr weiß, als er sollte.

1.3.1 Widerstandswert

Der Widerstandswert ist eine dimensionslose Größe. Mit ihm wird beschrieben, welchen Widerstand eine Sicherungsmaßnahme theoretisch einem Täter entgegensetzt.

Ein Zaun setzt einem Täter einen bestimmten „Widerstand" entgegen. Dieser Widerstand ist umso größer, je höher der Zaun ist, weil ein Täter mehr Zeit benötigt, ihn zu überwinden. Der fiktive Widerstandswert lässt sich erhöhen, indem mehrere mechanische Barrieren hintereinander aufgebaut werden.

Selbst etwas nicht Vorhandenes kann einen Widerstandswert haben. Entfernt man die Erde in Form eines Grabens, so stellt dies einen Widerstand bei der Überwindung mit einem Fahrzeug dar, nicht jedoch für einen Täter, der zu Fuß unterwegs ist. Damit wird deutlich, dass ein und demselben Teil kein fester Wert zuzuordnen ist. Dafür sind zu viele Einzelfaktoren bzw. ihre Kombination zu berücksichtigen, insbesondere das Verhalten der Täter (siehe Abschnitt 1.3.3) und das von ihnen eingesetzte Tatwerkzeug (siehe Abschnitt 1.3.4).

Insgesamt lassen sich mit dem Widerstandswert verschiedene Maßnahmen hinsichtlich ihrer möglichen Wirkung auf einen Angriff miteinander vergleichen. So ist festzustellen, dass eine 60 cm dicke Mauer einen höheren Widerstandswert hat als beispielsweise ein einfacher Maschendrahtzaun. Allerdings gilt für Detektionssysteme, dass sie generell keinen Widerstandswert haben, da sie außer der Meldung eines Angriffs den Tätern keinen Widerstand entgegensetzen. Das gilt sowohl für separat eingesetzte Detektionssysteme als auch für mit einer mechanischen Barriere gekoppelte Systeme.

1.3.2 Widerstandszeitwert

Auch der Widerstandszeitwert ist eine dimensionslose Größe. Mit ihm wird beschrieben, welche zeitliche Verzögerung ein Täter theoretisch in Kauf nehmen muss, um eine mechanische Barriere zu überwinden.

Hierbei spielen die verschiedensten Faktoren und Einflüsse ebenfalls eine Rolle. Während ein ungeübter Täter einen Gitterzaun vielleicht noch Stab für Stab mit einer Säge durchtrennt und dafür „unendlich" viel Zeit benötigt, wird ein Profitäter innerhalb kürzester Zeit mit einem Bolzenschneider die notwendige Anzahl an Stäben durchtrennen.

WICHTIG!

Da der Widerstandszeitwert wie auch der zuvor genannte Widerstandswert nur eine beschreibende Funktion haben, dürfen sie niemals als eine feste Größe verwendet werden; weder im Sicherungskonzept noch in der Planung oder einem Begleittext zu einem Angebot.

(Die graphische Darstellung zur Veranschaulichung gegenüber einem Kunden wird im Abschnitt 1.4 separat beschrieben.)

Ein weiteres entscheidendes Kriterium für den Widerstandszeitwert ist auch in der körperlichen Fitness eines Täters zu sehen. In der Presse wurde vor einiger Zeit dazu ein Beispiel gezeigt (im Netz auch mit Video). Das Erklettern eines Teilstücks des amerikanischen Border Fence (Grenzzaun zu Mexiko), der an dieser Stelle in Form massiver vertikaler Stahlrohre mit ca. 10 cm Durchmesser und ca. 6 m Höhe aufgebaut ist, erfolgte 2010 ohne Einsatz von Hilfsmitteln in einer Rekordzeit von unter 18 Sekunden. Ein ungeübter Täter kann dagegen bereits für einen 2,5 m hohen Zaun mehrere Minuten benötigen.

1.3.3 Tätertypen und -verhalten

Im Rahmen von Globalisierung und offenen Grenzen wird es immer schwieriger vorherzusehen, welcher Art die zu erwartenden Täter sein könnten und wie sie sich eventuell verhalten. Es gibt allgemeine Einteilungen von Tätern aufgrund von vorausgegangenen Erfahrungen und in Verbindung mit zu erwartenden Tatwerkzeugen (siehe Abschnitt 1.3.4). Als Grundlage für eine Planung reicht eine solche vereinfachte Klassifizierung aber nicht aus.

Tabelle 1.3.1: Übersicht der Täterklassen

Täterklasse	Typen	Planung	Werkzeuge
I	Spontantäter, Gelegenheitstäter, Beschaffungskrimineller	ohne Planung	körperliche Gewalt
II	geringe kriminelle Energie	ohne größere Planung	leicht transportables Werkzeug
III	hohe kriminelle Energie	planerische Vorbereitung	mittelschweres Werkzeug
IV	Profis	umfangreiche Planung mit großem Fachwissen	aufwendiges, noch gut transportables Werkzeug
V	Terroristen, keinen Aufwand scheuend	umfangreiche Planung mit großem Fachwissen	das jeweils effektivste Mittel

Wenn man sich die Tabelle 1.3.1 anschaut, lassen sich die verschiedensten Kombinationen generieren. Beispielsweise kann ein „Profi" ohne größere Planung eine Tat verüben, weil er Mängel in der Objektsicherheit erkannt hat. Kriminelle Banden aus dem angrenzenden Ausland verwenden ggf. „das jeweils effektivste Mittel", weil sie von einem schnellen Rückzug in ihr Heimatland ausgehen. Trotzdem werden sie nicht in die Kategorie „Terroristen" eingeteilt.

In der Vergangenheit ließ sich das Täterverhalten einzelnen Tätertypen zuordnen. Dank Internet kann man sich heute darauf nicht mehr stützen. Im Netz kann man beispielsweise eine bebilderte Schritt-für-Schritt-Anleitung finden, in der detailliert gezeigt wird, wie man z.B. am schnellsten einen Maschendrahtzaun überwindet. Das stellt dann die Verbindung dar zu den bei uns vielerorts zu findenden „free runnern", für die mit ihrer Kletter- und Sprungtechnik Mauern und Zäune keine besonderen Hindernisse darstellen.

Geschwindigkeit

Hierbei handelt es sich nicht um die Geschwindigkeit beim Überwinden einer Barriere, sondern um die Geschwindigkeit, mit der sich ein Täter im freien Gelände vorwärts bewegt und dabei Detektionssysteme passiert, beispielsweise eine Lichtschrankenstrecke.

Dazu gibt es in der Literatur Anhaltswerte, die wie folgt lauten:

- langsames Gehen 2 km/h
- Gehen allgemein 6 km/h
- Laufen 30 km/h

Um derartige Werte für Planungen zugrunde zu legen, muss man aber die Gesamtsituation betrachten. Dann wird erkennbar, dass solche Werte von „möglich" bis zu „unrealistisch" einzustufen sind. Auch bei Tests installierter Detektionsanlagen ist jeweils von den objektspezifischen Gegebenheiten auszugehen, denn:

- Langsames Gehen ist eine Bewegungsart, die nur dann vorkommt, wenn ein schnelles Gehen die Aufmerksamkeit des Überwachungspersonals erregen würde oder wenn beispielsweise Bewegungsmelder überlistet werden sollen. Dann ist sogar mit einer noch geringeren Geschwindigkeit zu rechnen. Eine Geschwindigkeit von 2 km/h entspricht in etwa auch dem Robben über dem Boden.
- Laufen bedeutet, in kürzester Zeit ein freies Gelände zu überwinden, möglichst ohne gesehen zu werden. Betrachtet man die Weltrekorde im 100-m-Lauf, so liegen hier die Geschwindigkeiten zwischen ca. 33 km/h bei den Frauen und 36 km/h bei den Männern und das unter optimalen Bedingungen und in Sportbekleidung. Um beim Sportabzeichen eine Goldmedaille zu gewinnen, sind nur etwa 23 km/h bei den Frauen und 28 km/h bei den Männern erforderlich.

  Dem gegenüber steht ein Täter in voller Montur, ggf. noch mit Werkzeug dabei (kleine Sauerstoffflasche), der sich in einem unebenen Gelände, das er eventuell nicht genau kennt und das möglicherweise nicht beleuchtet ist, fortbewegen muss. Hinzu kommt, dass das Durchqueren von Detektionsbereichen im Gelände meist unmittelbar hinter dem Perimeter erfolgt, sodass es an der notwendigen Anlaufstrecke fehlt. Selbst die Absicherung von Objekten im Gelände, z.B. eines Gebäudes, lässt solche Geschwindigkeiten nicht zu, denn welcher Täter läuft beispielsweise mit 25 km/h durch eine Lichtschranke, die unmittelbar vor einer Hauswand steht?

Dieses Beispiel zeigt, dass zwischen Zahlen auf dem Papier und den realen Objektgegebenheiten immense Unterschiede bestehen können. Wenn einem Auftraggeber aber solche Zahlen vorliegen und er aufgrund dieser Zahlen Detektionssysteme auf Funktion getestet haben will, sollten die richtigen Gegenargumente zur Hand sein.

1.3.4 Tatwerkzeuge

Zu den Tatwerkzeugen gehören alle Hilfsmittel, ohne deren Einsatz eine Perimetersicherung alleine durch die allgemein übliche Muskelkraft nicht zu überwinden ist. Weiterhin gehören dazu alle Hilfsmittel, die dazu geeignet sind, den Widerstandszeitwert zu verringern. Tabelle 1.3.2 zeigt eine Übersicht.

Tabelle 1.3.2: Übersicht Tatwerkzeuge

Werkzeug-klasse	Werkzeuge	Bemerkung
I	Körperliche Gewalt	
II	Leichtes Werkzeug	
	Axt, Beil, Brechstange (max. 1,2 m), Hammer (max. 5 kg), Handsäge, Meißel, Schraubendreher, Schraubenschlüssel, Zange	Heutzutage gehören das Werkzeug aus einem Fahrzeug und der Wagenheber dazu.
III	Mittelschweres Werkzeug	
	Hydraulikgerät (max. 200 kN), Schneidbrenner	Im Perimeterbereich eher unwahrscheinlich.
	Batteriebetriebene Bohrmaschine und Stichsäge	Heutzutage gehören diverse andere Maschinen mit Akku-Betrieb dazu.
	Netzbetriebene Hand-/Schlagbohrmaschine, Stichsäge, Winkelschleifer (max. 300 mm)	Im Perimeterbereich eher unwahrscheinlich aufgrund der fehlenden Anschlüsse.
IV	Schweres Werkzeug	Im Perimeterbereich eher unwahrscheinlich.
	Minilanze, Sauerstoff-Kernlanze	
	Netzbetriebenes Kernbohrgerät	
	Netz-/Motorbetriebene Diamant-Trennscheibe	
V	Sprengstoff	

Die Kombinationen von Tätertypen und Tatwerkzeugen sind niemals als alleingültig und verbindlich anzusehen! Die Werkzeugauswahl wird auch von Umgebungsbedingungen beeinflusst. Beispielsweise können Werkzeuge wie akkubetriebene Stichsägen oder Winkelschleifer auch von einem einfachen Täter genutzt werden, selbst wenn sie überdimensioniert erscheinen, falls der zu überwindende Zaun unmittelbar neben einer Autobahn steht und der mit dem Werkzeug erzeugte Lärm bereits nach einigen Metern nicht mehr wahrnehmbar ist.

Umgekehrt kann ein Profi bei der Überwindung des Zaunes leichtes Werkzeug, beispielsweise einen Schraubenschlüssel, für die Demontage von Zaunteilen verwenden, um möglichst wenig Lärm zu erzeugen, während er im Verlauf seiner Tat beim Eindringen in ein Gebäude auf schwereres Gerät zurückgreift.

Folgt man der vorgenannten und über Jahrzehnte hinweg verwendeten Einteilung, müsste es einen Tätertyp geben, der als „Täter zur Überwindung von Einfriedungen" zertifiziert ist und nur in normierter Weise mit nach Norm festgelegtem Werkzeug vorgeht. So kann aber eine sicherheitsrelevante Planung nicht funktionieren. Zeit und der technische Fortschritt haben einiges verändert. Während in der vorgenannten auszugsweisen Auflistung (Tabelle 1.3.2) noch elektrische Maschinen (mit Netzanschluss) zu den mittleren Werkzeugen gehörten, sind die heutigen Elektrowerkzeuge mit Akku-Betrieb schon eher in der Kategorie „leichte Werkzeuge" anzusiedeln.

In der Klasse IV ist die Sauerstofflanze aufgeführt. Es handelt sich prinzipiell um ein schweres Werkzeug. Allerdings lässt sich heutzutage das gleiche Ziel mit weniger Aufwand erreichen, beispielsweise mit Termit.

Das soll verdeutlichen, dass allgemeine Tabellen zwar ein Anhaltspunkt sein können. Um aber eine korrekte Planung durchzuführen, bedarf es mehr. Empfehlenswert sind auch Gespräche mit der Polizei (kriminalpolizeiliche Beratungsstellen), um über deren tägliche Praxis zu erfahren, welches Verhalten ein Täter aktuell an den Tag legen könnte und welche Hilfsmittel er dabei verwenden könnte.

Kletterhilfen

Es reicht nicht die Überlegung, dass ein Täter versuchen könnte, sich in den Maschen oder auf den Kanten horizontaler Stäbe mit seinen Schuhen abzustützen. Es gibt simple Methoden, den Überstieg bei Maschendraht, Gitterstabmatten, Streckmetall usw. zu erleichtern und den Widerstandszeitwert zu verkleinern.

Beispiel 1

Im Secondhand-Shop einen Satz Schuhspikes gekauft = minimale Kosten von 1,75 €. (Geeignete Schuhspikes gibt es in unterschiedlicher Qualität selbst im Supermarkt; sogar mit einem Prüfsiegel des TÜV.)

Am Zaun die Spikes kurz übergestreift, geklettert, anschließend am Gürtel getragen bis zum Rückweg = minimaler zusätzlicher Zeitaufwand.

Abb. 1.1: Erleichterung des Übersteigens

Eine optimale Zaunkonstruktion zum Schutz gegen diese Klettervariante sind Stabgitterzäune mit horizontalen Flacheisen, wobei diese wiederum in einem Winkel von mindestens 45° zur Angriffsseite nach unten geneigt sein sollten, damit die Spikes keinen Halt finden können.

Beispiel 2

Bei Frontgitterzäunen (siehe Abschnitt 2.3.6) soll der vertikale Abstand der Stäbe möglichst nicht größer als 100 mm sein. Bei dieser allgemeinen Angabe wird darauf abgezielt, dass möglichst keine Gegenstände hindurchzureichen sind. Dieser kleine Abstand erleichtert aber das Emporklettern auf eine spezielle Art:

100 mm Abstand bei stabilen Stäben bedeuten bei geeignetem Schuhwerk einen idealen Abstand, um auch ohne horizontale Stäbe klettern zu können. Der Fuß wird schräg in den Zwischenraum zwischen zwei Stäben geschoben, dann so weit wie möglich gerade gedreht und mit dem Körpergewicht belastet. In dem Moment verkeilt sich die Sohle zwischen den Stäben und bei rutschhemmender stabiler Sohle ist ein Abrutschen höchst unwahrscheinlich. (Im Test wurde bei genau 100 mm Abstand die Schuhgröße 43 verwendet.)

Ironischerweise nutzt man am besten für diese Variante des Kletterns Sicherheitsschuhe S3, aufgrund deren sehr stabiler Sohle. Aber auch hochwertige Wanderschuhe sind dafür geeignet. Eine optimale Zaunkonstruktion zum Schutz gegen diese Klettervariante sind Frontgitterzäune/-Tore, deren Profilabstand deutlich unter 100 mm liegt.

Abb. 1.2: Überstieg ohne Querstäbe

Beispiel 3

Kletterhilfen lassen sich nicht katalogisieren. Hier spielt der Ideenreichtum der Täter ebenso eine Rolle, wie die über die Medien verbreiteten „Tipps". Beispielsweise nutzt die Polizei in den USA ein Standardhilfsmittel, um im Einsatzfall Zäune zu überwinden. Auf die Zaunkrone wird ein U-Profil gelegt. Daran lässt sich ein senkrechtes Profil einhängen, an dem beidseitig Kletterwinkel angebracht sind. Das ist vergleichbar mit Klettervorrichtungen an Sendemasten o. Ä.

Da ein vertikales Profil auch auf der zweiten Zaunseite eingehangen wird, haben die Cops ein einfaches und stabiles System, mit dem sie beliebige Zäune in beide Richtungen übersteigen können und das Gerät lässt sich im Einsatzwagen unterbringen.

Allen Formen von Kletterhilfen ist eines gemeinsam: Der Widerstandszeitwert wird deutlich verringert und ein Schutz des Geländes oder von Gebäuden ist nur dann in einer vernünftigen Weise zu erreichen, wenn die eingesetzte Barriere über ein entsprechendes Detektionsverfahren verfügt.

Fahrzeuge

Neben den allgemein „üblichen" Werkzeugen bzw. Hilfsmitteln, mit denen Mauern/Zäune überwunden werden, ist auch ein sich im Laufe der Zeit veränderndes Täterverhalten in die Planung mit einzubeziehen. Eine in der Literatur nicht genannte weitere Überwindungsmöglichkeit bei mechanischen Barrieren (Mauer s. Abschnitt 2.2.1 / Zaun s. Abschnitt 2.3.1) ergibt sich durch ein „zeitgemäßes" Tatwerkzeug, den Ladekran. Wenn Fahrzeuge bis an einen Zaun heranfahren können, ist es nicht einmal erforderlich, einen Angriff auf diesen vorzunehmen. Es erfolgt quasi ein freies Übergreifen ohne Berührung.

1. Mit einem legalen oder gestohlenen Abschleppwagen wird per Ladekran und zugehörigem Ladegeschirr ein Täter über den Zaun gehoben, damit er bei den dahinter stehenden Edelkarossen das Ladegeschirr anlegt. Dann wird das Fahrzeug komplett über den Zaun gehoben, auf der Ladefläche abgesetzt und abtransportiert.

Abb. 1.3.3: Abschlepper als Tatwerkzeug

2. Mit einem legalen oder gestohlenen Lkw mit Ladekran werden über den Zaun hinweg Rohstoffe und Edelmetalle direkt auf die Ladefläche gepackt. Das können einfache Stahlträger ebenso sein wie komplette Kabeltrommeln oder sogar kleinere Baumaschinen.

Abb. 1.3.4: Zweckentfremdung eines Fahrzeugs

Ladekräne sind mittlerweile nicht nur extrem leistungsfähig, was ihre Tragkraft anbelangt, sondern auch in Bezug auf die Reichweite des Kranarmes. Mit der heutigen Technik sind - mittels Knickgelenken an den Kranarmen - selbst 4 m hohe Mauern/Zäune mit Leichtigkeit zu überwinden. Der Zaun selbst wird dabei nicht angegriffen. Er könnte sogar mit einem Detektionssystem ausgestattet sein, das in einem solchen Fall aber nicht auslösen kann (siehe Kapitel 4). Widerstands- und Widerstandszeitwert sind bei einem solchen Tatablauf nicht vorhanden.

In Abbildung 1.3.5 ist erkennbar, dass der Ladekran weder in seiner Höhe noch in seiner Ausladung vollständig ausgefahren ist, und dies bei einem Bauzaun im Vordergrund von ca. 2,2 m Höhe.

Neben dem Ladekran auf regulären Lkw ist es die kleinere Variante, das sogenannte Multicar, das als Tatwerkzeug geradezu prädestiniert ist. Diese Fahrzeuge sind klein, benötigen eine minimale Stellfläche und haben verschiedenste Anbaugeräte, die selbst über höhere Zäune hinweg einsetzbar sind. Dazu gehört dann auch der Hubsteiger, mit dessen Gelenkarm Personen bzw. Gegenstände im Arbeitskorb über den Zaun gehoben werden können.

Wenn gelegentlich geschrieben wird, dass z.B. beiderseits eines Zaunes ein befestigter Streifen sinnvoll sei (einmal als Fläche für Kontrollgänge des Wachpersonals und andererseits, um störenden Bewuchs zu verhindern), so muss die Sinnhaftigkeit solcher Aussagen je nach Objekt überprüft werden, denn ein befestigter Streifen an der Außenseite bedeutet auch, dass die Fahrzeugstützen bis unmittelbar an das Zaun heran auszufahren sind. Schlecht ist es bei Objekten, wenn öffentliche Gehwege bis an das Perimeter heranreichen und im Vorbereich keine entgegenwirkenden Sicherungsmaßnahmen möglich sind. Eine Ausnahme bildet hier die zwingende Vorgabe für diesen Streifen, wenn er durch das Nachbarrechtsgesetz (NachbG NRW) § 36 explizit gefordert ist (siehe Abschnitt 10.2).

Abb. 1.3.5: Typisches Fahrzeug, das als Tatwerkzeug in Frage kommt

Kraftfahrzeuge sind generell ein nicht zu unterschätzendes Tatwerkzeug geworden. Früher hätte es schon als absurd angemutet, dass Täter mit einem VW-Käfer versuchen würden, eine Außenmauer zu durchbrechen. Heute sind insbesondere die SUV mit ihren „Rammböcken" geradezu prädestiniert dafür, nicht nur eine Mauer, Gebäudewand o. Ä. zu durchbrechen, ohne dabei größeren Schaden zu nehmen und gleichzeitig das Diebesgut innerhalb kürzester Zeit abzutransportieren. Auch Kleinlaster, deren Dachfläche an die Mauer-/Zaunoberkante heranreicht oder etwas höher ist, eignen sich sehr gut, um von dort aus mit einer Leiter den Perimeter zu überwinden, ohne eine Detektion am Perimeter auszulösen.

Beispiel

Ein typisches Beispiel heutiger Zeit unter Zuhilfenahme gestohlener Fahrzeuge war ein Einbruch in der Nacht vom 21. auf den 22.07.2015 in einen Baumarkt in Eisenach. Von der benachbarten Baustelle wurde ein Radlader mit montierten Ladegabeln gestohlen. Mit diesem Fahrzeug durchbrachen die Täter die Fassade des Baumarktes, rissen einen Geldautomaten aus der Bodenverankerung und schafften ihn zum Öffnen nach draußen. (Die Alarmmittel der EMA waren vorher mit Styropor unwirksam gemacht worden.)

Das Vorhaben scheiterte letztendlich an einer ausgelösten Farbbombe, durch die der Inhalt wertlos wurde. Trotzdem entstand ein nicht unerheblicher Sachschaden.

Abb. 1.3.6: Lkw als Hebelwerkzeug

Wenn man sich die Abbildung 1.3.6 anschaut, lässt sich leicht vorstellen, was mit diesem „Tatwerkzeug" anzustellen ist. Kann ein solcher (gestohlener) Lkw rückwärts an das Perimeter heranfahren, reicht die Kraft des Ladearmes aus, Türen, Tore und Zaunelemente aus dem Perimeter herauszureißen. Bei Mauern ist der Ladearm ein probates Mittel, um ein Loch hinein zu stoßen, was den Widerstandszeitwert auf 0 reduziert.

Border Fence

Unter diesem englischen Begriff ist der im Süden der USA errichtete Grenzzaun zu verstehen, der sowohl Flüchtlinge als auch Schmuggler am Grenzübertritt hindern soll. Wer sich mit dieser Thematik einmal befasst hat, weiß, dass dort die Schmuggler den Grenzzaun nicht durchbrechen können, ihn dafür aber einfach „überfahren". Sie bringen klappbare U-Profile mit, die zu zwei stabilen Auffahrrampen ausgeklappt werden und wie ein Dreieck auf der Zaunoberkante aufliegen. Dann wird der Zaun mit Geländewagen mit entsprechender Bodenfreiheit überfahren, der nächste Übergabepunkt angefahren und auf demselben Weg die Rückfahrt angetreten; und das bei Zaunhöhen von 4 bis 6 m.

Die bei uns üblichen Höhen von 2 bis 4 m stellen so kein echtes Hindernis dar. Lediglich die Mauer oder der Zaun müssen für das eingesetzte Fahrzeug tragfähig genug sein und beiderseits der Barriere ist eine Anfahrtsstrecke notwendig. Für solche Fälle ist eine Detektion der Barriere selbst (Mauer/Zaun) und möglichst auch des dahinter befindlichen Geländes erforderlich.

Der Widerstandszeitwert wird zwar gegenüber einem Kletterer nicht kleiner, weil die Rampe errichtet werden muss. Danach verringert er sich aber deutlich, weil die Täter sowohl sich schnell im Gelände bewegen als auch auf dem Rückweg Diebesgut im Fahrzeug mitführen können.

Beispielszenario

Für bestimmte Objekte, wie JVA, AKW und Häfen, werden Vorgaben erstellt, mit welchen technischen Maßnahmen ein Gelände bzw. ein Objekt zu sichern sein soll. Derartige Vorgaben können für die Planung von Sicherungsmaßnahmen anderer Objekte als Hilfestellung dienen. Dabei ist allerdings zu berücksichtigen, dass derartige Szenarien einerseits längst veraltet und andererseits wenig realistisch sein können.

Betrachten wir dazu ein Objekt aus dem Bereich der kritischen Infrastruktur (KI), dessen Teil- oder Totalausfall erhebliche Auswirkungen auf das allgemeine Leben hat. Das Gelände soll eine mechanische Barriere erhalten, die aus zwei Zäunen á 2,50 m Höhe und 10 m Abstand besteht.

Die Erwartung des Täterverhaltens sieht vor, dass ein einzelner oder mehrere Täter als Werkzeug eine mehrfach klappbare Leiter verwenden. Diese Leiter wird vor dem äußeren Zaun aufgebaut und mit ihr die 10 m Distanz zwischen den Zäunen überbrückt, ohne dabei die Detektion der beiden Zäune auszulösen.

Das bedeutet, dass man davon ausgeht, ein ggf. einzelner Täter könne eine Leiter über diese Entfernung zielgenau aufstellen, dann sich darüber hinweg bewegen und zum Schluss die Leiter wieder alleine aufrichten, um sie zu entfernen. Alleine die Belastung des 10 m horizontalen Teils der Leiter durch eine normalgewichtige Person erscheint doch eher unrealistisch.

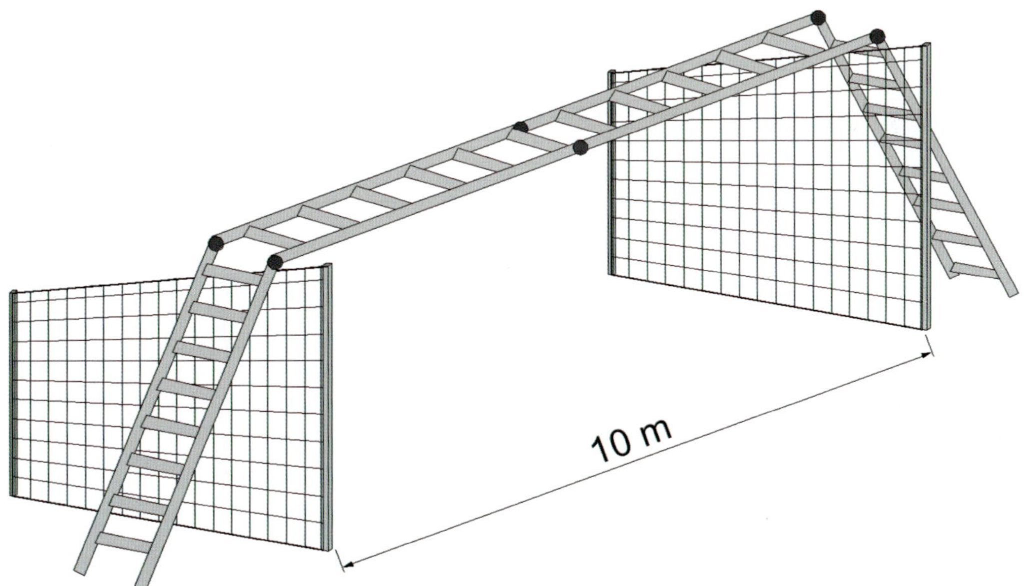

Abb. 1.3.7: Ausgangsszenario

Wer schon einmal eine lange Leiter aufgestellt hat weiß, welche Hebelkräfte da wirken können. Und dann soll die Leiter so stabil sein, dass sie in dem horizontalen Teil mittig das Gewicht eines Täters inkl. Werkzeug trägt? Hier klaffen Planungen am grünen Tisch und Realität weit auseinander.

Zwar gibt es den normierten und zertifizierten Täter nicht. Seine Tatwerkzeuge dagegen sind jedoch in den meisten Fällen auf dem „aktuellen Stand der Technik".

HINWEIS!

Zusammengefasst zeigt das zuvor Beschriebene, dass Normen zwar den einen oder anderen Hinweis geben können, letztendlich aber der Planer derjenige ist, der dem Auftraggeber konkrete Möglichkeiten aufzuzeigen und entsprechende Maßnahmen in seine Planung aufzunehmen hat.

Unscheinbare Hilfsmittel

Die Literatur stürzt sich gerne auf die allseits bekannten Hilfsmittel. Wie schon zuvor beschrieben, muss bereits bei der Planung mit berücksichtigt werden, dass es eine größere Anzahl an Hilfsmitteln bzw. Werkzeugen gibt, die man im Normalfall nicht als solche erkennen wird.

Eines der verbreitetsten Hilfsmittel sind Smartphones und vergleichbare Geräte. Der Hang der Hersteller, immer mehr Funktionen und Programme zu verbreiten, mit denen Bedienungen und Arbeiten an sicherheitstechnischen Anlagen vorzunehmen sind, führt naturgemäß auch dazu, dass mittels dieser Geräte Manipulationen an Perimeterdetektionen und die Überwindung einiger Systeme ermöglicht wird. Was dem Servicetechniker die Arbeit erleichtert, ist einem Täter ebenfalls nutzbringend.

In verschiedenen der folgenden Kapitel (z.B. Abschnitt 6.2.5) wird auf derartige Einsatzmöglichkeiten von Smartphones hingewiesen.

Weiterhin sind den unscheinbaren Hilfsmitteln und Werkzeugen die diversen systemspezifischen Test- und Prüfgeräte zuzuordnen. Auch hier ist davon auszugehen, dass diese Geräte auf nicht legalem Wege den Besitzer wechseln und dazu genutzt werden, Detektionssysteme zu überwinden, ohne dabei nachvollziehbare Spuren zu hinterlassen.

Auch dies wird in den folgenden Kapiteln (z.B. Abschnitt 6.4.5) beschrieben, damit sich Planer und Errichter darauf einstellen können, dass nicht alle Systeme so überwindungssicher sind, wie es angegeben wird. Bei der Kundenberatung sollte immer darauf geachtet werden, was dem Kunden an Leistungsmerkmalen und an Sicherheit zugesagt wird. Wird dies später nicht eingehalten, läuft es auf einen Mangel hinaus, wenn nachzuweisen ist:

„Das hätten Planer und anschließend der Errichter wissen müssen."

Miniaturdrohnen

Die extrem schnelle Entwicklung und Verbreitung von Miniaturdrohnen führt nicht nur dazu, dass diese Geräte ein ideales Hilfsmittel sind, um sicherheitsrelevante Anlagen und Systeme auszuspionieren (Hinweise in anderen Kapiteln, insbesondere Kapitel 5 und 9), sondern auch um Überwachungsbereiche auszutesten. Aus sicherer Entfernung lassen sich so die Grenzen eines Detektionsfeldes feststellen inkl. der für die einzelnen Systeme relevanten Auslösekriterien.

Abb. 1.3.8: Minidrohne

Selbst mit der Ansteuerung von Videotechnik bleibt es ein Zeitfaktor, ob der Einsatz einer Drohne als solcher erkannt wird. Ohne Videoüberwachung ist zudem eine wiederholte Alarmauslösung möglich, die zur Folge hat, dass nach einer gewissen Zeit das System, das diese Falschalarme verursacht, abgeschaltet wird. Das Aufspüren des in der Vorbereitung einer Tat befindlichen Täters ist aufgrund der Reichweiten von Minidrohnen eher unwahrscheinlich. Der Täter geht quasi noch kein Risiko ein und selbst der Verlust einer Drohne ist angesichts der immer niedrigeren Preise sehr gering.

Derartige Techniken führen dazu, dass Systeme, die in der Vergangenheit als unüberwindlich anzusehen waren, einen deutlichen Teil dieser Sicherheit eingebüßt haben.

1.4 Zeitliche Abläufe

Aufgabenstellung

Eine optimale Perimeter- und Freigeländesicherung ist eine Einheit, die aus einer mechanischen und einer elektrischen Komponente besteht. Mit ihr soll erreicht werden, dass Personen frühestmöglich erkannt und weitergemeldet werden, die

- ein Grundstück unberechtigt betreten oder verlassen wollen,
- das Gelände unberechtigt befahren oder verlassen wollen,
- sich unberechtigt bereits auf dem Gelände befinden und sich dort bewegen,
- versuchen, vorhandene Sicherheitseinrichtungen zu sabotieren.

Bei den zeitlichen Abläufen spielt es keine Rolle, welche Richtung die Angriffsrichtung ist. Das Nachfolgende gilt sowohl bei Einrichtungen, bei denen standardmäßig die Angriffsrichtung von außen nach innen verläuft, als auch dort, wo die Angriffsrichtung in umgekehrter Richtung bzw. von beiden Seiten her zu betrachten ist (z.B. JVA).

Da die Außengrenze eines Grundstücks meistens nicht mit der Außenseite eines zu schützenden Objektes identisch ist, gilt es nicht nur, potentielle Täter auf dem Weg vom Erreichen der Grundstücksgrenze bis zum Betreten des betreffenden Objektes in irgendeiner Form und Weise zu erfassen, sondern gleichzeitig auch noch eine größtmögliche Verzögerung zu erreichen.

Je größer diese Verzögerung und damit der Widerstandszeitwert des Gesamtsystems, umso leichter ist es für Interventionskräfte, einzugreifen und den ggf. bereits entstandenen Schaden für das Schutzobjekt minimal zu halten.

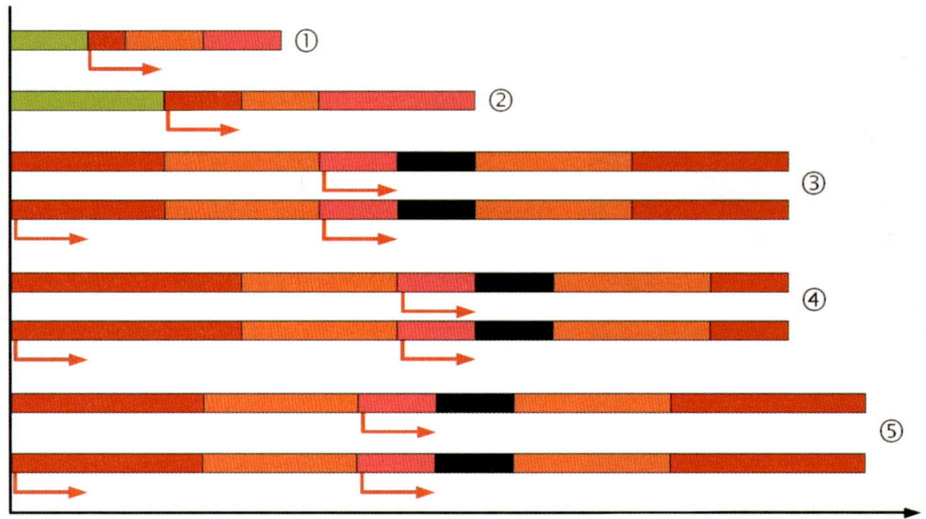

Abb. 1.4.1: Aktionszeiten während eines Einbruchs/einer Überwindung

Im Abbildung 1.4.1 werden beispielhafte Zeitabläufe dargestellt. Dabei bedeutet bei den Aktionszeiten:

① **Ein Blitzeinbruch**

Anfahrt über offenes Gelände – Überwindung gesicherter Perimeter – Aufenthalt im Freigelände – Einbruch in Objekt/Abtransport aus Freigelände

② **Ein normaler Einbruch**

Lauf über offenes Gelände – Überwindung gesicherter Perimeter – Aufenthalt im Freigelände – Einbruch in Objekt/Abtransport aus dem Freigelände

③ **Ein Einbruch mit Überwindung des Außenzaunes**

Übersteigen des Zaunes – Lauf über das Freigelände – Einbruch ins Objekt – Aufenthalt im Objekt – Entfernen über das Freigelände – erneutes Übersteigen des Zaunes

④ **Ein Einbruch mit Durchdringung des Außenzaunes**

Durchdringen des Zaunes – Lauf über das Freigelände – Einbruch ins Objekt – Aufenthalt im Objekt – Rückweg über das Freigelände – Durchsteigen des bereits offenen Zaunes

⑤ **Ein Einbruch mit Überwindung der Außenmauer**

Übersteigen der Mauer – Lauf über das Freigelände – Einbruch ins Objekt – Aufenthalt im Objekt – Rückweg über das Freigelände – erneutes Übersteigen der Mauer

Die Pfeile zeigen jeweils den Zeitpunkt der ersten bzw. einer möglichen weiteren Alarmierung. Bei den Ereignissen, bei denen erst ein Einbruch ins Objekt zu einer Alarmauslösung führt, ist deutlich erkennbar, dass aufgrund der fehlenden Perimetersicherung die Zeitspanne, die den Interventionskräften zur Verfügung steht, deutlich kürzer ist und dem/den Täter/Tätern mehr Zeit zur Verfügung steht, um den Bereich wieder zu verlassen.

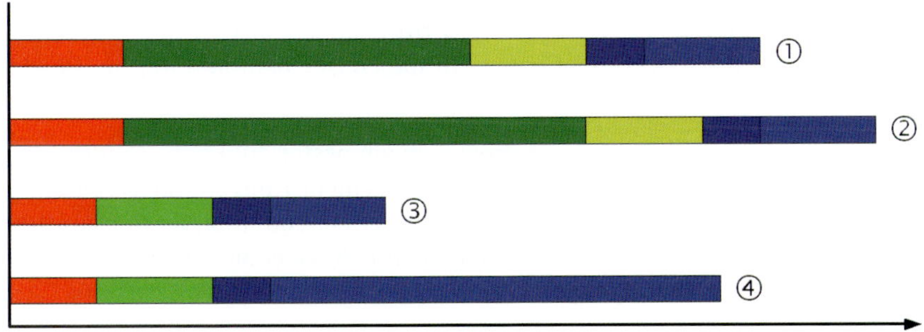

Abb. 1.4.2: Reaktionszeiten aufgrund eines Alarmes

Bei den Reaktionszeiten (Abbildung 1.4.2) bedeutet:

① **Einfache Alarmverfolgung**

Alarmbearbeitung in der Notrufzentrale – Anfahrt von Interventionskräften – Objektkontrolle – Information der Polizei – Anfahrt der Polizei

② **Einfache Alarmverfolgung mit langer Anfahrt**

– sonst Ablauf wie vor

③ **Alarmverfolgung mit Vorprüfung**

Alarmbearbeitung in der Notrufzentrale – visuelle Vorprüfung z.B. per Video – Information der Polizei – Anfahrt der Polizei

④ **Alarmverfolgung mit Vorprüfung, Polizei kann nicht sofort kommen**

– sonstiger Ablauf wie vor

Wenn man die Balken der Reaktionszeiten an den Punkten der Alarmmeldungen ansetzt, wird sofort deutlich, was eine Einfriedung des Grundstücks, sei es mittels Mauer oder Zaun, bewirken kann. Wenn dann auch noch an dieser äußeren Grenze sofort eine (sichere) Meldung erfolgt, bedeutet das eine hohe Wahrscheinlichkeit, den/die Täter zu fassen.

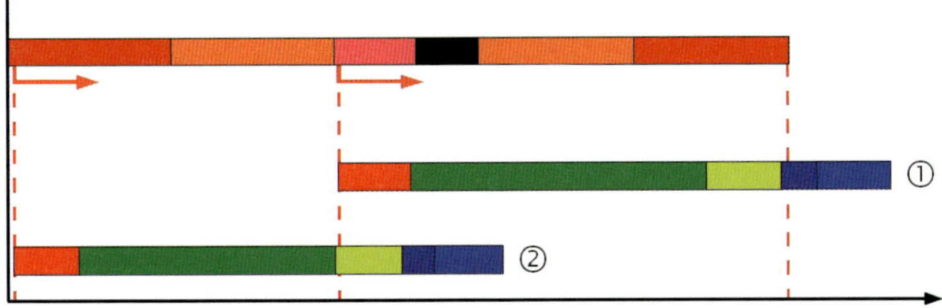

Abb. 1.4.3: Ergebnisse von Alarmierungen

In Abbildung 1.4.3 ist als Beispiel der Einbruch mit Überwindung einer Außenmauer die Ausgangsbasis. Im Fall (1) mit Alarmierung erst beim Eindringen ins Objekt, normaler Vorprüfung und direkter Anfahrt der Polizei ist ein Zusammentreffen der Polizei mit dem Täter nicht mehr möglich bzw. äußerst unwahrscheinlich.

Im Fall (2) mit Alarmierung bereits am Perimeter besteht trotz langer Anfahrt der Interventionskräfte für die Vorprüfung immer noch eine Chance für die Polizei, den/die Täter am Objekt anzutreffen.

Es darf allerdings nicht vergessen werden, dass selbst bei dem am besten funktionierenden System selbst im Verlauf eines Durchbrechens des Perimeters mit einem Fahrzeug in Verbindung mit einem Blitzeinbruch im Objekt ein unmittelbares Eingreifen von Interventionskräften unwahrscheinlich ist. Hier gilt es, möglichst viele Informationen (z.B. Videobilder) für eine Täteridentifizierung und -verfolgung zur Verfügung stellen zu können.

Alle zuvor gezeigten zeitlichen Abläufe infolge von Angriffen auf ein Gelände/Objekt sind nicht mit Zeitangaben versehen, da fiktiv und nur für den Vergleich unterschiedlicher Einrichtungen bzw. unterschiedlicher Maßnahmen geeignet. Wie in Abschnitt 1.3 erläutert, ist es unwahrscheinlich, dass Tatabläufe zeitlich exakt vorhersehbar sind.

MERKE!

Alle zu ergreifenden Maßnahmen müssen immer so ausgelegt sein, dass die Zeit, die der Täter bei jedem Tatabschnitt benötigt, möglichst lang ist. Dadurch ist die Chance für Interventionskräfte groß, den/die Täter noch vor Ort anzutreffen und gleichzeitig besteht eine, wenn auch geringe Möglichkeit, dass das Tatgeschehen aufgrund des steigenden Risikos, erwischt zu werden, vorzeitig abgebrochen wird.

2 Barrieren

2.1 Allgemeines

Eine Barriere ist allgemein eine Absperrung und im hier verwendeten Sinne eine Einrichtung, die jemanden von dem zu sichernden Areal fernhalten soll. Dazu zählen aber nicht nur Mauern und Zäune, sondern alle landschaftsgestalterischen, baulichen und technischen Maßnahmen, die dazu geeignet sind,

- einen Täter von seinem Vorhaben abzuhalten,
- einen Täter an der Überwindung der festgelegten Grenze zu hindern,
- einen Überwindungsversuch möglichst zu erschweren.

Eine grundlegende Voraussetzung dafür ist aber, dass alle einzelnen Barrieren in ihrer Gesamtheit einen sicherheitsrelevanten in sich geschlossenen Sicherungsring darstellen. Ein typisches Gegenbeispiel sind auf der Grundstücksgrenze stehende Tore, an die sich weder eine Mauer noch ein Zaun anschließt (Abbildung 2.1.1). Das Tor stellt somit keine Barriere dar, weil die drei vorgenannten Punkte nicht erfüllbar sind.

Abb. 2.1.1: Keine Barriere

Zwar gibt es verschiedene Arten von Barrieren, bei denen ein Errichter für Sicherheitstechnik einwenden wird, dass das nicht sein Kompetenzbereich sei. Trotzdem muss er, wenn er bei seiner Planung eine gesamtheitliche Betrachtung aller aufeinander abgestimmten Schutzmaßnahmen durchführen will, sich damit befassen, denn seine sicherungstechnischen Maßnahmen bauen auf den rein mechanischen Maßnahmen auf.

Barrieren haben nicht nur durch das Aussprechen des Wortes einen negativen Beigeschmack, sondern tragen in den seltensten Fällen zu einem ästhetisch anspruchsvollen Erscheinungsbild des zu schützenden Unternehmens bei. Folglich stellen Unternehmer, insbesondere aber auch Architekten, entsprechende Ansprüche an die Optik, weniger an eine sicherheitsrelevante Notwendigkeit.

Aufgrund der verschiedensten Angebote von Barrieren kann heutzutage den Wünschen von Kunden und Architekten Rechnung getragen werden. Allerdings sollten an erster Stelle immer die Notwendigkeit und das zu erreichende Sicherungsziel stehen. Sollten von Auftraggeberseite Abweichungen vom ausgearbeiteten Sicherungskonzept gefordert werden, so müssen diese eindeutig dokumentiert werden, um nicht später bei einer erfolgreichen Überwindung der Barrieren mit Regressansprüchen rechnen zu müssen. In dieses Dokument gehören u. a. folgende Punkte:

- Vorgabe gemäß Sicherungskonzept,
- vom Kunden geforderte Abweichung,
- für die Abweichung verantwortliche Person,
- sich daraus ergebende (zusätzliche) Gefährdungen und
- Zeitpunkt der Forderung innerhalb des Gesamtablaufes.

2.1.1 Landschaftliche Gestaltung

Wasserflächen

Veränderungen im Landschaftsbild waren immer schon ein probates Mittel, um ein Überwinden einer festgelegten Grenze möglichst zu verhindern. Ein typisches Beispiel dafür sind die in früheren Zeiten um Schlösser und Burgen angelegten Wassergräben.

Würde man heutzutage ein zu sicherndes Objekt mit einem „Burggraben" schützen? Das ist eher unwahrscheinlich. Allerdings sollte man die Überlegungen nicht allzu weit beiseitelegen. Sollte der äußere, nicht eingefriedete Bereich (Zone 1) eine ausreichende Größe aufweisen, spricht nichts dagegen, in für das Wachpersonal schwer einsehbaren Bereichen, beispielsweise entlang des Zaunes, einen breiten Graben auszuheben und ihn in Form eines Teiches zu gestalten. Daraus ergeben sich gleich mehrere Vorteile:

- Der Einsatz von Fahrzeugen zur Überwindung der anschließenden Barriere wird verhindert. Mit einer entsprechenden Breite und Tiefe ist dabei sicherzustellen, dass eine Eisschicht nicht für Fahrzeuge tragfähig wird.
- Ein Täter wird bei der Barriere wahrscheinlich nur am Anfang und Ende dieses Teiches einen Überwindungsversuch starten. Im Mittelteil bedeutet das für ihn, dass er im Falle seiner Entdeckung nur nach rechts oder links fliehen kann, nicht nach hinten, wo das Wasser ist. Damit besteht für das Wachpersonal eine größere Chance, den Täter festzusetzen.
- Die in einem solchen Teich angesammelte Wassermenge kann im Brandfall der Feuerwehr als Löschwasservorrat zur Verfügung stehen.

WARNUNG!

Ohne eine Einfriedung der Zone 1 besteht die Gefahr, dass Personen den Bereich unbemerkt betreten und ggf. durch das vorhandene Wasser zu Schaden oder gar zu Tode kommen. Es besteht für den Nutzer ein erhebliches Haftungsrisiko.

Erdbewegungen

Außer für entsprechende Wasserflächen lassen sich auch einfache Erdbewegungen als Schutzmaßnahme in der Zone 1 bewerkstelligen. Ein Graben (ohne Wasser) kann das Durchbrechen des Perimeters mit einem Fahrzeug verhindern.

Der umgekehrte Weg ist eine entsprechend massive Aufschüttung, die den gleichen Effekt hat. Diese darf aber nicht zu dicht am Perimeter sein, da ansonsten beim Einsatz einer Leiter zur Überwindung z.B. eines Zaunes eine Aufstiegshilfe besteht.

Verkehrsführung

Insbesondere zum Schutz vor Angriffen mit Fahrzeugen bedeutet eine zwangsweise Herabsetzung der Fahrzeuggeschwindigkeit, dass möglichst wenig Energie aufgebaut werden kann, um eine Barriere zu durchbrechen. Das wäre der Idealfall. Dabei sind aber verschiedene Aspekte zu berücksichtigen, insbesondere wenn die VdS-Richtlinie VdS 3143 2012-09 mit ihrem Kapitel „2.2.2 Landschaftsbauliche Maßnahmen" zur Planung herangezogen werden sollte.

- Vom öffentlichen Raum bis zur äußeren Barriere (z.B. Einfahrtstor) ist die Entfernung i. d. R. nur gering, sodass der Grundstückseigentümer nur wenige Möglichkeiten hat, eine kurvige Verkehrsführung einzurichten.
- Was beim Neuaufbau der Verkehrsinfrastruktur (z.B. neues Gewerbegebiet) möglicherweise noch zu realisieren ist, dürfte in Form einer nachträglichen Umgestaltung alleine aus Kostengründen nicht möglich sein.
- Eine Einbeziehung des öffentlichen Verkehrsbereiches für geschwindigkeitsreduzierende Maßnahmen dürfte nur in Ausnahmefällen möglich sein, und zwar wenn es sich um die Absicherung von für das Allgemeinwohl besonders wichtiger Infrastrukturen handelt.

Gelegentlich sind in der Zone 1 **Findlinge** anzutreffen. Diese sind für eine Geschwindigkeitsreduzierung nicht geeignet. Außer einem ästhetischen Gesamtbild gibt es aber zwei sicherheitsrelevante Einsatzmöglichkeiten:

- Vor Gebäudezugängen, wenn damit zu verhindern ist, dass Fahrzeuge direkt in das Gebäude (z.B. Elektronikmarkt) hineinfahren. Dann muss die Größe bzw. das Gewicht der Findlinge aber den als Tatwerkzeug wahrscheinlichen Fahrzeugen entsprechend gewählt und der Abstand untereinander so gering gehalten werden, dass kleinere Fahrzeuge nicht hindurchschlüpfen können. Wenig Sinn ergibt diese Maßnahme dann, wenn auf dem zu sichernden Areal Gabelstapler und andere Baumaschinen zum Entfernen zur Verfügung stehen. Dann ist eine aufwendige Verankerung im Boden notwendig.
- Im Bereich von Zufahrten verhindern unmittelbar neben der Fahrbahn angeordnete Findlinge, dass hier Fahrzeuge unerlaubt abgestellt werden und dadurch die Sicht des Wachpersonals auf den ankommenden Fahrzeugverkehr verdeckt wird.

Hinzu kommen zwei Aspekte, die beim Einsatz von Findlingen zu berücksichtigen sind:

- Unmittelbar am Straßenrand liegende Findlinge können bei starkem Schneefall schnell „unsichtbar" werden. Dies stellt eine vermeidbare Gefährdung des Straßenverkehrs dar.
- Werden Findlinge dazu genutzt, Wege und Durchgänge für Fahrzeuge zu sperren, aber für den Fußgängerverkehr frei zu halten, entsteht insbesondere bei starkem Regen und Hagel ein Problem. Der Niederschlag, der auf die höher gelegenen Flächen der Steine auftrifft, trifft in unterschiedlichen Höhen auf Mitarbeiter und Besucher, die daran vorbei müssen, was entsprechenden Ärger und Kosten wegen verschmutzter Kleidung nach sich zieht.

2.1.2 Technische Maßnahmen

Ein weiteres „theoretisches" Mittel, um die Geschwindigkeit ankommender Fahrzeuge speziell in der Zone 1 so niedrig wie möglich zu halten, sind bauliche Maßnahmen auf der Fahrbahn, wie Bremsschwellen u. Ä. Aber auch dabei gilt es, unterschiedliche Aspekte gegeneinander abzuwägen:

- Bei den heutigen Federungssystemen in den meisten Pkw bleibt ein schnelles Überfahren ohne gewünschte Auswirkung. Folglich wirken sie eher bei Lkw etwas abbremsend.
- Je nachdem, was hier regelmäßig transportiert werden muss, beispielsweise empfindliche Ware wie Glas, erscheint eine derartige Maßnahme wenig sinnvoll.
- Fest installierte Bremsmittel stellen ein Hindernis dar, wenn über diese Fahrbahnen Rettungsfahrzeuge mit Verletzten fahren müssen.

Folglich sind diese Einrichtungen zum Schutz gegen angreifende Fahrzeuge in der Zone 1 nicht geeignet, wohl dagegen im innerbetrieblichen Bereich, wo es bei allgemein niedrigen Geschwindigkeiten darum geht, Gefahrenpunkte, wie Ausfahrten aus Gebäuden, zu entschärfen. Dies sollte dann aber in Kombination mit anderen Maßnahmen, beispielsweise eine entsprechende Beschilderung, geschehen.

Als Schutzmaßnahme in der Zone 1 sind, wenn das Sicherheitskonzept eine solche Maßnahme als erforderlich vorgibt, andere Einrichtungen sinnvoller und vor allem effektiver. Dazu gehören Polleranlagen, versenkbare Straßensperren usw. (siehe Abschnitt 3.4).

2.2 Mauern

Neben den Zäunen gehören Mauern zu den klassischen Barrieren am Perimeter. Sie können neu errichtet werden, sind oft aber bereits vor dem Beginn einer Sicherungsmaßnahme vorhanden. Sie bilden eine stabile Grundlage für die Perimetersicherheit.

Eine Mauer hat einen bestimmten Widerstandswert und es gibt für die Überwindung einen dimensionslosen Widerstandszeitwert (siehe Abschnitt 1.3.1/2). Beide Werte haben aber nur dann eine Auswirkung auf die Objektsicherung, wenn die Mauer und/oder das unmittelbar dahinter liegende Areal detektiert werden. Ist das nicht der Fall, so müssen Täter zwar einen entsprechenden Aufwand für die Überwindung betreiben, können sich anschließend aber ungehindert im angrenzenden Bereich bewegen und ihre Tat am Zielobjekt fortsetzen.

Sowohl bei einer Mauer als auch bei einem Zaun ist auf eine gleichwertige Umschließung des gesamten zu sichernden Bereiches zu achten. Eine hohe Mauer ergibt keinen Sinn, wenn im Bereich einer Einfahrt, die zeitweise bewacht und dann nur mit einer Schranke versehen ist, in der nicht überwachten Zeit lediglich ein 1,5 m hohes Schiebetor geschlossen wird. Auch sonstige Durchgänge, z.B. Nebentüren, müssen der gleichen mechanischen Stabilität entsprechen, wie die sie umgebende übrige Einrichtung.

Es ist im Vorfeld mit dem Kunden im Beratungsgespräch genau zu ermitteln, wie weit die Funktionen einer Mauer für das jeweilige Objekt gewünscht und wo ggf. Einschränkungen erforderlich sind.

Abb. 2.2.1: Ziegelsteinmauer mit Mauerkronensicherung

Außerdem ist zu bedenken, dass Mauer nicht gleich Mauer ist. Jeder Mauertyp hat allgemeine Vor- und Nachteile. Andererseits sind diese Vor- und Nachteile nicht zu vereinheitlichen. Bei jedem zu sichernden Areal ist u. a. zu prüfen, ob

- das im Sicherungskonzept festgelegte Sicherungsziel erreichbar ist,
- die Forderungen des Kunden erfüllt werden,
- notwendige Sonderkonstruktionen und Erweiterungen möglich sind,
- ggf. ein Detektionssystem sofort oder später installierbar ist usw.

Dementsprechend werden in den nachfolgenden Beschreibungen auch nur einzelne Mauertypen allgemein und ohne Bezug auf ein bestimmtes Objekt betrachtet. Was in dem einen Objekt vielleicht ungeeignet ist, kann dagegen in einem anderen Objekt genau passend sein. Eine gesamtheitliche Gegenüberstellung der einzelnen Mauertypen mit all ihren Vor- und Nachteilen kann keine Planungsgrundlage sein, da sie die Besonderheiten jedes einzelnen Objektes weder berücksichtigt noch überhaupt berücksichtigen kann.

2.2.1 Grundvoraussetzungen

Arten der Überwindung

Auch bei Mauern muss im Sicherheitskonzept festgelegt sein, mit welcher Art der Überwindung bei dieser Barriere zu rechnen ist. Sinnvollerweise sollte man bei der Planung auch bei den kriminalpolizeilichen Beratungsstellen nach deren Erfahrung aus der Vergangenheit bzw. deren täglicher Praxis fragen. Aufgrund der Konstruktion einer Mauer mit dem notwendigen stabilen Fundament entfallen zwei Überwindungsarten, die bei Zäunen zu berücksichtigen sind, und zwar das Unterkriechen und das Untergraben.

Übersteigen

Dies ist der Klassiker beim Überwinden einer Mauer. Der Täter nutzt dabei eine vielleicht zu geringe Höhe oder die Mauerkonstruktion, um über die Mauerkrone auf das fremde Areal zu gelangen. [Zeitliche Verzögerung u. a. abhängig von der Konstitution des Täters und seiner Hilfsmittel.]

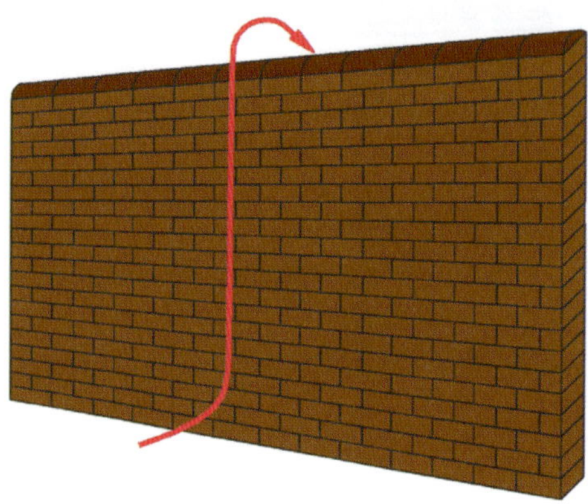

Abb. 2.2.2: Schema Übersteigen

Durchdringen

Hierbei wird seltener mit einem einfachen Werkzeug eine Öffnung in die Mauer eingebracht als mit schwerem Gerät oder Sprengmittel. Bei dieser Art der Überwindung muss ein Täter mit einem hohen Eigenrisiko rechnen, wenn die Mauer aus Steinen gemauert ist. [Zeitliche Verzögerung u. a. abhängig von der Stabilität der Mauer und der Eignung des eingesetzten Werkzeugs.]

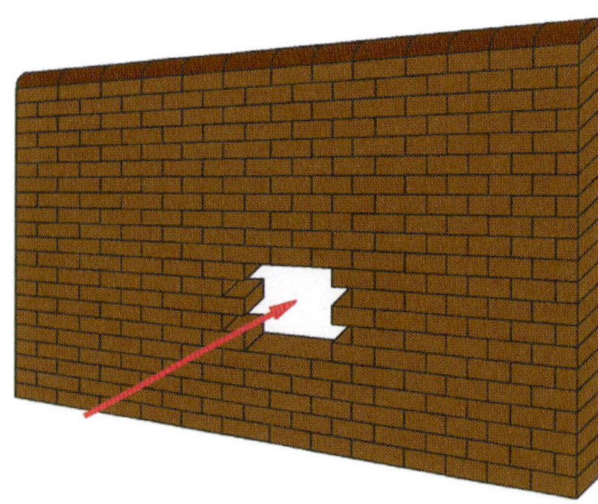

Abb. 2.2.3: Schema Durchdringen

Durchbrechen

Im Gegensatz zum Durchdringen unter Einsatz von Werkzeugen wird beim Durchbruch ein Fahrzeug als „Werkzeug" eingesetzt und durch Rammen der Mauer diese ohne große Zeitverzögerung überwunden. Allerdings ist auch diese Überwindungsart weniger zu erwarten, da bei einer Mauer aus Stein das Eigenrisiko des Täters hoch ist und bei Mauern aus Beton der Bewehrungsstahl für zusätzliche Stabilität sorgt.

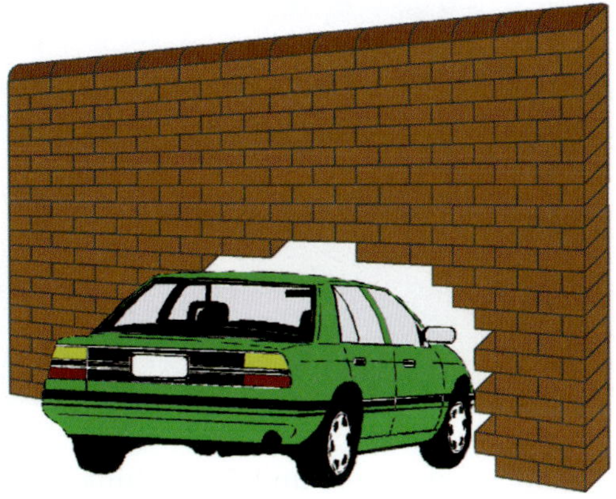

Abb. 2.2.4: Schema Durchbrechen

Anders sieht es aus, wenn als Tatwerkzeug beispielsweise Baumaschinen eingesetzt werden. [Zeitliche Verzögerung von nicht vorhanden bis sehr hoch.]

Auch bei Mauern ist davon auszugehen, dass zu unterschiedlichen Zeitpunkten unterschiedliche Überwindungsarten angewandt werden, grundsätzlich aber, dass alle Überwindungsarten zum Einsatz kommen können. Lediglich der Umkehrschluss ist möglich: Ausschließen, was nicht machbar ist, wie das Durchbrechen, wenn kein Fahrzeug an die Mauer heranfahren kann, weil davor natürliche Hindernisse sind, beispielsweise Erdwälle und Gräben.

2.2.2 Mauertypen

Eine Mauer muss eine entsprechende Mindesthöhe und eine entsprechende Festigkeit besitzen. Mit der Höhe erreicht man eine Anhebung des Widerstandszeitwertes, da ein potentieller Täter nur mit entsprechenden Hilfsmitteln und mit einem zusätzlichen Aufwand diese überwinden kann. Mit der Festigkeit wird erreicht, dass z.B. ein Durchbruch mit Fahrzeugen erschwert wird.

Steinzaun

Obwohl optisch sowohl als Zaun als auch als Mauer anzusehen, sollten sie eher einer Mauer zuzuordnen sein. Sie bestehen aus Naturprodukten, wie Marmor, Granit, Sandstein, oder aus gegossenem Beton. Bei ihnen steht zwar die architektonische Kunst im Vordergrund, sie können aber bei entsprechender Dicke und geeignetem Aufbau mit einer klassischen Mauer verglichen werden.

Der Hang zur architektonischen Kunst bedeutet aber auch, dass durch die Gestaltung der einzelnen Elemente ggf. Aufstiegshilfen geschaffen werden.

Detektionssysteme lassen sich nachträglich installieren, wie bei einer Standardmauer auch, was aus optischen Gründen bei den zu schützenden Personen eher nicht gut ankommt. Da die Konstruktion aus einzelnen Pfosten und dazwischen angeordneten (Zaun-) Elementen besteht, sind Detektionssysteme aber auch „unsichtbar“ zu montieren.

Abb. 2.2.5: Steinmauer im Privatbereich

2.2.3 Festigkeit und Tragfähigkeit

Bei neu zu errichtenden Mauern, meist in Stahlbeton-Bauweise, ist es einfach, anhand der dazu unverzichtbaren statischen Berechnungen des verantwortlichen Architekten festzustellen, ob sie in der Lage ist, Sicherungskonstruktionen inkl. anzunehmender Zusatzlasten (Winddruck, Schnee und Vereisung) und Reserven dauerhaft aufzunehmen.

Anders sieht es bei vorhandenen Mauern aus, die schon älter sind, bis hin zu mehreren Jahrhunderten. Hier ist nicht zu erwarten, dass noch entsprechende Unterlagen existieren. Dann muss in der Planungsphase bereits ein Statiker bzw. Architekt hinzugezogen werden, der feststellen kann, ob eine Mauer geeignet ist.

Abb. 2.2.6: Mauer unbekannter Festigkeit

Ist eine Mauer, beispielsweise in einer JVA, ein notwendiges Element der Perimetersicherung, gibt es u. a. zwei probate Mittel, um sicherzustellen, dass daran befestigte Konstruktionen nicht bereits nach kurzer Zeit wieder herunterfallen:

- Ist die vorhandene Mauer noch nicht zu hoch, beispielsweise nur 4,5 m, so kann sie z. B. auf 6 m erhöht werden, indem eine Aufmauerung vorgenommen wird, deren Festigkeit bekannt ist. Die alte Mauer muss dabei das gesamte zusätzliche Gewicht aufnehmen können, während die zu installierenden Konstruktionen an der Aufmauerung befestigt werden.

- Die Mauer muss getestet werden. Dazu werden Befestigungselemente, z. B. Klebedübel, die für die Montage vorgesehen sind, unter realen Bedingungen in die Mauer eingebracht, deren Aushärtung abgewartet und dann ein Bolzen eingesetzt. Anschließend wird mit einem Hydraulikwerkzeug so lange auf den Bolzen eingewirkt, bis der Dübel beginnt, sich aus der Mauer zu lösen. Die dabei aufgewandte Kraft ist ein Maß für die zu erwartende Tragfähigkeit der Mauer. Je nach Zustand der gesamten Mauer muss der Test an verschiedenen Stellen wiederholt werden.

Ein derartiger Test ist bei der Planung zu berücksichtigen und dann von der ausführenden Firma als Teil des Auftrags durchzuführen, es sei denn, der Kunde übernimmt den Nachweis der Festigkeit in eigener Regie. Dann sollten sich Planer und ausführendes Unternehmen diesen Nachweis geben lassen, damit bei einem eventuellen Schadensereignis die Haftungsfrage eindeutig ist.

Ein Schadensereignis könnte das unbemerkte Ausbrechen der Befestigungsdübel sein, was wiederum zum Herunterfallen von schweren Teilen führen kann. Dies ist besonders dann kritisch, wenn beispielsweise eine Abweiserkonstruktion zur Geländeaußenseite gerichtet ist und dort ein öffentlicher Raum ist, in dem sich Personen berechtigt aufhalten dürfen.

Was bei einer Planung geschehen kann, wenn auf Kundenseite unqualifizierte Personen beteiligt sind, zeigt ein authentisches Ereignis:

Eine Mauer von mehreren 100 m Länge sollte mit einer Mauerkronensicherung bestückt werden. Ein Teilbereich dieser Mauer war im Vorfeld vom zuständigen Baumanagement nicht überprüft worden, sondern es galt die Anweisung, die Arbeiten an einer anderen Stelle zu beginnen und kurz vor dem Erreichen des Problemstücks Bescheid zu geben, damit Sanierungsmaßnahmen durchgeführt werden könnten.

Die Arbeiten erfolgten wie angeordnet und bei Erreichen des Problemstücks wurde das Baumanagement auch aktiv. Allerdings war das Ergebnis, dass die vorhandene Mauer in keinem Fall geeignet war und stattdessen eine zweite Mauer davor errichtet werden musste.

Das Beispiel zeigt auch, dass bei einer ordentlichen Dokumentation der Vorgänge und insbesondere der kundenseitigen Anweisungen Mehrkosten in Rechnung zu stellen sind aufgrund von nicht durch den Planer oder das ausführende Unternehmen zu vertretende Verzögerungen.

2.2.4 Gabionen

In zunehmendem Maße werden klassische Mauern durch sogenannte Gabionen ergänzt bzw. ersetzt. Hierbei handelt es sich um geschlossene Drahtkörbe, die z. B. mit Steinen oder Glasbrocken gefüllt sind und im Baukastenprinzip zu Mauerkonstruktionen miteinander verbunden werden. Die zweite Variante sind die Mauersteinkörbe, die prinzipiell aus zwei Gittermattenzäunen bestehen, deren Zwischenraum durchgehend mit entsprechenden Materialien ausgefüllt wird.

Aufgrund der Verwendung von Stahlgitterelementen werden Gabionen auch als Mix-Zäune bezeichnet, sind aber den Mauern zuzuordnen.

Abb. 2.2.7: Typische Mauer aus Gabionen

Mauern aus Gabionen sind mit herkömmlichen Mauern nicht ohne Weiteres vergleichbar. Hier spielen mehrere Faktoren eine Rolle:

- Die unterschiedlichen Festigkeiten ergeben sich u. a. durch das Füllmaterial, welches z. B. aus Kalkstein, Basalt und Granit bestehen kann. Bei sogenannten Mauersteinkörben kann die Außenseite zusätzlich mit Mauersteinen, Betonplatten usw. verblendet werden, was eine erhöhte Stabilität gegen Durchbrechen ergibt.
- Die Drahtkörbe sind aus unterschiedlichen Stahlstäben gefertigt. Je dünner die Stäbe sind, umso leichter ist es, mit einfachem Werkzeug einen Korb zu „öffnen", die Füllung herausfallen zu lassen und dann in die innere Korbseite ein weiteres Loch zu schneiden. Die Mauer ist durch den Verbund der Schüttkörbe (Abbildung 2.2.8) so stabil, dass ein Zusammenbrechen nicht zu befürchten ist. Das trifft allerdings nicht zu, wenn eine durchgängige Füllung erfolgte.

Abb. 2.2.8: Gabionen im Verbund

- Viele Drahtkörbe entsprechen im Aufbau ihrer Außenseite dem eines Stahlgitterzaunes (Einfach- und Doppelstabmatte). Dadurch ist u. U. eine Aufstiegshilfe gegeben. Je höher eine

Mauer aus Gabionen wird, umso eher sind Abstufungen notwendig (Pyramidenform), die das Übersteigen zusätzlich unterstützen.

- Eine Detektion wie bei einem Zaun oder einer Standardmauer ist hier nicht gegeben (siehe Kapitel 4). Um auch kleinste Materialbewegungen weitgehend auszuschließen, muss das Füllmaterial, am besten große Brocken, möglichst von Hand eingefüllt und geschichtet werden, was aber einen erheblichen Kostenaufwand zur Folge hat.
- Sind in der Nähe hoher Bewuchs oder Bäume, können sich im Laufe der Zeit in den Zwischenräumen der Füllung neue Pflanzen entwickeln. Was im privaten Bereich eventuell gewünscht ist, ist im Sicherheitsbereich zu vermeiden. Eine Verselbständigung der Pflanzen kann zu Übersteighilfen führen, wenn nicht regelmäßig (mit entsprechendem Aufwand) für deren Beseitigung gesorgt wird.

Abb. 2.2.9: Unterschiedliche Füllungen und Stabilisierungen

Ergebnis

Soll eine Mauer aus Gabionen in die Perimetersicherung einbezogen werden, so ist zuerst eine statische Berechnung erforderlich, aus der sich bei einer vorgegebenen Höhe die Breite bzw. die unterschiedlichen Breiten ergeben. Aus dem Ergebnis gehen dann die Standfestigkeit und die Stabilität hervor, die anschließend mit einer Standardmauer, z.B. aus Beton, verglichen werden können.

„Architektonisch wertvolle" Elemente sind selten als Teil eines Objektschutzes einsetzbar. Meistens sind kostenintensive Anpassungen erforderlich

Ein sinnvoller Einsatz von Gabionen könnte bei vorhandenen Mauern und Zäunen dagegen sein, unmittelbar hinter diesen einen niedrigen Wall zu bilden, der ein Durchbrechen mit Fahrzeugen verhindert oder zumindest erheblich erschwert.

2.2.5 Mauerkronensicherung

Mauerkronen sind, ebenso wie bei Zäunen, an ihrer Oberseite zusätzlich zu sichern, um ein Übersteigen zu verhindern oder zumindest erheblich zu erschweren. Dazu gibt es verschiedene Möglichkeiten, die je nach im Sicherungskonzept verankerter Erfordernis entweder einzeln oder in Kombination auszuführen sind.

Mauerkrone

Um zu verhindern, dass Täter sich auf die Mauerkrone hochziehen oder ein Wurfanker an der Innenseite der Mauerkrone Halt findet, gilt als das einfachste Mittel die Auswahl einer geeigneten Form der Krone. Entsprechend der Mauertiefe werden halbrunde Abschlusssteine auf der Oberkante der Mauer als Abschluss aufgebracht. Zusätzlich sollte die Oberfläche dieser Steine möglichst glatt (glasiert) sein. Ein Wurfanker kann keinen Halt finden und eine kletternde Person wird auf der gewölbten Oberfläche abrutschen, sowohl bei trockenem als auch insbesondere bei feuchtem Wetter bzw. bei Eis und Schnee.

Die Sicherung der Mauerkrone kann auf verschiedene Weise erfolgen, wobei der Begriff „Mauerkronensicherung" für unterschiedliche Konstruktionen steht:

- eine rein mechanische Sicherungsmaßnahme, um den Aufstieg zu verhindern oder zumindest erheblich zu erschweren (siehe unter „Übersteigschutz" im Abschnitt 2.3.1);
- eine Kombination aus Mechanik und Elektronik, bei der die Mauerkrone eine bewegliche Abdeckung erhält, unter der Sensoren installiert werden. Hierbei steht im Vordergrund die Detektion, während ein Widerstandswert damit nicht erreicht werden kann (siehe in Abschnitt 4.3).

Eingelassene Teile

In der Vergangenheit war es sehr verbreitet, in die Deckschicht einer Mauer Glasscherben einzulassen, um ein Festhalten zu verhindern. In einem Buch der Kriminalpolizeilichen Beratungsstelle München wurde diese Methode Ende der 80er sogar als Schutzmaßnahme empfohlen.

Aufgrund der damit verbundenen erheblichen Verletzungsgefahr mit möglicherweise bleibenden Schäden ist diese Methode bereits seit langem verboten. Es „sollten" heute keine derartigen Mauern zu finden sein.

So wie die Glasscherben sind auch andere in die Mauerkrone eingelassenen Materialien zu betrachten. Beispielsweise hat eingelassener S-Draht (siehe Abschnitt 2.3.8) die gleiche Wirkung. Er verhindert das Festhalten bei gleicher erheblicher Verletzungsgefahr und ist ebenfalls vom Ausgangspunkt eines Übersteigversuchs nicht zu sehen.

Der Kunde ist bei derartigen Wünschen entsprechend zu beraten, insbesondere dahingehend, dass auf diese Weise zwar ein Überstieg ggf. verhindert werden kann, womit der Schaden vom zu sichernden Objekt abgewendet ist, in der Folge aber mit entsprechend hohen Schadensersatzforderungen von Seiten des/der Täter zu rechnen ist.

Gleichzeitig wird durch eine solche Maßnahme nur das freihändige Klettern ohne Hilfsmittel, beispielsweise einer Leiter, verhindert.

Mauerkronensicherung vertikal

Eine vertikale Mauerkronensicherung entspricht prinzipiell dem Übersteigschutz auf einer Zaunkonstruktion. Da hier allerdings keine Zaunpfosten zum Verlängern zur Verfügung stehen, ist eine eigenständige Sicherungskonstruktion einzusetzen, die prinzipiell einem Zaun auf der Mauer entspricht.

Zwischen den entsprechenden Pfosten können vom einfachen Stacheldraht über Stachelband und S-Draht unterschiedliche Zaunmatten mit und ohne S-Drahtrollen eingesetzt werden (siehe Abschnitt 2.3). Dabei ist allerdings zu berücksichtigen, dass eine Mauer i. d. R. eine glatte Außenfläche hat, die nicht ohne Hilfsmittel zu erklimmen ist. Ein Abweiser, egal in welcher Form, kann u. U. zu einer Aufstiegshilfe werden, wenn beispielsweise ein Wurfanker mit einem Kletterseil zum Einsatz kommt. Es sind bei der Planung solcher Konstruktionen immer sowohl die Vorteile der Schutzmaßnahme als auch die sich dadurch ggf. neu ergebenden Risiken abzuwägen.

Da Mauern meist nicht die Möglichkeit bereitstellen, Zaunpfosten mittels Flanschplatten auf der Mauerkrone zu befestigen, sind die Pfosten auf der Angriffsseite im oberen Bereich der Mauer an dieser zu befestigen. Dies erfordert entsprechende statische Berechnungen, aus denen sowohl die zusätzliche Belastung der Mauer als auch die erforderlichen Befestigungselemente in der Mauer hervorgehen (siehe Abschnitt 2.2.3).

Wichtig ist bei dieser Form der Mauerkronensicherung, dass eine schlüssige Verbindung zwischen ihr und der Mauer hergestellt wird, damit ein Täter nicht zwischen Mauer und Zaunmatte hindurchklettern kann.

Abweiser

Eine Mauerkronensicherung in Form eines Abweisers erfolgt in der gleichen Form wie der vertikale Abweiser, nur mit einem kurzen vertikalen unteren Teil und einem i. d. R. um 45° abgewinkelten oberen Teil (siehe Abbildung 2.2.1). Auch hierbei sind unterschiedliche Systeme anwendbar, so wie bei der vertikalen Mauerkronensicherung.

Neben der allgemeinen senkrecht wirkenden Zusatzlast kommt hier der horizontal auf die oberen Verbindungen mit der Mauer wirkende Hebelarm hinzu, der sich sowohl statisch aus dem Gewicht des Abweisers und seiner Komponenten ergibt, als auch dynamisch durch Wind sowie zu erwartende Eis- und Schneelasten (siehe Abschnitt 2.3.2).

Wannensicherung (WS)

Eine Wannensicherung ist ähnlich aufgebaut wie ein Y-förmiger Abweiser auf einem Zaun. Jedoch setzt man sie ein, wenn an einer Mauer eine Mauerkronensicherung erforderlich ist, die Angriffsrichtung aber von beiden Seiten zu erwarten ist, z.B. Bereichsmauern in einer JVA (Abbildung 2.2.10).

Die Grundkonstruktion ist eine Mauerkronensicherung, die an eine Seite der Mauer montiert wird. Unmittelbar über der Mauerkrone verlaufen die Pfosten horizontal bis zum Abweiser auf der anderen Seite der Mauer. Die Ausgestaltung der WS erfolgt mit durchgängigen Matten aus Streckmetall oder Stabgitter. Wie beim Y-Abweiser werden WS mit mindestens drei S-Draht-Rollen ergänzt.

Es sind bei einer WS aber mehrere Punkte zu beachten:

- Wegen des hohen Gewichts der Konstruktion in Verbindung mit dem bestehenden Hebelarm ist die Befestigung an der Mauer möglichst vorher zu testen.

Abb. 2.2.10: Konstruktion einer Wannensicherung

- Zum Eigengewicht kommt bei entsprechenden Bedingungen ein nicht unerhebliches Zusatzgewicht durch Schnee- und Eislasten hinzu.
- Aufgrund der hohen beweglichen Masse (S-Draht) bei Wind ist auf sichere Befestigungen zu achten, insbesondere, wenn Körperschall detektierende Sensoren eingesetzt werden.
- Da das horizontale Teilstück breit genug ist, um darauf stehen zu können, ist der Windungsabstand der mittleren S-Draht-Rolle so zu reduzieren, dass ein sicheres Stehen verhindert wird.

2.3 Zäune

Zäune sind heute die gängigste Form der mechanischen Perimeterabgrenzung. Damit wird gegenüber jedem Außenstehenden eindeutig signalisiert, dass hier eine Grundstücksgrenze besteht und der Eigentümer bzw. Besitzer des dahinter befindlichen Geländes zum Ausdruck bringt, dass ein Betreten des Grundstücks an diesen Stellen nicht erwünscht bzw. verboten ist. Dabei kommt es zuerst einmal nicht auf die Höhe des Zaunes an.

Zäune bieten dabei verschiedene Vorteile:

- leichte Installation,
- Abgrenzung bei gleichzeitiger „offener" Darstellung des Unternehmens,
- leichte und vielfältige Ergänzung mit Detektionssystemen möglich (siehe Kapitel 4),
- Sonderkonstruktionen entsprechend den Sicherheitsanforderungen.

Umgekehrt wollen verschiedene Nutzer, dass außerhalb der Betriebs- bzw. Geschäftszeiten niemand unbefugt das Grundstück betritt, man sich trotzdem aber z.B. die am Zaun entlang aufgereihten Fahrzeuge ansehen kann. Die Personen, die am Zaun entlang unterwegs sind, sollen nicht gänzlich außen vorgelassen werden, weil das wiederum dem Geschäft abträglich wäre.

Immer wieder gibt es die Ansicht, dass ein Zaun den Vorteil habe, dass Sicherheitskräften so die Möglichkeit gewährt würde, auch den Außenbereich vor dem Zaun mit Videotechnik einsehen zu können. Selbst in der Literatur wird die Vorfeldüberwachung unter Zuhilfenahme der Videotechnik als probates Mittel dargestellt.

WICHTIG!

Die Überwachung des Außenbereiches (öffentlicher Bereich) darf nur rein visuell durch die Sicherheitskräfte erfolgen. Der Einsatz von Videotechnik (durch den Zaun hindurch) ist nicht erlaubt! (siehe Abschnitt 6.5 und Kapitel 10)

Es ist folglich im Vorfeld mit dem Kunden im Beratungsgespräch genau zu ermitteln, wie weit die Funktionen eines Zaunes für das jeweilige Objekt gewünscht und wo ggf. Einschränkungen erforderlich sind.

Außerdem ist zu bedenken, dass Zaun nicht gleich Zaun ist. Jeder Zauntyp hat allgemeine und spezifische Vor- und Nachteile. Andererseits sind diese Vor- und Nachteile nicht zu vereinheitlichen. Bei jedem zu sichernden Areal ist u. a. zu prüfen, ob

- das im Sicherungskonzept festgelegte Sicherungsziel erreichbar ist,
- die Forderungen des Kunden erfüllt werden,
- notwendige Sonderkonstruktionen und Erweiterungen möglich sind,
- ggf. ein Detektionssystem sofort oder später installierbar ist usw.

Dementsprechend werden in den nachfolgenden Beschreibungen einzelne Zaunsysteme auch nur allgemein und ohne Bezug auf ein bestimmtes Objekt betrachtet. Was in dem einen Objekt vielleicht ungeeignet ist, kann dagegen in einem anderen Objekt genau passend sein. Die immer wieder zu findende gesamtheitliche Gegenüberstellung der einzelnen Zaunsysteme mit all ihren Vor- und Nachteilen kann keine Planungsgrundlage sein, da sie die Besonderheiten jedes einzelnen Objektes weder berücksichtigt noch überhaupt berücksichtigen kann.

2.3.1 Grundvoraussetzungen

Arten der Überwindung

Um zu ermitteln, welcher Zauntyp bei einem bestimmten Objekt der beste ist, muss im Sicherheitskonzept festgelegt sein, mit welcher Art der Überwindung bei dieser Barriere zu rechnen ist. Sinnvollerweise ist bei der Planung auch bei den kriminalpolizeilichen Beratungsstellen nach deren Erfahrung aus der Vergangenheit bzw. deren täglicher Praxis zu fragen.

Übersteigen

Dies ist der Klassiker beim Überwinden einer Zaunbarriere. Der Täter nutzt dabei eine vielleicht zu geringe Höhe des Zauns oder die Zaunkonstruktion selbst, um über die Zaunoberkante, wie auch immer diese ausgeführt sein mag, auf das fremde Areal zu gelangen. [Zeitliche Verzögerung u. a. abhängig von der Konstitution des Täters und seiner Hilfsmittel.]

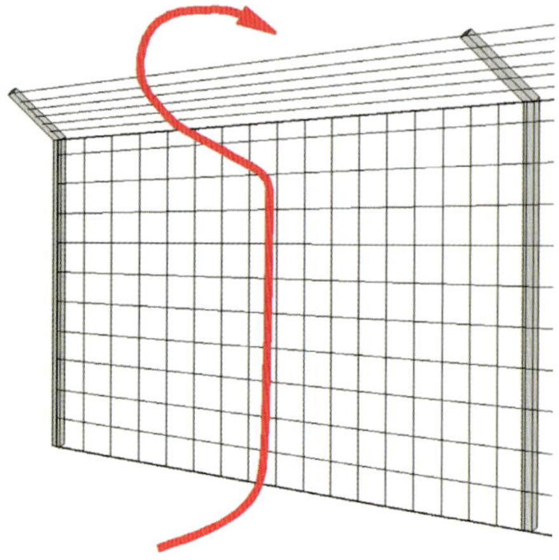

Abb. 2.3.1: Schema Übersteigen

Durchdringen

Hierbei wird mit geeignetem Werkzeug eine Öffnung in den Zaun eingebracht, die eine dem Zweck der Tat angepasste Größe hat. Hierzu zählt nicht nur die Verwendung von Seiten- oder Bolzenschneider, sondern z.B. auch das Lösen von Zaunmatten an den Pfosten. [Zeitliche Verzögerung u. a. abhängig von der Eignung des eingesetzten Werkzeugs.]

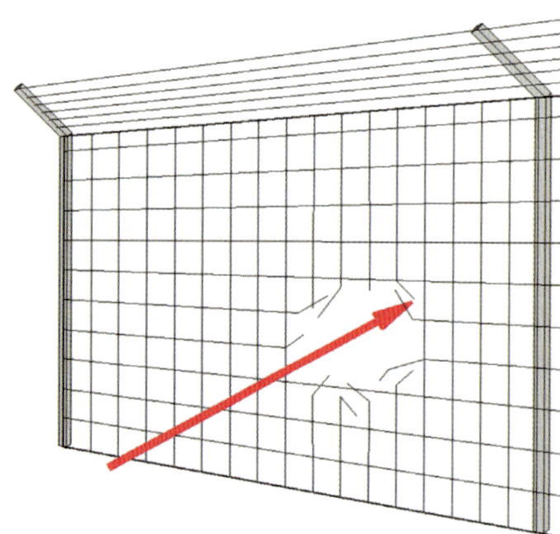

Abb. 2.3.2: Schema Durchdringen

Durchbrechen

Im Gegensatz zum Durchdringen unter Einsatz von Werkzeugen wird beim Durchbruch ein Fahrzeug als „Werkzeug" eingesetzt und durch Rammen des Zaunes dieser ohne Zeitverzögerung überwunden. Aufgrund vieler Vorfälle der Vergangenheit ist auch dieser Art der Überwindung entsprechende Aufmerksamkeit zu schenken. [Zeitliche Verzögerung nicht gegeben.]

Abb. 2.3.3: Schema Durchbrechen

Unterkriechen

Entweder durch einfaches Anheben oder unter Verwendung von Hilfsmitteln (z.B. Wagenheber) wird der Zaun nicht durchtrennt, sondern an dessen Unterkante ein Zwischenraum zum Boden geschaffen, der ausreichend bemessen ist, um Täter hindurch „kriechen" zu lassen. Diese Methode erleichtert zusätzlich den Abtransport schwerer Gegenstände. [Zeitliche Verzögerung abhängig vom eingesetzten Werkzeug und ggf. der Anzahl der Täter.]

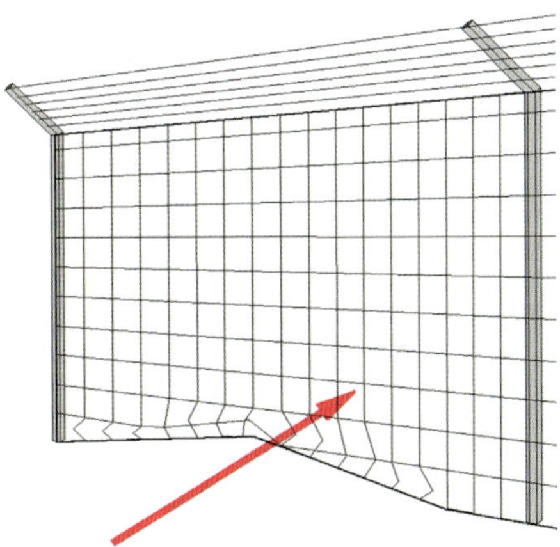

Abb. 2.3.4: Schema Unterkriechen

Untergraben

Anders als beim Unterkriechen wird hierbei die Zaunkonstruktion nicht angegriffen, sondern bei geeignetem Boden unter den Zaunmatten der Boden in einem kleinen Bereich so weit ausgehoben, dass eine Person unter der Zaunmatte hindurchkriechen kann. [Zeitliche Verzögerung durch die Bodenbeschaffenheit gegeben.]

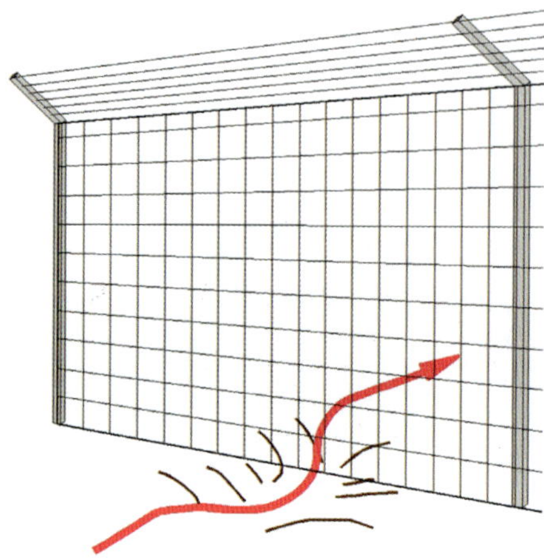

Abb. 2.3.5: Schema Untergraben

Es darf allerdings nicht der Fehler begangen werden, sich eine der vorgenannten Überwindungsarten auszuwählen und diese dann in die Planung einfließen zu lassen. Grundsätzlich ist davon auszugehen, dass alle Überwindungsarten, wenn auch nicht unbedingt gleichzeitig, zum Einsatz kommen können. Lediglich der Umkehrschluss ist möglich: Ausschließen, was nicht machbar ist, wie

- Unterkriechen bei felsigem Untergrund und
- Durchbrechen, wenn mit einem Fahrzeug nicht an den Zaun herangefahren werden kann.

Zaunverlauf

Für alle Zauntypen gelten die gleichen Überlegungen. Grundsätzlich legt die zu sichernde Grundstücksgrenze den Verlauf eines Zaunes fest. Doch sollten ein paar Punkte dabei beachtet werden:

- Der Verlauf des Zaunes sollte möglichst geradlinig sein. Eine Überwachung durch Personal und/oder eine Video-Überwachungsanlage wird dadurch erleichtert. Dagegen bedeuten ständige Richtungsänderungen eines Zaunes, dass evtl. Nischen entstehen, in denen Täter nicht gesehen werden können.
- Soweit möglich, ist auf Ecken im Verlauf zu verzichten. Ecken bedeuten zusätzliche Stabilität und erleichtern das Hochklettern. Wenn eine entsprechende Richtungsänderung erforderlich ist, sollte diese z.B. in zwei die Richtungsänderung halbierenden Winkeln erfolgen, z.B. mit 45°.
- Auch ständig wechselnde Höhenunterschiede sind zu vermeiden. Hierdurch können ebenfalls nicht einsehbare Bereiche entstehen, in denen Täter ungehindert den Zaun durchdringen können.

- Beiderseits des Zaunes sollte ein Streifen frei von Bepflanzung sein. Pflanzen bedeuten nicht nur eine mögliche Überstiegshilfe, sondern können gleichzeitig als Sichtschutz dienen, hinter dem Täter unbeobachtet den Zaun durchdringen können.
- Bepflanzung in Form von Bäumen sollte möglichst weit vom Zaun entfernt erst beginnen, damit einerseits keine Aufstiegshilfe entsteht und andererseits die Bäume nicht dazu genutzt werden können, Diebesgut über den Zaun zu reichen.

Welche Probleme durch Bäume entstehen können, zeigt ein authentischer Fall. In unmittelbarer Nähe vor der Außenmauer einer JVA stand eine große Eiche, deren Äste bis über die Mauer reichten. Immer wieder nutzten Personen diesen Baum, um über die Mauer hinweg Gegenstände bis hin zu Waffen in die JVA zu bringen. Die logische Konsequenz wäre gewesen, zum Schutz der Allgemeinheit den Baum zu entfernen. Über Jahre hinweg war das nicht möglich, weil das Umweltamt der Stadt dies verhindert hat. Was einfach aussieht, muss nicht zwangsläufig auch einfach sein.

Steht der Zaun unmittelbar am öffentlichen Raum, ist nicht nur in der Planungs- und Installationsphase darauf zu achten, welche Einrichtungen durch die jeweilige Stadtverwaltung o. Ä. errichtet wurden, die bei der Überwindung des Zaunes genutzt werden könnten (siehe Abbildung 2.3.7). Gibt es zu dem jeweiligen Projekt einen Service- und Wartungsvertrag, gehört die regelmäßige Überprüfung auf Veränderung der Situation zu den Arbeiten dazu. Gerade die Telekom stellt derzeit im Rahmen der Umstellung ihres Leitungsnetzes Unmengen an Verteilerkästen im öffentlichen Raum auf. Bei derartigen Veränderungen muss der Perimeterschutz entsprechend angepasst werden.

Zaunpfosten

Zaunpfosten sind die Basis jeder Zaunkonstruktion. Sie nehmen nicht nur die einzelnen Zaunfelder und anderen Elemente des Zaunes auf, sondern geben ihm die grundlegende Stabilität. Das ist aber nur möglich, wenn sie selber in geeigneter Weise befestigt wurden. In aller Regel bedeutet das ein Einbetonieren in ein ausreichend großes und vor allem tiefes (frostsicheres) Betonfundament.

Die Größe des Fundamentes ist kein universeller Wert, sondern hängt von mehreren Faktoren ab:

- Eigengewicht des Zauns,
- Gewicht zusätzlicher Elemente,
- Zusatzgewicht durch Eis und Schnee (siehe weiter unten),
- zu erwartende Windbeaufschlagung,
- ggf. Hinweise in DIN-Normen.

Da es sich dabei um mehr oder weniger konstruktionsbedingte Faktoren handelt, werden die Mindestmaße der Fundamente vom Hersteller errechnet und vorgegeben; alternativ von einem Architekten.

Da Zaunanlagen in der neuen DIN EN 18320 (VOB/C) „Landschaftsbauarbeiten" behandelt werden, ist nicht nur das Fundament zu berechnen. In Verbindung mit der restlichen Zaunkonstruktion muss ggf. eine entsprechende statische Berechnung erstellt und vorgelegt werden, wobei diese bis zu einer Standhöhe von 2,5 m nur in Ausnahmefällen verlangt wird.

Das Aufsetzen eines Zaunpfostens mittels einer Flanschplatte auf ein Fundament kann im privaten Bereich, wo es eher auf die Optik ankommt, akzeptabel sein, im Sicherheitsbereich jedoch nicht (Abbildung 2.3.6). Denn es besteht die Möglichkeit, mit einfachen Werkzeugen Pfosten zu entfernen und so einen breiten Durchgang bzw. direkt eine ganze Durchfahrt ohne große Zeitverzögerung herzustellen.

Abb. 2.3.6: Ungesicherte Pfostenmontage

Bei nicht ausreichend langen Pfosten besteht die Möglichkeit, mit entsprechenden Zusatzteilen die Pfosten entsprechend zu verlängern. Dabei ist aber zu beachten, dass an dieser Stelle eine deutliche Schwächung der gesamten Pfostenstruktur entstehen kann (siehe Abbildung 2.5.15). Außerdem muss beim Einsatz von Verlängerungsstücken ganz besonders auf die Befestigung geachtet werden. Sie darf von der Angriffsseite her nicht zu lösen sein. Da bei einer Pfostenverlängerung der Montageaufwand deutlich ansteigt (Mehrkosten), sollten Zaunverlängerungen nur dann verwendet werden, wenn zur Steigerung der Objektsicherheit die Erhöhung eines bereits bestehenden Zaunes in Erwägung gezogen wird.

Aber selbst dabei gibt es einen wichtigen Punkt zu beachten: Die Fundamente der bestehenden Zaunpfosten sind möglicherweise genau auf die alte Zaunkonstruktion ausgelegt und sind für die Aufnahme einer größeren Last bzw. größeren Zaunbelastung nicht ausreichend dimensioniert. Ist das der Fall, ist eine Neuerrichtung eines Zaunes nicht nur die sicherere Variante, sondern möglicherweise auch die kostengünstigere.

Auch der Abstand zwischen den einzelnen Pfosten ist eine Variable. Dieser wird herstellerseitig durch die Maße der Zaunmatten vorgegeben. Es sind nicht ausschließlich „gerade" Maße und deren Abstufungen zu finden.

Werden Zaunmatten unabhängig von den Zaunpfosten mit entsprechender Überlappung aneinander montiert, sollte der Pfostenabstand möglichst nicht mehr als 2,5 bis 3 m betragen.

Zaunpfosten sind an ihrem oberen Ende sicher und dicht zu verschließen, damit sich im Inneren kein Regenwasser sammeln kann. Dies würde nicht nur die Metallkonstruktion im Laufe der

Zeit durch Korrosion schwächen, sondern auch maßgeblich auf das Fundament einwirken. Leider ist immer wieder festzustellen, dass derartige Zaunkappen schon während der Montage ein Eigenleben entwickeln. Fehlende Kappen sind bei der Abnahme ein Mangel!

Übersteigschutz

Mauern und insbesondere Zäune lassen sich mit der erforderlichen Geschicklichkeit und ggf. mit geeigneten Hilfsmitteln erklettern. Um aber das Überwinden der Barrierenkrone zu verhindern oder zumindest erheblich zu erschweren, sind weitere Maßnahmen erforderlich.

Die einfachste Form des Übersteigschutzes sind überstehende Enden an der Oberseite der Zaunmatten, die spitz oder scharfkantig sein können. Durch die sich daraus ergebende Verletzungsgefahr beim Übersteigen können allerdings lediglich Gelegenheitstäter ohne Werkzeug und Hilfsmittel von einer Tat abgehalten werden.

Mit Erscheinen der neuen DIN EN 18320 (VOB/C) „Landschaftsbauarbeiten" im August 2015 wurde etwas Definitives zum Übersteigschutz festgelegt. Der Fachverband Metallzauntechnik e.V. hatte bereits 2010 die Empfehlung herausgegeben, Zaunmatten mit einer Höhe < 1,80 m nur noch als Sonderanfertigung bzw. auf besonderen Wunsch der Kunden mit Überständen zu fertigen. Diese Empfehlung ist nun auch in die neue DIN aufgenommen worden.

Diese Norm besagt z.B., dass öffentlich zugängliche Zaunanlagen zur Gewährleistung der Verkehrssicherungspflicht im Sinne der Personensicherheit, insbesondere von Kindern und Jugendlichen, bis zu einer Standhöhe von kleiner als 180 cm nicht mit einem Übersteigschutz ausgestattet werden dürfen. Außerdem dürfen sowohl Pfosten als auch Bespannung und Belattung keine scharfkantigen oder spitzen Überstände aufweisen.

Öffentlich zugängliche Zaunanlagen sind dabei nicht nur Zäune beispielsweise entlang von Straßen und Wegen, sondern auch der gesamte Bereich eines Schulgeländes, einer Kita usw., folglich jeder Zaun, zu dem Personen einen zulässigen öffentlichen Zugang haben. Die Zwischenbereiche zwischen benachbarten privaten Grundstücken sind nur dann einzubeziehen, wenn es eine vertragliche Regelung bezüglich der Anwendung der VOB/C gibt. Ansonsten gilt allgemein die zwingend einzuhaltende Verkehrssicherungspflicht.

(Zur möglichen Anwendungspflicht dieser Norm und zur Verkehrssicherungspflicht siehe Kapitel 10.)

Um ein Übersteigen möglichst zu verhindern oder zumindest deutlich zu erschweren, gibt es u. a. auch den vertikalen Übersteigschutz und den Abweiser.

Als (vertikalen) Übersteigschutz bezeichnet man die Konstruktion, bei der die Pfosten nach oben über die Zaunmatten hinausreichen und entlang der überstehenden Pfosten beispielsweise Stacheldraht, Stachelbänder oder sogar S-Draht (siehe weiter unten) gespannt wird. Dies soll einen (Gelegenheits-)Täter beim Überklettern der Zaunkrone behindern bzw. durch die sich ergebende Verletzungsgefahr abschrecken.

Das bedeutet aber gleichzeitig, dass unbeteiligte Passanten davor zu schützen sind, sich versehentlich an dem Übersteigschutz zu verletzen. Erreichbar ist dies durch eine Mindesthöhe der eigentlichen Zaunmatten von 2,50 m, wobei viele Zaunhersteller eine Standardhöhe von 2,40 m anbieten, was bei einer Ergänzung mit einem Übersteigschutz ggf. als ausreichend angesehen werden kann.

Abweiser als Übersteigschutz gibt es in unterschiedlichen Variationen. Die gebräuchlichste Variante ist die, dass auf die Pfosten kurze abgewinkelte Ausleger montiert werden, die dann, wie beim vorgenannten Übersteigschutz, parallel zum Zaun mit Stacheldraht oder anderem Draht bespannt werden. Die Länge des Abweisers sollte mindestens 400 bis 500 mm betragen und der Winkel zur Senkrechten 45° (andere Maße sind nach Herstellerangaben möglich).

Der Sinn des Abweisers besteht darin, dass sich ein Täter beim Erklettern des Zaunes über den in seine Richtung gerichteten Abweiser hangeln muss. Durch das dabei notwendige Zurücklehnen soll erreicht werden, dass sich die Person durch die Gewichtsverlagerung aus der Balance bringt und gleichzeitig der Halt mit den Schuhen im Zaungeflecht verringert wird.

Auch hier gilt wiederum, dass die Zaunmatten bis zum Abweiser eine entsprechende Mindesthöhe haben müssen, damit der Abweiser nicht bereits vom Boden aus überklettert werden kann und Unbeteiligte sich nicht verletzen können. Dabei wird gerne von Menschen mit normaler Größe ausgegangen. Zu bedenken ist aber, dass, besonders bei stark frequentierten Gehwegen unmittelbar am Zaun entlang, immer wieder Personen ihre Kleinkinder auf der Schulter tragen können, wodurch eine Gesamthöhe von 2,30 bis 2,40 m erreicht werden und gerade das Kleinkind mit seinem Gesicht in den Bereich eines zu niedrig angebrachten Abweisers geraten kann.

Zusätzlich bedeuten die einzeln gespannten Drähte des Abweisers aber auch, dass sie mit leichtem Werkzeug zu entfernen oder bei nachlassender Spannung zumindest mit wenig Aufwand z.B. zur Zaunmatte hin zusammenzudrücken und dann mit Kabelbindern zu befestigen sind, womit die Funktion des Abweisers vollkommen außer Kraft gesetzt wird.

Nicht nur bei einem so einfachen Zaun wie einem Maschendrahtzaun sind an den Abweisern massenhaft Fehler zu beobachten. Da der Abweiser nur dann funktionieren kann, wenn er dem Angreifer entgegenwirkt, ist die Richtung des Abweisers logischerweise vorgegeben. In der Regel sollen Täter abgehalten werden, die von außen das zu sichernde Areal betreten wollen. Damit muss der Abweiser vom Grundstück weg ausgerichtet sein.

Ausnahmen gibt es z.B. im JVA- und Forensikbereich, wo es gilt, das Übersteigen eines Zaunes vom Innenbereich her zu verhindern (Ausbruchsversuch) und gleichzeitig Personen abzuwehren, die von außen über den Zaun klettern, um einen Ausbruch zu ermöglichen oder zu unterstützen. Dann werden meist doppelte Abweiser, so genannte Y-Abweiser, eingesetzt.

Fehlerhaft und damit ein Mangel sind Abweiser immer dann, wenn ein Überwinden von außen abzuwehren ist, der Abweiser aber zum Innenbereich abgewinkelt wird. Damit ist nicht nur seine Funktion außer Kraft gesetzt, sondern der Abweiser erleichtert einem Täter das Überwinden (siehe Abbildung 2.3.7).

Ursache für derartige Mängel ist der Zaunverlauf unmittelbar entlang der Grundstücksgrenze. Um einen von außen kommenden Täter abzuwehren, müsste der Abweiser dabei außerhalb des Grundstücks verlaufen. Da er sich dann aber über einem öffentlichen Gelände (oder Nachbargrundstück) befindet, handelt es sich nach dem Baurecht um einen sogenannten „Überbau". Dieser ist aber genehmigungspflichtig und bedeutet, falls eine Genehmigung erteilt wird, eine nicht unerhebliche Gebühr, die an die Stadt bzw. Gemeinde zu zahlen ist. Wer dabei nicht aufpasst, muss damit rechnen, dass die Baubehörde bei Kenntnis von einem Abweiser im öffentlichen Raum den sofortigen Rückbau verlangen wird, was bei entsprechender Zaunlänge einen erheblichen Kostenfaktor darstellt.

Das lässt sich dadurch umgehen, dass der Zaun mindestens so weit von der Grundstücksgrenze ins Grundstück hineinversetzt wird, dass die Spitze des Abweisers nicht mehr über die Grundstücksgrenze hinausragt. Das wiederum wird von Kunden nicht gerne gesehen, weil einerseits das zur Nutzung zur Verfügung stehende restliche Grundstück dadurch kleiner wird und andererseits dieser Streifen, wie auch immer er gestaltet wird, einen entsprechenden Pflegeaufwand und damit verbundene regelmäßige Kosten verursacht (Gehwegplatten = kehren, Grasstreifen = Schnitt und Pflege usw.).

Abb. 2.3.7: Abweiser als weitere Übersteighilfe

Wenn ein Zaun unmittelbar an die Grundstücksgrenze gesetzt werden muss, ist der vertikale Übersteigschutz einem nach innen gerichteten Abweiser vorzuziehen.

Es könnte zwar damit argumentiert werden, dass mit einem falschen Abweiser der Täter schneller auf das Gelände gelangen kann, dafür aber bei seiner Flucht aufgehalten wird und dadurch eine Ergreifung durch Einsatzkräfte erleichtert wird. Dagegen sprechen allerdings zwei Punkte:

- Ein Täter soll möglichst davon abgehalten werden, das Grundstück zu betreten, damit er dort erst gar keinen Schaden anrichten kann.
- Je nach Objekt findet der Täter auf dem Grundstück massenweise geeignete Hilfsmittel, mit denen er trotz Abweisers schnell den Zaun auch in dieser Richtung überwinden kann.

Unterkriechschutz

Das Durchtrennen des Zaunes muss nicht einmal das Ziel eines Täters sein. Weniger zeitaufwendig ist das Übersteigen bzw. das Unterkriechen. Dem Unterkriechen wird in der Sicherheitsplanung oft keine Aufmerksamkeit gewidmet. Da es aber relativ einfach ist, verschiedene Zaunmatten in der Mitte eines Zaunfeldes anzuheben, ergibt sich automatisch die Notwendigkeit, Zäune fest mit dem Untergrund zu verbinden. Dabei ist nicht nur daran zu denken, dass Personen versuchen könnten, unter dem Zaun hindurch zu gelangen. In Zeiten zunehmenden Rohstoffdiebstahls ist dies für Täter geradezu eine Notwendigkeit, um schwere Metallteile mit geringem körperlichem Einsatz von einem eingezäunten Areal zu entfernen.

Hierbei zeigt sich auch, dass der Widerstandszeitwert (siehe Abschnitt 1.3.2) kein fest definierbarer Wert sein kann. Ein Einzeltäter muss eine entsprechende Zeit aufwenden, um den Zaun anzuheben, darunter hindurch zu kriechen und später den Weg wieder zurück zu nehmen. Anders sieht es aus, wenn beispielsweise zwei Täter den Zaun anheben und ein weiterer schnell hindurchkriechen kann.

Untergrabschutz

Je stabiler die Zaunkonstruktion, umso schwieriger wird es, den Zaun zu unterkriechen. Daher ist, je nach Bodenbeschaffenheit, ein entsprechender Untergrabschutz einzuplanen. Allerdings ist bei vielen Objekten festzustellen, dass viel Wert auf eine stabile und sichere Zaunkonstruktion gelegt wurde, während der untere Bereich völlig außer Acht gelassen wurde.

Abbildung 2.3.8 zeigt ein typisches Beispiel. Der Zaun ist nicht überwacht, auf den Untergrabschutz wurde gänzlich verzichtet. Auf der Innenseite des Zaunes ist die Erde nur locker angefüllt worden und kann mit bloßen Händen so weit entfernt werden, dass abgebaute Solarpaneele unter dem Zaun hindurch geschoben werden können.

Abb. 2.3.8: Stabgitterzaun (Abschnitt 2.3.4) ohne Untergrabschutz

Ein Untergrabschutz ist auch aus einem anderen Grund ein wichtiges Element der Perimetersicherung. Verschiedene Tiere graben sich unter Zäunen hindurch. Ist im Innenbereich ein Detektionssystem – Bewegungsmelder oder ein Bodendetektionssystem – installiert, können diese Tiere für häufige Falschalarme sorgen.

2.3.2 Maschendrahtzaun

Die gängigste und wohl am häufigsten anzutreffende Zaunart ist der Maschendrahtzaun. Auch wenn es sich um einen vergleichsweise einfachen Zauntyp mit einem sehr geringen Widerstandswert handelt, wird hier näher darauf eingegangen, da bei anderen Zauntypen ähnliche

Probleme auftauchen können und um zu erkennen, wo im Vergleich zu anderen Zauntypen deren Vorteile liegen. Auch sind einzelne Planungskriterien bei mehreren Zäunen bzw. Zaunteilen gleich.

Aufgrund seiner einfachen Konstruktion bietet der Maschendrahtzaun nur einen geringen Widerstandswert. Hier stellt sich die Frage: Was ist nach dem erarbeiteten Sicherheitskonzept erforderlich?

Bei einem Maschendrahtzaun werden einzelne Stahldrähte zu einem Maschennetz (quadratische oder rautenförmige Maschen) verwoben. Diese können z.B. aus verzinktem Stahl oder aus kunststoffummanteltem Stahl bestehen und sollten einen Mindestdurchmesser von 3 mm haben (ohne Kunststoffmantel!), besser sind 5 mm.

Mechanische Beschädigungen, wie sie beim Zuschneiden der Elemente vorkommen, heben diesen Korrosionsschutz auf. Im Werkvertrag mit dem Kunden ist von vorne herein festzuschreiben, was dann zu geschehen hat. Laut Vertrag durchgängig verzinktes Material wird durch die vorgenannten Schäden zu einem mangelhaften Teil. Beispielsweise feuerverzinkte Teile dürfen nicht einfach mit der Sprühdose nachverzinkt werden. Die Abnahme kann so wegen eines weitreichenden Mangels verweigert werden. Das Problem taucht bei allen Zäunen auf, die im Urzustand in einer bestimmten Art behandelt wurden (z.B. Feuerverzinkung).

Die Zaunfelder des Maschendrahtzaunes werden auf einer Rolle angeliefert, aufgestellt und an den in regelmäßigen Abständen befindlichen Pfosten befestigt. Diese Befestigung muss so ausgelegt sein, dass sie von außen nicht angreifbar ist und nicht mit einfachen Werkzeugen entfernt werden kann.

Spanndrähte in verschiedenen Höhen sorgen für einen geraden Zaunverlauf und für mehr Stabilität. Ihre Anbringung an der Ober- und Unterkante der Zaunmatten ist obligatorisch. Dazwischen sind in regelmäßigen Abständen weitere Spanndrähte einzuziehen, deren Abstand untereinander nicht größer als 60 cm sein sollte. Deren Durchmesser sollte ebenfalls mindestens 3 mm betragen. Um mit den Spanndrähten eine gewisse Stabilität zu erreichen, sollten sie möglichst durch jede Masche des Zaunes gezogen werden, was verständlicherweise zu einem entsprechenden Arbeitsaufwand und damit zu einem erhöhten Kostenfaktor führt.

Durch thermische Einflüsse, mechanische Belastungen usw. ist damit zu rechnen, dass sich die bei der Errichtung eingestellte Stabilität im Laufe der Zeit verändert. Daher sind Maschendrahtzäune wartungsintensiv. Werden sie nicht regelmäßig kontrolliert und ggf. nachgespannt, ergibt sich nach einiger Zeit neben der Instabilität auch ein sehr negatives Erscheinungsbild, das von Laien, die am Zaun entlanggehen, i. d. R. auch auf das ausführende Unternehmen zurückgeführt wird, dessen Name am Zaun angebracht wurde.

In Abbildung 2.3.9 sind prinzipiell alle Elemente eines standardmäßigen Maschendrahtzaunes enthalten. Dies sind neben den Pfosten und Matten:

- mehrere horizontale Spanndrähte,
- ein vertikaler Übersteigschutz,
- ein stabiles Tor mit Stabgittermatten, ebenfalls mit Übersteigschutz,
- verschiedene Querverstrebungen zur Stabilisierung und Eckaussteifung.

Abb. 2.3.9: Aufbau Maschendrahtzaun

Weitere Stabilität wird durch Streben und Stützpfosten erreicht. Auch Querdrähte, die in den einzelnen Zaunfeldern vom Pfostenfuß zur Spitze des nächsten Pfostens gespannt werden, stabilisieren zusätzlich. Wichtig ist vor allem die Abstützung der von zwei Seiten deutlich unter Spannung stehenden Eckpfosten.

Die Größe der Maschen – die Maschenweite – ist ein wichtiges Kriterium. Diese sollten möglichst klein sein (< 50 mm), um beispielsweise keine kleineren Gegenstände hindurch reichen zu können. Kleine Maschen verhindern auch, dass Täter mit spitzem Schuhwerk darin beim Klettern Halt finden. Die Höhe eines Maschendrahtzaunes sollte mindestens 2,50 m sein. Das gilt für die eigentlichen Zaunmatten inkl. Übersteigschutz.

HINWEIS!

Oft ist als Höhenangabe das Maß 2,44 m zu finden. Dabei handelt es sich um ein internationales Maß von 8 feet (ft). Daraus ergibt sich $8 \cdot 0{,}3048$ m = 2,4384 m.

Bei einem Zaun- bzw. Geländeverlauf mit Höhenunterschieden gibt es zwei Möglichkeiten der Ausführung. Die Zaunmatten können sowohl parallel zum Untergrund montiert werden, als auch von Matte zu Matte stufenweise dem Geländeverlauf folgend. Insbesondere bei schräg montierten Zaunmatten ist auf eine saubere und vor allem sichere Befestigung an den angrenzenden Pfosten zu achten.

Der geringe Widerstandswert dieser Zaunart liegt auch darin begründet, dass mit wenig Aufwand und leichtem Werkzeug ein Durchtrennen möglich ist; ein einfacher Seitenschneider reicht aus. Wird nur ein vertikal verlaufender Draht herausgezogen, öffnet sich der Zaun an dieser Stelle komplett. Bei manchen Zäunen werden die oberen/unteren Enden der einzelnen Drähte jeweils paarweise miteinander verdrillt. Unter Umständen benötigt ein Täter so überhaupt kein Werkzeug, weil die verschlungenen Drahtenden mit ein wenig Kraftaufwand auseinander zu drehen sind und anschließend wird einer der beiden gelösten Drähte nach unten oder oben aus dem Zaun herausgezogen.

Es reicht aber schon aus, mehrere Drähte zu durchtrennen, um so eine größere Öffnung zu schaffen, wenn es lediglich darum geht, kleinere Gegenstände durch den Zaun zu reichen (Mitarbeiter eines Betriebes reichen heimlich Gegenstände oder Waren durch den Zaun an dort wartende Personen.).

Abb. 2.3.10: Maschendrahtzaun mit korrektem Abweiser

Die Probleme, die ein einfacher Maschendrahtzaun mit sich bringt, zeigen die Notwendigkeit der Ergänzung mit einem Detektionssystem. Welche Detektionssysteme aber geeignet sind, um einen Maschendrahtzaun zu ergänzen, ist im Kapitel 4 beschrieben. Wenn der Kunde auf einem aus Kostengründen beauftragten Maschendrahtzaun besteht, lässt sich nur so die zu erreichende Sicherheit für das umschlossene Areal in geringem Maße erhöhen. Durch eine detaillierte Kalkulation lässt sich ermitteln, ob der gewählte Zaun tatsächlich kostengünstiger ist als alternative Zaunsysteme.

Zum Schutz gegen Unterkriechen reicht es nicht aus, Heringe von Campingzelten in den Boden zu schlagen, sondern die Befestigungselemente müssen sowohl den Zaundraht vollständig umfassen, als auch so fest im Boden verankert werden, dass sie nicht beim Anheben der Zaunmatte gleich mit herausgezogen werden. Dazu sind entweder geeignete Anker entsprechend tief in den Boden zu treiben oder, wenn vorhanden, im Streifenfundament einzubetonieren.

Bei dem Zaun in Abbildung 2.3.11 kann man davon ausgehen, dass er nicht gewartet wird. Das bedeutet ein Organisationsverschulden des Nutzers, wodurch er ggf. seinen Versicherungsschutz verlieren kann.

Was den Übersteigschutz anbelangt, so wurde dieser bereits beschrieben. Immer wieder ist zu beobachten, dass als Halter lediglich Kunststoffträger verwendet werden. Das kann im privaten Bereich aus Kostengründen noch akzeptabel sein, im Sicherheitsbereich haben sie aus Metallprofilen zu sein, damit sie nicht abzubrechen sind, insbesondere im Winter bei sehr niedrigen Materialtemperaturen.

Abb. 2.3.11: Unterkriechmöglichkeit nach Entfernen des unteren Spanndrahtes

Abb. 2.3.12: Ungeeignete Maßnahme

Ebenso wie die Zaunmatten muss der Übersteigschutz entsprechend straff gespannt werden und unterliegt auch einer regelmäßigen Kontrolle und einer Kosten verursachenden Nachbearbeitung. Das ist für die Planung der späteren Betriebszeit zu berücksichtigen.

Ein weiteres Problem, das bereits in der Planungsphase, nicht nur bei einem Maschendrahtzaun, zu beachten ist, taucht im Winter auf. Selbst bei einer Drahtstärke von 3 mm oder mehr hat jede Zaunmasche auch eine horizontale Grundfläche, auf der sich Schnee ablagern kann. Eine einzelne Schneeflocke hat prinzipiell kein Gewicht. Bei einem Zaun mit einer entsprechenden Höhe und großen Anzahl einzelner Maschen bedeutet Schnee ein nicht zu vernachlässigendes Zusatzgewicht. Bei Abweisern mit geringem Drahtabstand können sich, je nach Wetterlage, nicht unerhebliche Massen an Schnee darauf ablagern.

Um Schneelasten zu berechnen, gibt es z.B. die DIN EN 1991-1-3/NA:2010-12. Im Internet stehen verschiedene Rechner und Tabellen zur Verfügung, um einen Anhaltspunkt zu erhalten. Zwar fallen diese Berechnungen in den Bereich des Herstellers. Wenn aber aufgrund von Falschberechnungen ein Schaden eintritt, steht das Unternehmen in der Verantwortung, das dem Kunden eine falsche Planung abgeliefert hat bzw. das Unternehmen, das den Zaun unter falschen Voraussetzungen errichtet hat.

Noch größer wird das Gewicht, wenn beispielsweise bei Regen oder Nebel das Wasser entlang der gesamten Drähte gefriert. Dieses Zusatzgewicht beeinträchtigt die Stabilität und bedeutet insbesondere bei immer weiter zufrierenden Maschen eine enorme Angriffsfläche für den Wind. Für die Windlastberechnung gibt es die DIN 1055-4/-100. Neben der Verringerung der Stabilität des Zaunes können sich auch Einschränkungen im Bereich einzelner Zaundetektionssysteme ergeben (siehe Kapitel 4).

Abb. 2.3.13: Maschendrahtzaun im Winter

Dass Schnee und Eis nicht zu unterschätzen sind, hat nicht nur die Tragödie von Bad Reichenhall (02.01.2006) gezeigt. Selbst Hochspannungsleitungen reißen, wenn sich auf den verhältnismäßig schmalen Aluminiumleitern Schnee nach und nach aufschichtet. Da auch bei anderen sicherheitstechnischen Einrichtungen im Außenbereich Schnee und Eis das Verhalten der Anlagen beeinflussen können, folgen ein paar Beispiele:

Beispiel

1) Eislast bei Maschendrahtzaun

Zaunmatte mit 50 mm Maschenweite, 3 mm Drahtdurchmesser, 5 mm Eisschicht um die Drähte

Das entspricht ca. 3,5 kg Eis pro m^2 Zaun.

Das entspricht ca. 41,0 kg Eis pro Zaunfeld (2,50 m x 2,50 m).

Bereits bei 7,5 mm Eisdicke entspricht die Eisschicht dem Gewicht einer Person (ca. 80 kg), die an einem Zaunfeld „hängt".

---

2) Windlast bei vereistem Maschendrahtzaun

Gleiche Bedingungen wie unter 1)

Die Windangriffsfläche vergrößert sich durch das Eis um das 4,3-Fache.

---

3) Schneelast auf einem Abweiser

Der Abweiser hat eine Länge von 50 cm, Schneehöhe ebenfalls 50 cm.

Normaler Neuschnee entspricht bis zu ca. 18 kg pro Meter Abweiser.

Feuchter Altschnee entspricht bis zu ca. 88 kg pro Meter Abweiser.

Das wiederum entspricht zwischen ca. 44 kg und 221 kg Schnee auf einem Abweiser in der Länge eines 2,5-m-Zaunfeldes.

In entsprechenden Landes- und Höhenbereichen sowie bei extremen Wetterlagen können diese Werte noch um ein Vielfaches höher sein. Insbesondere bei den in den Nachrichten vermehrt gezeigten Extremwetterlagen sind Tabellen und Grafiken, die teilweise in Normen zu finden sind und die Basis für diesbezügliche Berechnungen sein sollen, nur als Anhaltspunkt zu betrachten. Wird anhand solcher Daten geplant, muss der Kunde (schriftlich) darauf hingewiesen werden, dass die Berechnungen bei veränderter Wetterlage hinfällig werden können.

Ein so einfacher Zaun wie der Maschendrahtzaun, der zur Sicherung eines Areals oder Objektes errichtet wird, bedeutet u. U. einen nicht zu unterschätzenden Planungsaufwand, der noch größer wird, wenn der Zaun mit einem Detektionssystem ergänzt werden soll.

2.3.3 Sonderformen

Drahtgitterzaun

Der Drahtgitterzaun ist vom Aufbau her mit dem Maschendrahtzaun gleich zu setzen. Der Unterschied liegt darin, dass die Verbindungsstellen der Maschen verschweißt sind. Das gibt ihm eine größere Stabilität und verhindert gleichzeitig, dass einzelne Drähte herausgezogen werden können, um den Zaun wie mit einem Reißverschluss zu öffnen.

Bei dem Versuch, ein größeres Loch hinein zu schneiden, müssen die einzelnen Maschen durchtrennt werden, was zwar nur das gleiche einfache Werkzeug erfordert, jedoch zu einer deutlichen Verzögerung des Angriffs führt und damit die Möglichkeit bietet, einen Täter zu stellen, bevor er innerhalb der Umzäunung einen Schaden anrichten kann. Das bedingt aber, dass der Zaun detektiert wird und sofort auf den ersten Angriffsversuch eine Reaktion der Interventionskräfte erfolgt.

Alle anderen Punkte, die unter Maschendrahtzaun genannt wurden, sind auf den Drahtgitterzaun in gleicher Weise anzuwenden. In Bezug auf die Detektierung bei diesem Zauntyp gibt es einen Vorteil in der Form, dass bei einer Überwachung auf Geräusche (siehe Kapitel 4) weniger Störgeräusche auftreten, da es an den verschweißten Punkten keine Reibung der einzelnen Drähte geben kann.

Wellgitterzaun

Während die Maschen beim Maschendrahtzaun diagonal verlaufen, sind sie beim Wellgitterzaun vertikal ausgerichtet. Als Basis verwendet man einen gewellten Stahldraht, der an den Kreuzungspunkten verschweißt wird. Aufgrund der Wellenform ist die Tiefe des Zaunes deutlich größer als bei einem Maschendrahtzaun. Daher ist besonders bei den Befestigungspunkten auf eine möglichst nicht lösbare Verbindung zu achten.

Wellgitterzäune sind oft als gerahmte Zaunfelder bei Mauern und freistehend eingesetzt (siehe Abbildung 2.3.7). Sie sind nicht zu verwechseln mit dem in Abbildung 4.3.1 gezeigten Zaun zum System WaveGard.

2.3.4 Stahlgitterzaun

Diese Zaunart wird auch anders bezeichnet, z.B. Gittermattenzaun, Stabgitterzaun, Doppelstabzaun, Mattenzaun. In allen Fällen ist darunter ein Zaun zu verstehen, dessen Matten aus einer geschweißten Kombination von horizontalen und vertikalen Stahlstäben besteht. Das Grundprinzip besteht aus Rundstahlstäben für beide Richtungen. Es können aber auch, insbesondere für die horizontalen Stäbe, andere Stabformen eingesetzt werden, z. B. Flachstahl oder

Profilstahl in U-Form. Die Rundstähle sollten mindestens 5 mm im Durchmesser sein, die anderen Profile in mindestens vergleichbarer Stärke.

Um auch hier das Risiko des Durchreichens von Gegenständen zu minimieren bzw. keine Aufstiegshilfe zu schaffen, sind die einzelnen Gitterfelder möglichst klein zu halten. Um eine entsprechende Sicherheit zu erreichen, sollte das Standardmaß von 50 mm Breite und 200 mm Höhe nicht überschritten werden. Je nach Sicherheitsanforderung – gemäß Sicherheitskonzept – können kleinere Maschenweiten erforderlich sein.

Allerdings ist schon bei der Planung zu berücksichtigen, dass vom Standardmaß abweichende Maße zu erheblichen Mehrkosten führen können. Hier sind Hersteller von kleineren lieferbaren Maßen einer Sonderanfertigung nach eigenen Vorgaben vorzuziehen. Im Wettbewerb mit mehreren Anbietern kann das Bestehen auf eigenen Maßen zum „Aus" führen.

Wie bei den vorangegangenen Zauntypen sollte die Höhe des Zaunes einschließlich senkrechter Übersteighilfe bzw. Abweiser mindestens 2,50 m betragen. Beim Einsatz von Standardhöhen bei den Matten ist es ggf. erforderlich, zwei Matten übereinander zu montieren, um die notwendige Höhe zu erreichen. Die beiden Matten sind dann mehrfach fest miteinander zu verbinden, damit sie an dieser Stelle nicht auseinandergezogen werden können und somit ein Durchstieg erleichtert wird. Neben der Befestigung der Matten untereinander ist darauf zu achten, dass die untere Zaunmatte möglichst hoch ist, damit die Verbindungselemente außerhalb des Handbereiches liegen und damit ein Angriff auf diese Punkte erschwert wird. Also beispielsweise bei einer Gesamthöhe von 4 m die untere Matten min. 2,5 m und die obere 1,5 m und nicht beide Matten à 2 m.

An den Kreuzungspunkten sind die einzelnen Profile miteinander verschweißt. Zwecks Korrosionsschutz wird mit feuerverzinkten Stählen gearbeitet. Zusätzlich können sie mit Kunststoff beschichtet sein oder mittels Pulverbeschichtung in verschiedensten Farben lackiert werden, je nach Kundenwunsch.

Bei einfachen Gittermatten mit je einem horizontalen und vertikalen Stab sollten sich die vertikalen Stäbe außen (zur Angriffsseite hin) befinden, nicht auf der Innenseite. Bei Flach- und Profilstäben sollte der über die vertikalen Stäbe hinausragende Teil auf der Außenseite möglichst gering sein, um keine Aufstiegshilfe zu bilden.

Im privaten Bereich sind immer wieder Zaunmatten zu finden, bei denen, hauptsächlich am oberen und unteren Ende der Matten, Sicken zur Versteifung der Konstruktion integriert sind (eine rinnenförmige Biegung der vertikalen Stäbe). Der Vorteil ist die höhere Steifigkeit der Zaunmatte. Bei sicherheitsrelevanten Konstruktionen bedeuten die Sicken allerdings zusätzliche Aufstiegshilfen.

Bei der stabileren Variante bestehen Doppelstab-Gittermatten aus jeweils zwei horizontalen Stäben und einem vertikalen. Dadurch ist die Gesamtkonstruktion zwar stabiler, jedoch befindet sich ein horizontaler Stab an der Außenseite und kann als Aufstiegshilfe genutzt werden.

Beim Stahlgitterzaun können die horizontalen Stäbe auch anstatt aus Vollmaterial alternativ aus einem Stahlrohr entsprechenden Durchmessers bestehen, um Sensordrähte oder LWL-Kabel zur Detektion hindurchzuziehen (siehe Kapitel 4).

Abb. 2.3.14: Industriegelände mit Doppelstabgitterzaun

Abweiser

Als notwendiges Mittel zur Verhinderung des Überstiegs sind auch bei diesem Zauntyp vertikaler Übersteigschutz oder Abweiser einzuplanen. Beide können wie beim Maschendrahtzaun ausgeführt sein (mittels Stacheldraht oder Stachelband).

Der Abweiser kann ebenfalls aus einer Gittermatte bestehen. Dann ist aber darauf zu achten, dass zwischen den vertikalen Matten und den Abweisermatten kein Durchstieg möglich ist. Beide Matten müssen mehrfach fest miteinander verbunden sein und zwar dergestalt, dass eine Demontage von außen nicht möglich ist.

Die Erweiterung des vorgenannten Abweisers ist die Verwendung einer Gittermatte im Winkel von 45°, auf die eine darüber hinaus ragende Streckmetallmatte befestigt wird (Streckmetall siehe unter Abschnitt 2.3.5, S-Draht siehe unter Abschnitt 2.3.8).

Vielfach werden Stahlgitterzäune ohne Übersteigschutz installiert. Dabei sollen die verlängerten Enden der vertikalen Stäbe (Überstände) aufgrund der möglichen Verletzungsgefahr abschreckend wirken und einen Überstieg evtl. verhindern. Da bereits ausgeführt wurde, dass Zaunmatten mindestens 2,50 m hoch sein sollten, ist die Verletzungsgefahr für Unbeteiligte weitgehend auszuschließen. Nicht so bei niedrigeren Zäunen, an die keine hohen Sicherheitsanforderungen gestellt werden, sondern nur einen einfachen Schutz vor dem Betreten des Geländes durch Personen oder Tiere darstellen sollen.

Da hier eine latente Verletzungsgefahr für Unbeteiligte besteht, ist besonderes Augenmerk auf diese Überstände zu legen. Wie wichtig dies ist, kann man daran erkennen, dass der Fachverband Metallzauntechnik e.V. bereits 2010 die Empfehlung herausgegeben hat, Zaunmatten mit einer Höhe < 1,80 m nur noch als Sonderanfertigung bzw. auf besonderen Wunsch der Kunden mit Überständen zu fertigen (siehe Abschnitt 2.3.1 – Übersteigschutz).

HINWEIS!

Sollte es bei der Beratung eines Kunden in diesem Punkt zu Diskussionen kommen, kann er darauf hingewiesen werden, dass er seiner Verkehrssicherungspflicht nachkommen muss, wonach (auch) Zaunanlagen so sicher zu gestalten sind, dass eine Gefährdung vermieden wird.

Bei Höhenunterschieden im Geländeverlauf folgen die Zaunmatten im Normalfall nicht der Bodenoberfläche, sondern werden weiterhin horizontal ausgerichtet und stufenförmig der Geländeform angepasst. Das bedeutet, dass bei einem schrägen Geländeverlauf besondere Aufmerksamkeit dem Unterkriechschutz zukommt.

Abb. 2.3.15: (Fast) Korrekte Anpassung an das Gelände

Um auch zu einem späteren Zeitpunkt keine Lücken durch Abtragungen des Bodens zu bekommen, sollte ein durchgängiges Streifenfundament errichtet werden, das auch bei den Abstufungen der Unterkante der Zaunmatten entspricht.

Die sicherste Methode des Unterkriechschutzes ist auch hier das Einlassen der Zaunmatten in das Fundament. So besteht keine Möglichkeit, die Matten anzuheben. Allerdings ist dabei dem Korrosionsschutz größte Aufmerksamkeit zu schenken, besonders an der Übergangsstelle von Beton (oder Erde) zur Luft.

Eckverbindungen

Unabhängig vom Winkel, in dem sich der Zaunverlauf immer wieder ändern kann, muss insbesondere bei Außenecken auf eine sichere Konstruktion geachtet werden. Hier darf keine Sicherheitslücke entstehen.

Neben der Variante, bei der genau im Eck ein Pfosten gesetzt wird, an dem die beiden angrenzenden Zaunmatten separat befestigt sind, kann man zwei typische Konstruktionen finden.

- Die in der Ecke zusammentreffenden Zaunmatten werden über Klemmverbinder miteinander verbunden. Nachteil ist, dass gerade im Eckbereich ein Öffnen dieser geschraubten Verbindungen erleichtert wird. Außerdem muss eine entsprechend große Zahl an Verbindern entlang der vertikalen Linie eingesetzt werden, damit sich die Matten nicht auseinander drücken lassen, was wiederum zu einer Überstiegshilfe führt.
- Eine Gittermatte wird mittig z.B. um 90° abgewinkelt und zwischen den benachbarten Pfosten befestigt. Eine Biegung der horizontalen Stäbe bedeutet eine Schwächung des Materials. Bei Doppelstabgittermatten wird im Eckpunkt ein Stück der inneren horizontalen Stäbe entfernt und dann die verbleibenden äußeren Stäbe gebogen. Auch das ist eine Schwächung des Gesamtsystems, denn während sich bei dem gesamten Zaun die Stabilität und damit der Widerstandswert durch die vertikalen Stäbe in Kombination mit zwei Reihen horizontaler Stäbe ergibt, bleibt im Eckpunkt nur eine Reihe möglichst scharf geknickter horizontaler Stäbe übrig.

2.3.5 Streckmetallzaun

Streckmetall ist ein über 100 Jahre altes Verfahren, aus Metallplatten eine Zaunstruktur herzustellen. Die Metallplatten werden schlitzförmig gestanzt und dabei gleichzeitig gestreckt. Es ergibt sich ein rautenförmiges Muster. Die Matten lassen sich in beliebiger Form schneiden, sodass auch Sonderkonstruktionen leicht herzustellen sind. Allerdings hat das Schneiden einen Vor- und einen Nachteil:

- Vorteil – Die Schnittkanten sind so scharfkantig, dass sie an der Oberseite der Matten das Übersteigen des Zaunes erschweren und ggf. verhindern.
- Nachteil – Bei der Verarbeitung und Installation der Zaunteile sind die Mitarbeiter besonders gefährdet, sodass ein entsprechendes Augenmerk auf den Arbeitsschutz zu legen ist.

Die Optik ähnelt der eines Maschendrahtzaunes, der Streckmetallzaun ist aber gegenüber diesem stabiler und weist einen besseren Widerstandszeitwert auf, was das Durchdringen anbelangt.

Das akustische Verhalten in Bezug auf Detektionssysteme ist sehr gut (siehe Kapitel 4).

Eine Standardausführung hat beispielsweise ein Rautenmaß von 76 x 31 mm bei einer Materialstärke von 3 x 3 mm. Dort, wo mit einem Durchbruch zu rechnen ist, sollte die Materialstärke auf 5 x 5 mm erhöht werden.

Als Zaunpfosten werden Rechteckprofilrohre mit einem Maß von 40 x 60 mm eingesetzt. Die Matten liegen an den Enden übereinander und werden an den Pfosten befestigt, indem U-förmige Klemmverbindungen über die Mattenenden gelegt und anschließend durch die Pfosten hindurch verschraubt werden. Die Verschraubung ist von der Angriffsseite her nicht zu lösen (V2A-Schrauben mit Abreißmuttern). Der Abstand der Pfosten ist entsprechend den Herstellervorgaben einzuhalten.

Abb. 2.3.16: Streckmetall

Der Unterkriechschutz ist genau so zu betrachten wie bei den zuvor genannten Zauntypen. Anders sieht es bei einem Abweiser aus. Er muss nicht separat angesetzt werden, sondern kann durch das Abkanten der Gittermatten angefertigt werden. Prinzipiell sind keine separaten Abweiserstäbe erforderlich. Die Gittermatten werden um 45° abgewinkelt und können so frei schwingen (Federwirkung). Dadurch geschieht beim Versuch, den Zaun zu übersteigen Folgendes: Der Täter greift beim Hochklettern nach dem Abweiser bzw. dessen Außenkante und versucht sich hochzuziehen. Dazu müsste er einen festen Halt haben. Der Streckmetallabweiser gibt jedoch nach und kommt dem Kletterer entgegen, wodurch die notwendige Stabilität fehlt. Das gleiche Problem bekommen Täter, die versuchen, sich mittels Wurfanker und Seil emporzuhangeln. Bei jedem Versuch, sich am Seil emporzuziehen, kommt ihnen der Abweiser entgegen. Dieses Hindernis beim Aufstieg wird noch dadurch erweitert, dass unter und/oder auf dem Abweiser mindestens eine S-Drahtrolle (siehe unten) verläuft.

Streckmetallabweiser können in zwei unterschiedlichen Varianten ausgeführt sein:

- Die Streckmetallmatte wird oben lediglich im Winkel von 45° abgekantet. Dabei enden die Zaunpfosten etwa 50 mm unterhalb dieser Kante, so dass der Abweiser eine entsprechende Bewegungsfreiheit erhält.
- Die Zaunpfosten werden am Ende ebenfalls um 45° abgewinkelt. Der Abweiser hat jetzt eine Länge von etwa 1,00 bis 1,10 m (horizontal von der Knickstelle aus gesehen) und liegt nur zu einem Teil auf den Pfosten auf, wo er wie die senkrechten Matten ebenfalls befestigt wird, aber nicht bis zum Abweiserende, da dies den überstehenden Teil versteifen würde. Das überstehende Ende gewährleistet wiederum die federnde Wirkung.

In beiden Fällen werden die oberen Enden des Abweisers scharfkantig geschnitten. Dabei erfolgt der Schnitt idealerweise so, dass sich zusätzliche scharfkantige Spitzen ergeben. Die Matten des Abweisers liegen an den Enden ca. 13 bis 15 cm übereinander (Raute auf Raute) und werden mit geeigneten Klemmverbindungen aneinander befestigt.

Im JVA- und Forensikbereich reicht eine Zaunhöhe von 2,50 m nicht aus. Hier sind Mindesthöhen von 4,50 m und mehr einzuhalten. Da die Streckmetallmatten aber vom Hersteller festgelegte Maße haben, sind die einzelnen Zaunfelder mit mehreren Matten übereinander zu bestücken. An den Übergängen sind die Matten in der gesamten Länge überlappend zu montieren. Gleichzeitig muss ein Durchstieg an diesen Stellen verhindert werden, sodass die Matten entlang der Überlappung mehrfach mittels geeigneter Befestigungselemente miteinander zu verschrauben sind.

Abb. 2.3.17: Ein 4,5-m-Streckmetallzaun (Bauphase) mit sehr guter Durchsicht

Ein sehr wichtiger Punkt ist auch bei diesem Zauntyp die Ausgestaltung von Ecken. Die Zaunmatten werden abgewinkelt und an den beiden benachbarten Pfosten konventionell befestigt. Dadurch gibt es im Eck keine Befestigungspunkte, die einen Angriffspunkt darstellen könnten. Die Abweisermatten werden so angepasst, dass sie sich nicht berühren, sondern ihre Außenkanten im Abstand von etwa 30 mm parallel zueinander verlaufen. Wird der Abweiser beim Übersteigversuch belastet, darf er nicht durch den angrenzenden Abweiser stabilisiert werden. Die Federwirkung des Abweisers ginge verloren.

2.3.6 Frontgitterzaun

Stabiler als die bisher beschriebenen Zaunarten ist der Frontgitterzaun, auch Stahlprofilrahmenzaun genannt. Aus Stahlrohrprofilen werden die Zaunfelder zusammengeschweißt. Zwischen einem Ober- und einem Untergurt werden vertikale Stäbe eingesetzt. Da es keine weiteren horizontalen Stäbe gibt, fehlt zunächst einmal eine einfache Aufstiegshilfe.

Der Abstand der vertikalen Stäbe sollte möglichst nicht größer als 100 mm sein. Bei dieser allgemein zu lesenden Angabe, mit der darauf abgezielt wird, dass möglichst keine Gegenstände hindurch gereicht werden können, muss aber weiter überlegt werden:

- Das Fehlen von weiteren horizontalen Elementen ermöglicht das Hindurchreichen auch größer Gegenstände, wie beispielsweise Edelmetallplatten. Wichtig ist, vorher festzustellen, welche Teile auf dem Gelände zu Diebesgut werden könnten. Beispielsweise lassen sich Solarmodule eines bekannten Herstellers mit einer Seitenlänge der Schmalseite von ca. 1 m gleich im Dreierpack hindurchreichen.
- Bei einer Zaunhöhe von beispielsweise 1,80 m mag die Stabilität in Bezug auf das Auseinanderbiegen zweier Stäbe noch ausreichend erscheinen. Je höher der Zaun allerdings wird,

umso leichter wird es, die Stäbe so zu verformen, dass eine Person durch die Lücke steigen kann. Ansonsten wird mit einer akkubetriebenen Stichsäge einfach ein Stab herausgetrennt, was meist schon ausreichend ist und beispielsweise trotz des dabei erzeugten Lärms in einem Industriegebiet kaum auffällt.

Abb. 2.3.18: Typischer Frontgitterzaun

Wer daraufhin die Überlegung anstellt, die Abstände der vertikalen Profile zu verringern, kann dadurch zwar den Widerstandszeitwert vergrößern, wenn man von einem Durchdringen ausgeht. Eine Reduzierung der Abstände von 100 mm auf 50 mm vergrößert aber die Fläche der Zaunfelder um 50 %. Mehr Material bedeutet mehr Gewicht. Hinzu kommt die höhere Windlast, da die Angriffsfläche für den Wind deutlich größer ist, woraus sich entsprechend angepasste Fundamente für die Pfosten ergeben. Das heißt, sobald an Zaunkonstruktionen entsprechende Veränderungen vorgenommen werden, müssen alle relevanten Parameter überprüft und, falls notwendig, angepasst werden.

Auf verschiedenen dieser Zäune bzw. auf den zugehörigen Toren sind Zackenbänder zu sehen. Diese sind als Übersteigschutz wenig geeignet. Ist die Zaunhöhe alleine nicht ausreichend, sind weitere Maßnahmen zu treffen, beispielsweise aufgesetzte Abweiser.

Die Pfosten werden oft mit Flanschplatten auf das Fundament bzw. eine niedrige Betonmauer geschraubt. Diese Verschraubungen sind ungeeignet, da sie sich mit Standardwerkzeug lösen lassen. Selbst das Heften mit einem Schweißpunkt zur Sicherung der Muttern ist ungeeignet. Solange sich auf die Seitenflächen ein Maulschlüssel ansetzen lässt, kann der Schweißpunkt überwunden werden.

Abb. 2.3.19: Frei zugängliche Verschraubung

Folglich müsste für eine sichere Befestigung jede Mutter so verschweißt werden, dass ein Werkzeug nicht mehr anzusetzen ist. Das bedeutet aber einen erheblichen Aufwand für das Schweißen und nicht zu vergessen das anschließende Aufbringen eines Korrosionsschutzes. Von daher sind die Pfosten in einem Fundament aufzustellen, das entsprechend dem Gewicht, allgemeiner Belastung und vor allem der Windbelastung (sehr große Angriffsfläche) frostfrei ausgeführt sein muss.

Gleiches gilt für die Befestigungen der Zaunfelder an den Pfosten. Üblich ist hier ebenfalls eine Verschraubung. Diese ist ebenfalls so gelegen, dass sie mit einfachen Werkzeugen leicht erreichbar ist. Das bedeutet, wenn die Verschraubung nicht dauerhaft gesichert wird, lässt sich so mit minimalem Aufwand in sehr kurzer Zeit ein Zaunfeld einseitig lösen und dann durch die Hebelwirkung vollständig entfernen.

Zusammenfassend ist zu sagen, dass bei diesem Zauntyp genau zu überlegen ist, ob dessen Standardkonstruktion für das jeweilige Objekt eine ausreichende Sicherheit bieten kann oder ob nicht zusätzliche Maßnahmen zu ergreifen sind.

2.3.7 Sonderzäune

Schmuckzaun

Aus optischen Gründen werden auch sogenannte Schmuckzäune als Perimeterabgrenzung eingesetzt. Aber das Sicherungsziel muss immer vor der reinen Optik stehen. Wenn Nutzer derartige Zäune haben wollen, müssen in der Planung die für alle Zäune geltenden Maßstäbe angesetzt werden, u. a.:

- Sind konstruktionsbedingt Übersteighilfen integriert?
- Welche Stabilität gegenüber einem Angriff ist gegeben? Um einem vorgegebenen Sicherungskonzept zu genügen, müsste evtl. zuerst ein Test erfolgen, was naturgemäß sehr aufwendig ist.
- Kann der Zaun mit ergänzenden Einrichtungen, wie Abweiser und Untergrabschutz, ergänzt werden?
- Lässt sich bei der Herstellung, bei der Errichtung oder zu einem späteren Zeitpunkt kostengünstig ein Detektionssystem einbauen?
- Lassen sich Durchlässe in die Zaunkonstruktion integrieren?

Glaszaun

Zäune aus Glas haben zweierlei Funktion. Einmal sollen sie wie eine Barriere wirken, gleichzeitig den Blick auf das gesicherte Areal aber nicht beeinträchtigen. Darüber hinaus werden sie im Forensikbereich eingesetzt. Hier besteht die allgemeine Vorgabe, dass eine Sicherung gegen Ausbruch unbedingt erforderlich ist, die Insassen aber aufgrund ihres psychischen Zustands nicht den Eindruck haben sollen, in einem Gefängnis zu sein (humaner Strafvollzug). Das würde dem Heilungsprozess entgegenwirken.

Glaszäune sind, je nach Hersteller, nicht nur ein mechanischer Schutz, sondern sind auch detektierbar und wenn erforderlich durchschusshemmend.

Abb. 2.3.20: Glaszaun Typ GlasGARD

Als Ergänzung oder auch als Einzelmaßnahme gibt es einen Übersteigschutz, der aus halbkreisförmigen Kunststoffstreifen besteht, die im Ansatzbereich durch Ausleger abgestützt sind und auf der restlichen Länge frei schwingen können (ähnliches Wirkprinzip wie beim Abweiser des Streckmetallzaunes).

Die Konstruktion ist so aufgebaut, dass ohne Hilfsmittel, beispielsweise Wurfanker, ein Überwinden praktisch unmöglich ist und selbst mit entsprechenden Hilfsmitteln weitestgehend verhindert wird. Eine zusätzliche Absicherung mit S-Draht ist hierbei nicht erforderlich. Durch ein spezielles Detektionssystem kann diese Abweiserkonstruktion auch überwacht werden.

Elektrozaun

Elektrozäune sind bekannt durch den ehemaligen Grenzzaun zur DDR bzw. durch verschiedene Anwendungen im Ausland. Bei der Berührung des Zaunes bekommt die Person einen tödlichen Stromschlag. Derartige Zäune sind in Deutschland verboten.

Allerdings gibt es heutzutage zwei relevante Kombinationen von Zaun und Strom:

- Zäune als Umfriedung eines Kraftwerksgeländes bzw. großer Umspannanlagen, bei denen die Hochspannungsleitungen sehr niedrig über die Zäune hinweg verlaufen, stehen unter einer von der Hochspannungsleitung induzierten Spannung, die vergleichbar ist mit der Spannung in einem Weidezaun, allerdings nicht impulsmäßig, sondern dauerhaft.

  Das ist für Monteure wie auch Wartungs- und Servicetechniker ein wichtiger Faktor in Bezug auf den Arbeitsschutz. Ferner kann diese Dauerspannung im Zaun ggf. zu einem Problem führen, wenn der Zaun mit einem Detektionssystem ausgestattet werden soll.
- Die andere Variante ist der Stromzaun. Da es sich hierbei eher um ein Detektionssystem als einen Zaun handelt, ist er im Abschnitt 4.7.1 kurz beschrieben. Als Zaun, nur aus den unter Strom stehenden Drähten bestehend, ist er nicht zu werten, da er keinerlei Widerstandswert aufweist. Zwar meldet das System, wenn ein Draht durchtrennt wird, ein Täter wird aber nicht aufgehalten.

  Zur Durchtrennung benötigt ein Täter einfachstes Werkzeug und einen minimalen Zeitaufwand. Durch geeignete Isolierung des Werkzeugs oder eine schnelle Verbindung einzelner Drähte mit der Erde (Erdboden oder Zaunpfosten) ist er gegen Stromschläge geschützt.

Holzzaun

Auch unter den Holzzäunen gibt es Ausführungen, die sicherheitsrelevant sind und die nicht nur dem Sichtschutz dienen, sondern auch einen gewissen Widerstandswert bieten. Diese Zäune lassen sich sogar mit verschiedenen Detektionssystemen ausstatten und sind so in etwa vergleichbar mit einem „offenen" Metallzaun mit zusätzlichem Sichtschutz.

Allerdings muss dabei berücksichtigt werden, dass Holz, im Gegensatz zu Beton, Stein und Metall, ein mehr oder weniger weiches Material ist und dadurch ein Überwinden mit geeigneten Kletterhilfen zu einem sehr niedrigen Widerstandszeitwert führt.

Andererseits darf nicht verkannt werden, dass es Zaunkonstruktionen gibt, die durchaus als Sicherheitszäune einzustufen sind, selbst wenn beispielsweise der VdS in seiner VdS 3143: 2012-09 (01) Holzzäune so bewertet (Zitat): „... weil sie aus sicherheitstechnischer Sicht von untergeordneter praktischer Bedeutung sind." Da aber gerade in besonders zu schützenden Privatbereichen Holz ein ästhetischer Werkstoff ist, kann er nicht beiseite geschoben werden.

Es gibt neben allgemein massiven Holzzäunen mit nachträglich installierten Detektionssystemen auch solche, bei denen bereits bei der Fertigung unterschiedlichste Detektionssysteme in das Holz mit eingearbeitet werden und deren oberer Abschluss gleich einen federbelasteten Übersteigschutz enthält.

2.3.8 Zubehör und Sonstiges

S-Draht

S-Draht ist unter verschiedenen Namen bekannt: Widerhakensperrdraht, NATO-Draht, Sperrdraht, Klingendraht, Z-Draht. Häufig dazugezählt wird der Bandstacheldraht.

Unter der letzteren Bezeichnung ist eine Weiterentwicklung des Stacheldrahtes im ersten Weltkrieg zu verstehen. Um Material zu sparen, wurden die Drähte flach gewalzt und dann fortlaufend dreieckige Ausstanzungen vorgenommen. Dadurch ergab sich ein Band, dessen Ränder, bedingt durch das Stanzen, aus kleinen Klingen bestehen.

Auch heute noch gibt es eine derartige Konstruktion aus brüniertem Stahl (z.B. 19 x 1 mm), bei der an Stelle der Dreiecke Langlöcher scharfkantig ausgestanzt werden. Die Bezeichnung dafür ist „Bandstacheldraht". Er wird wie Stacheldraht gespannt, wobei eine spiralförmige Ausrichtung der Klingen entsteht. Aufgrund seines geringerwertigen Korrosionsschutzes und der Möglichkeit des Durchtrennens mittels eines Seitenschneiders ist der Einsatz nur bei einer niedrigen Sicherheitsanforderung sinnvoll.

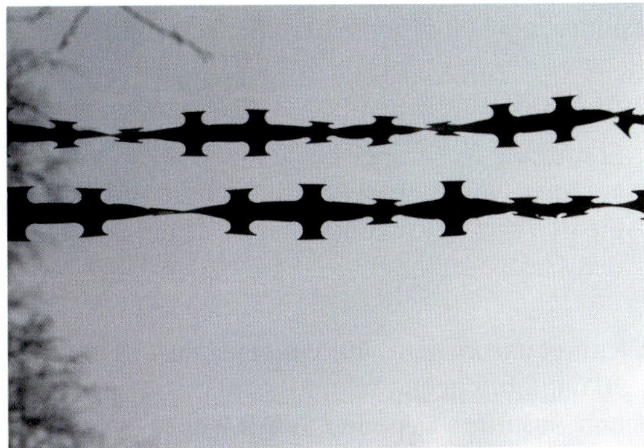

Abb. 2.3.21: Bandstacheldraht als Übersteigschutz

Beim S-Draht (NATO-Draht) sieht der Aufbau deutlich anders aus. In einem Arbeitsschritt wird ebenfalls ein Stahlband so ausgestanzt, dass sich äußerst scharfe trapezförmige Klingen ergeben. Dieses Band wird anschließend um einen Seelendraht (Federstahl) gebogen und durch Widerstandspressschweißen befestigt, was eine stabile Konstruktion ergibt, bei der die Klingenreihen in entgegengesetzte Richtungen weisen. In dieser Form wird er genauso eingesetzt wie Stacheldraht.

Abb. 2.3.22: S-Draht

An der Größe der Klingen orientieren sich auch die unterschiedlichen Typenbezeichnungen, wobei es standardmäßig 3 Gruppen gibt:

- kurz = 10 bis 15 mm
- mittel = 20 bis 25 mm
- lang = 60 bis 66 mm

Die Länge bezieht sich dabei auf die äußere Länge der Schneiden.

In der Literatur ist leider auch zu lesen, dass Perimetersicherungen mit S-Draht „unüberwindlich" sind. Das ist nicht richtig! Es kommt auf die Motivation des Täters an. Mit derartigen Aussagen sollte man sehr zurückhaltend sein. Insbesondere, wenn solche Aussagen gegenüber dem Kunden, egal ob öffentlicher oder privater Kunde, auch noch schriftlich getätigt werden.

ACHTUNG!

Sollte eine Sicherungsanlage doch überwunden werden und es dadurch zu einem Schaden kommen, wird sich der Kunde darauf zurückziehen, dass „er sich darauf verlassen hat, dass die ihm schriftlich zugesicherten Eigenschaften der Konstruktion auch tatsächlich vorhanden sind".

Wenn es darum geht, auf ein beliebiges fremdes Areal zu gelangen, so mag die abschreckende Wirkung groß genug sein, es nicht zu versuchen. In einem authentischen Fall ging es aber um einen Ausbruch aus einer JVA (Medien berichteten). Die geflohenen Strafgefangenen hatten natürlich eine ganz andere Motivation. Obwohl der S-Draht mit Laken abgedeckt wurde, war hinterher anhand der vorgefundenen Blutspuren nachzuvollziehen, dass sich mindestens einer der Gefangenen in erheblichem Maße verletzt hatte, trotzdem aber fliehen konnte.

S-Draht kommt i. d. R. nicht als Einzeldraht, sondern als Drahtrolle zum Einsatz. Dabei werden einzelne Ringe jeweils um 90° versetzt aneinander befestigt, sodass sie bei der Montage vor Ort zieharmonikaähnlich auseinander gezogen werden können. Dabei ist aber zu berücksichtigen, dass der ursprüngliche Durchmesser (Herstellerangabe) immer kleiner wird, je mehr die Drahtrolle gestreckt wird.

Die Befestigung erfolgt an jeder Windung mit einer entsprechenden Klemme. Dort, wo sich die Rollen unterhalb eines Abweisers befinden, ist zwar auch jede Windung zu befestigen, jedoch hier im Wechsel eine Windung unten und eine Windung oben.

Durch zu starkes Auseinanderziehen besteht dann wiederum die Gefahr, dass zwischen den einzelnen Ringen so viel Platz bleibt, dass selbst größere Gegenstände ungefährdet hindurch oder darüber hinweg gereicht werden können. Herstellerseitig wird angegeben, auf welche Länge eine Streckmetallrolle maximal ausgezogen werden sollte. Ein empfehlenswertes Maß für den Abstand der Ringe ist max. 220 mm unterhalb eines Abweisers und 140 mm oberhalb.

Dort, wo für eine S-Drahtrolle mit einem Durchmesser von bis zu 1000 mm kein Platz ist oder wo aus anderen Gründen die Gefahr der Verletzung Unbeteiligter zu groß ist, lässt sich S-Draht vertikal in einer flachen fortlaufenden Spirale aufbauen. So wird er als vertikaler Übersteigschutz eingesetzt.

Je nach Zaunkonstruktion und Sicherheitsanforderung werden eine oder mehrere Rollen gleichzeitig eingesetzt. Die Durchmesser der Rollen liegen dabei zwischen etwa 450 mm und 1000 mm im Anlieferungszustand. Je nachdem, wie weit der S-Draht bei der Montage auseinandergezogen wird, reduziert sich der Durchmesser deutlich.

Dabei ist immer darauf zu achten, dass sie auf der Zaunaußenseite so hoch montiert werden, dass Unbeteiligte nicht gefährdet werden. Aber auch auf der Innenseite ist eine beliebige Auslegung nicht möglich. Hier kann Wachpersonal im Dunkeln entlanggehen müssen. Hier kann sich ein Wachhund frei bewegen. Folglich ist auch auf dieser Seite eine Gefährdung anderer auszuschließen.

Da S-Draht auch in Bereichen eingesetzt wird, in denen sich Personen darunter legal aufhalten können, ist auch hier auf die Besonderheiten der Winterzeit zu achten. Nicht nur das Thema zusätzlicher Schneelasten trifft hier zu (siehe Abschnitt 2.3.2 Maschendrahtzaun), sondern insbesondere auch das der Eisbildung. In Verbindung mit einer entsprechenden Zaunkonstruktion bietet der S-Draht die Gelegenheit, dass sich an den vielen Klingen und Klemmstellen Eis bildet, das sich nach und nach zu Eiszapfen vergrößert. Da der S-Draht auch über Toren und Durchgängen eingesetzt wird, besteht in Verbindung mit der Fallhöhe von 5 m und mehr ein nicht zu vernachlässigendes Gefährdungspotential. Der Nutzer sollte auf die Möglichkeit der Gefährdung hingewiesen werden, denn er hat organisatorische Schutzmaßnahmen zu treffen.

Abb. 2.3.23: Einsatzmöglichkeiten von S-Draht-Rollen entsprechend den Angriffsrichtungen

Beim Einsatz von S-Draht ist schon in der Planung zu berücksichtigen, welche Qualität sowohl der Seelendraht als auch das Klingenband haben sollen bzw. wie die gesamte Konstruktion gegen Korrosion zu schützen ist. Dabei steht der höhere Preis für eine Edelstahlausführung der Möglichkeit eines Langzeiteinsatzes gegenüber. Hier geht es nicht nur um die Optik eines verrosteten S-Drahtes und der durch abtropfenden Regen ausgelösten Rostschäden.

ACHTUNG!

S-Draht kann, vor allem bei schlechter Montage, Schäden an verschiedensten Einrichtungen verursachen, z.B. an Mauern und Gebäuden. Das kann insbesondere in windreichen Gegenden zu einem Problem werden, vor allem dann, wenn beispielsweise für die ebenfalls neu errichtete Zaunkonstruktion eine längerfristige Gewährleistung vereinbart wird.

Wird der S-Draht in Rollenform montiert, z.B. an Abweisern, sorgt Wind dafür, dass die Klingen auch an der Zaunkonstruktion reiben und dabei letztere beschädigen können, was bei einem rostigen Draht zu einer entsprechenden fortgesetzten Beschädigung des Zaunes führt.

Es gibt auch Anwendungen, bei denen generell die Sicherheit vor dem Preis stehen muss. Das sind Anwendungen, bei denen das Material im direkten Langzeitkontakt mit Wasser steht. Beispielsweise kann der S-Draht zum Schutz vor Booten, Schwimmern und Tauchern eingesetzt werden, wenn sich ein Teil der zu sichernden Grundstücksgrenze unmittelbar an einem Gewässer befindet. Aber auch bei der Sicherung von Wasser- und Abwasserkanälen ist von einer dauerhaften Beaufschlagung des Materials mit Wasser auszugehen.

Aufgrund der erheblichen Verletzungsgefahr sowohl während der eigentlichen Verlegung als auch bei einer nachträglichen Ausstattung eines fertig bestückten Zaunes mit Sensorik ist ein besonderes Augenmerk auf den Arbeitsschutz zu legen. Das betrifft nicht nur den eigentlichen Arbeitsbereich, sondern auch den Transport und evtl. notwendige Materiallagerplätze. Die persönliche Schutzausrüstung (PSA) der Monteure muss vorhanden sein und eingesetzt werden. Gelagertes Material ist so abzusichern, dass Unbeteiligte nicht versehentlich mit dem S-Draht in Berührung kommen, da es ansonsten zu „fahrlässig bzw. grob fahrlässig verursachten Personenschäden" kommen kann.

WICHTIG!

S-Draht ist ein frei verkäufliches Produkt. Insbesondere im privaten Bereich sollte er wegen der enormen Verletzungsgefahr nicht eingesetzt werden. Zu diesem Thema wurde bereits ein Gericht bemüht (siehe Abschnitt 10.3).

Sichtschutz

Nachteilig kann bei Zäunen sein, dass durch die offene Bauweise eine gewollte Verdeckung der dahinter befindlichen Einrichtungen nicht möglich ist. Beispielsweise ist das der Fall, wenn für Außenstehende nicht erkennbar sein soll, wann und wo ein Werttransporter erscheint, welche hochwertigen Waren in welche Fahrzeuge verladen werden oder welche hochpreisigen Fahrzeuge gerade auf dem Gelände abgestellt wurden. Ein Sichtschutz muss dann mit anderen Maßnahmen aufgebaut werden.

Da sich gerade Gittermattenzäune für die Montage von individuell bedrucktem Sichtschutz – zusätzliche Flächen für Unternehmenswerbung – sehr gut eignen, ist der Kunde auf die Konsequenzen hinzuweisen, falls der Zaun sofort oder erst später mit einem Detektionssystem ergänzt werden soll. Besteht der Kunde auf dem Sichtschutz, so ist darzulegen, warum bestimmte Detektionssysteme dann nicht mehr geeignet sind.

ACHTUNG!

Ein am Zaun angebrachter Sichtschutz bedeutet bei der Ausstattung des Zaunes mit einem Detektionssystem, welches auf den Körperschall des Zaunes reagiert, dass insbesondere bei Wind mit einer Vielzahl an Fehlalarmen zu rechnen ist.

Zäune mit einem Sichtschutz, der das Bild einer Wand aus Gabionen (siehe Abschnitt 2.2.4) darstellt, auszurüsten, hat nur eine optische Wirkung. Zusätzliche Sicherheit durch eine abschreckende Wirkung ist damit nicht zu erzielen. Diese Kombination entspricht einer Dummy-Kamera, die alleine an der blinkenden LED als solche zu erkennen ist.

Zaunanschluss

Abb. 2.3.24: Zaunanschluss

Perimetersicherung bedeutet nicht nur, dass um ein Gelände ein durchgängiger Zaun errichtet wird, sondern dass auch innerhalb des Areals Zäune zur Abtrennung einzelner (Sicherheits-) Bereiche erforderlich sind. Prinzipiell sind diese Bereichszäune genauso zu bewerten und zu planen, wie Zäune an der Grundstücksgrenze. Die Besonderheit besteht immer dann, wenn zwei Zäune aufeinandertreffen.

Unabhängig von der sicheren Befestigung der aufeinandertreffenden Zaunmatten sind an diesen Stellen drei Punkte besonders zu beachten:

- Derartige Anbindungen sind wie Eckkonstruktionen zu sehen, d.h. hierdurch wird das Übersteigen erleichtert gegenüber dem Klettern an einer durchgängigen Zaunfläche. Deshalb ist beispielsweise beidseitig der Eckbereich mittels S-Draht zusätzlich zu sichern.
- Eine weitere Schwachstelle ergibt sich bei unterschiedlich hohen Zäunen. Das kann insbesondere im Bereich von Abweisern zu

einer unerwünschten Stabilisierung führen, die ein Überklettern erleichtert. Ist zum Beispiel der Außenzaun deutlich höher als der angrenzende Bereichszaun, sollte dieser im Anschlussbereich zuerst auf dem Niveau des Außenzaunes beginnen und erst im weiteren Verlauf auf das für den Bereichszaun geplante Niveau abgesenkt werden. Weniger kritisch ist die Situation zu betrachten, wenn der Bereichszaun so viel niedriger ist als der Außenzaun, dass selbst eine auf dem Bereichszaun stehende Person nicht an den Abweiser des Außenzaunes gelangen kann und somit wie eine am Boden stehende Person wirkt.

- Werden für die Verbindung der aufeinandertreffenden Zaunmatten geschraubte Klemmverbinder benutzt, so sind diese Verschraubungen z.B. beim Stabgitterzaun durch die Matten des äußeren Zaunes leicht erreichbar und damit angreifbar.

Zusammenfassung

Die vorangegangenen Ausführungen zu den unterschiedlichsten Zauntypen betreffen die unterschiedlichsten Berufszweige, nicht nur den klassischen Zaunbauer.

1. Fachplaner für Sicherheitstechnik – Um Sicherheitstechnik planen zu können, muss er die Basis kennen, die für die Elektronik zu schaffen ist, sei es das Detektionssystem oder die Ansteuerung verschiedener Elemente in den Zaunöffnungen, wie Tore, Schranken und Drehkreuze. Ferner muss er die Möglichkeit haben, die Leistungen der seine Planung ausführenden Unternehmen zu kontrollieren.
2. Facherrichter für Sicherheitstechnik – Er muss gegenüber seinem Kunden die Verantwortung dafür übernehmen, dass die Vorleistungen für sein eigenes Gewerk soweit mangelfrei sind, dass er selber ebenfalls ein mangelfreies Werk abliefern kann. Wenn er also ein Detektionssystem an einem von einem Zaunbauer errichteten Zaun anbringt und dieses anschließend Unmengen an Fehlalarmen produziert, wird die Rechtsprechung ihm zumindest eine Mitverantwortung geben, weil er hätte überprüfen müssen, ob sich die Zaunkonstruktion als Basis für ein Detektionssystem überhaupt bzw. für das geplante speziell eignet. Das kann aber nur funktionieren, wenn der Errichter die Mechanik auch überprüfen kann und alle Gewerke zusammenarbeiten.

Zäune gibt es viele, nicht nur die hier beschriebenen. Selbst durchbruchhemmende Holzzäune sind in der Perimetersicherung zu finden. Auch durch die Kombination verschiedener Grundtypen sind Zaunanlagen mit einem unterschiedlich hohen Sicherheitsniveau möglich. Prinzipiell lassen sich dabei alle Zauntypen nach den beschriebenen Einzelkriterien bewerten. Weitere Besonderheiten werden auch bei den verschiedenen Detektionssystemen aufgezeigt (siehe Kapitel 4).

Ist nicht erkennbar, ob die vom Kunden geforderten bzw. im Sicherheitskonzept festgelegten Kriterien mit einem bestimmten Zauntyp tatsächlich realisierbar sind, muss notfalls ein Musteraufbau erfolgen, an dem die unterschiedlichen Überwindungsmöglichkeiten getestet werden. Dadurch entstehen zwar zusätzliche Kosten, jedoch lassen sich diese in der Planung berücksichtigen. Außerdem kann bei einem geschickt gewählten Standort der Musteraufbau bei Freigabe durch den Kunden an seiner Stelle verbleiben und wird in den restlichen Aufbau integriert.

Dass es allgemein unterschiedliche Ansichten über die Eignung bestimmter Zauntypen gibt, lässt sich daran erkennen, dass in der VdS-Richtlinie VdS 3143: 2012-09 der Maschendrahtzaun an erster Stelle aufgeführt ist, während Wellgitter- und Streckmetallzäune unter „Sonstige Zäune" eingereiht wurden mit der Begründung (Zitat): „... weil sie aus sicherungstechnischer Sicht von untergeordneter praktischer Bedeutung sind."

2.4 Sonderkonstruktionen

Die bisher dargestellten Konstruktionen sind Standardelemente, mit deren Hilfe die Außengrenze eines Grundstücks mechanisch zu sichern ist. Da im Verlauf von Außengrenzen Bauwerke stehen können, müssen diese in die Perimetersicherung mit einbezogen werden, damit die Sicherungsmaßnahme vollständig ist.

2.4.1 Dachsicherung

Dachkantensicherung (DKS)

Ein Gebäude, dessen Außenwand sich unmittelbar im Mauer- bzw. Zaunverlauf befindet, eignet sich insbesondere bei niedriger Bauhöhe und/oder Flachdach sehr gut für einen Überstieg mittels Wurfanker und Kletterseil. Um dies zu verhindern, wird eine Dachkantensicherung eingesetzt, die vom Grundprinzip her einer Mauerkronensicherung (siehe Abschnitt 2.2.5) entspricht.

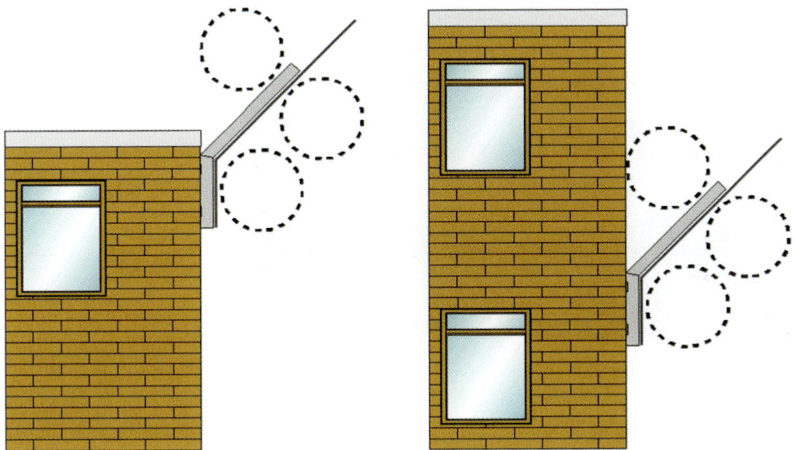

Abb. 2.4.1: Dachkantensicherung

Allerdings ist diese Sicherung dann wirkungslos, wenn sich in der Außenwand Fenster befinden, die unterhalb der DKS liegen. Dadurch ist ein Überwindungsversuch weniger über das Dach hinweg, sondern eher durch die Fenster zu erwarten. Folglich sind die Fenster in die Sicherungsmaßnahme mit einzubeziehen. Notfalls ist die DKS bereits unterhalb der Fenster zu installieren, um zu verhindern, dass die Fenster erreichbar sind.

Aus Gründen der Erreichbarkeit, insbesondere von Sensoren, kann die DKS auch dann weiter unten am Gebäude montiert werden, wenn sich im Montagebereich überhaupt kein Fenster in der Außenwand befindet. Dann muss die Montagehöhe der Höhe eines Sicherheitszaunes gemäß dem zugehörigen Sicherheitskonzept entsprechen.

Wichtig ist bei beiden Varianten der Übergang von der DKS zur restlichen Perimetersicherung. Hier darf keine Lücke entstehen.

Dachkantenzaun (DKZ)

Während es die Aufgabe der Dachkantensicherung ist, einen Aufstieg auf das Dach zur Umgehung der übrigen Perimtersicherung zu verhindern, werden Dachkantenzäune dort eingesetzt, wo davon auszugehen ist, dass Täter auf eine andere Weise bereits auf das Dach gelangt sind und zu verhindern ist, dass sie sich von dort entfernen oder in einen anderen Bereich gelangen können. Typischer Anwendungsbereich ist der JVA- und Forensikbereich.

Abb. 2.4.2: Dachkantenzaun oder auch Dachzaun

Bei dem Dachkantenzaun in Abbildung 2.4.2 zeigt der Abweiser zum Dach hin. Damit ist die Angriffsrichtung erkennbar.

Da Dachkantenzäune ein deutlich höheres Gewicht haben als eine einfache Dachkantensicherung, ist größter Wert auf ihre Befestigung zu legen. Nicht nur das vertikal einwirkende Gewicht ist zu beachten, sondern vor allem der enorme Hebelarm bei großer Windlast. Außenwände von Gebäuden sind dafür im Gegensatz zu einer Außenmauer nicht unbedingt geeignet.

Entweder werden dafür die Wände auf der Innenseite verstärkt, um Gewicht und Kräfte aufnehmen zu können, oder der Dachkantenzaun muss zum Dach hin abgestützt werden. Das wiederum bedeutet, wenn keine geeigneten Aufbauten die Abstützung aufnehmen können, dass eine Befestigung auf dem Dach selbst erforderlich wird mit den sich daraus ergebenden Risiken für die Dichtigkeit der Dachhaut. Je nach Dachkonstruktion kann es auch dazu führen, dass sich die Bewegungen und damit verbundenen Geräusche der Dachhaut auf den Zaun übertragen und seine Eignung für bestimmte Detektionssysteme (siehe Kapitel 4) nicht mehr gegeben ist.

Dachkantenzäune sind nicht so hoch, wie ein auf dem Boden montierter Sicherheitszaun (z.B. 3,5 m gegenüber 4,5/6,0 m). Daher ist der Bereich vor dem DKZ zusätzlich z.B. mit S-Draht-Rollen zu sichern (siehe Abbildung 2.3.23 rechte Beispiele).

Wie skurril die Vorbereitungen für einen Dachkantenzaun verlaufen können, zeigen authentische Beispiele:

1. Eine JVA bekam eine neue Fahrzeugschleuse neben der Außenpforte. Im Normalfall hätte diese Schleuse ein Flachdach erhalten, da keine besonderen Anlagen im Innenbereich vorgesehen waren. Dementsprechend hätte die Schleuse einen in die Außensicherung integrierten Dachkantenzaun erhalten. Nicht so hier, denn der Architekt wollte sich in dieser einfachen Fahrzeugschleuse verewigen und plante ein von einer Seite ansteigendes gebogenes Dach, das zudem aus nicht tragfähigen lichtdurchlässigen Platten bestand. Da das Baumanagement diese Planung akzeptierte, musste zuerst eine Stahlkonstruktion entwickelt werden, die dicht über der Dachhaut zu montieren war und auf die anschließend ein Dachzaun aufgesetzt wurde. Das bedeutete nicht nur, dass erhebliche Lasten durch Eigengewicht und Windangriffsflächen zum Boden hin abzuleiten waren, sondern auch erheblich (vermeidbare) Mehrkosten.

Abb. 2.4.3: Freitragende Sonderkonstruktionen

2. Bei der Besichtigung derselben JVA für die Bestandsaufnahme zur Planung eines Dachkantenzaunes war selbst für einen Laien sofort ersichtlich, dass die geplanten Gebäudeaußenwände keine zusätzlichen Lasten aufnehmen konnten. Das Baumanagement, in dessen Zuständigkeitsbereich die Betreuung dieses Objektes fiel, prüfte weiter und es stellte sich heraus, dass nicht nur kein Dachzaun zu befestigen war, sondern dass das Gebäude sofort und dauerhaft zu räumen war, da akute Einsturzgefahr bestand. So können Planungsarbeiten von einem Tag auf den anderen über den Haufen geworfen werden.

2.4.2 Vertikale Sicherung (VS)

In Fällen, in denen ein Sicherheitszaun oder eine Mauer mit Mauerkronensicherung an ein Gebäude grenzt und weitere Sicherungsmaßnahmen erst wieder auf dem Dach des Gebäudes erfolgen, ist es notwendig, den Zwischenraum zwischen beiden Konstruktionen zu schließen.

Damit werden nicht nur Lücken in einer durchgängigen Perimetersicherung geschlossen, sondern es wird zusätzlich verhindert, dass die Sicherungen Zaun/Mauer und Dach hinterklettert und somit umgangen werden können.

Abb. 2.4.4: Vertikale Sicherung aus Streckmetall

Der Aufbau entspricht dem eines Dachkantenzaunes, nur mit vertikalem Verlauf. Je nachdem, wie nahe angrenzende Fenster sind und welche Sicherungsmaßnahmen hier getroffen wurden, ist über die Breite der Konstruktion zu entscheiden. Eine vertikale Sicherung darf nicht zu einer Kletterhilfe werden.

Sehr wichtig sind bei derartigen Konstruktionen die Befestigungen im Mauerwerk. Die Kräfte aufgrund von Zusatzlasten durch Personen bzw. Schnee/Eis usw. werden nicht in Richtung der Pfosten abgeleitet, sondern auf die Befestigungsbolzen überragen (Zug- und Scherkräfte).

2.4.3 Torüberbau

Um den Bereich von Durchlässen genauso sicher zu gestalten, wie das übrige Perimeter, sind hier besondere Konstruktionen notwendig. Die einfachste Variante ist der auf ein Tor (Dreh- oder Schiebetor) aufgesetzte einseitige oder beidseitige (Y-förmig) Abweiser. Dieser ist aber nur bis zu einer gewissen Torhöhe und einem geringeren Schutzziel einzusetzen.

Sind Tore in einer Mauer eingelassen, kann an dem Mauerteil über dem Tor eine Mauerkronensicherung oder eine erhöhte Mauerkronensicherung eingesetzt werden, so wie der angrenzende Bereich gestaltet ist.

Bei den übrigen Ausgangssituationen sind entsprechende Sonderkonstruktionen notwendig. In Abbildung 2.4.5 ist zu sehen, dass der Sturz über dem Tor nicht tragfähig ist und daher eine freitragende Konstruktion erforderlich war, um den Bereich über dem Tor zu sichern. Dabei kann es sein, dass die Abstützung auf/im Boden nicht an beliebiger Stelle erfolgen kann, was im Bild an dem zweiteiligen Hauptträger zu erkennen ist. Mauern sind i. d. R. nicht geeignet, um die bei solchen Konstruktionen auftretenden Kräfte aufzunehmen (Eigengewicht und Windlast).

Abb. 2.4.5: Freitragender Torüberbau mit Höhenanpassung

Die Abbildungen 2.4.3, 2.4.5 und 2.4.6 zeigen, dass, im Gegensatz zu langen Mauern und Zäunen, insbesondere den Torüberbauten hohe Aufmerksamkeit zu schenken ist. Hier sind entsprechende statische Berechnungen unabdingbar. Außerdem passen sie i. d. R. nicht in ein Zaunraster, sodass an den Übergangsstellen Anpassungsarbeiten vorzunehmen sind.

Soll ein Torüberbau anschließend mit einem Detektionssystem auf Körperschallbasis ausgestattet werden, so ist darauf zu achten, dass das Tor und die Sicherungskonstruktion weitestgehend schwingungsmäßig zu entkoppeln sind. Ist das nicht möglich, muss der relevante Detektionsbereich jeweils während der Torbewegung (öffnen, schließen) automatisch ab- und sofort danach wieder zugeschaltet werden. Dadurch entsteht zwar eine Sicherheitslücke, die ist aber nicht relevant, da ein offenes Tor das größere Risiko darstellt und es unwahrscheinlich ist, dass während einer kontrollierten (Personal, Video) Durchfahrt ein Übersteigversuch genau hier stattfindet.

Abb. 2.4.6: Torüberbau zwischen Gebäuden

Das in Abbildung 2.4.6 gezeigte Schleusentor hat noch zusätzlich den Nachteil, dass es vertikal bewegt wird und dadurch der Kasten darüber eine gute Standfläche darstellt und so alle Möglichkeiten eines Aufstiegs auf die Konstruktion vorher zu durchdenken sind.

Bei freitragenden Toren ohne Sturz oder obere Führungsschiene ist es zwar möglich, die mechanische Perimetersicherung darüber in der zuvor gezeigten freitragenden Weise zu schließen, jedoch ist dabei auf die maximal zu erwartende Fahrzeughöhe zu achten, die bei einer Durchfahrt vorkommen kann. Sind keine Lkw zu erwarten, so ist mit der zuständigen Feuerwehr abzuklären, wie hoch deren höchstes Fahrzeug ist. Dies ist schriftlich zu dokumentieren, denn irrt sich die Feuerwehr oder kommt plötzlich mit größeren Fahrzeugen an, kann ein Torüberbau nicht „mal eben" abgebaut werden.

2.4.4 Sonstige Konstruktionen

Grundsätzlich können Sicherungskonstruktionen individuell entsprechend jeder baulichen Gegebenheit errichtet werden. Oft sind dabei Anpassungen vor Ort erforderlich. Dabei ist ggf. ein Kompromiss zu finden zwischen den Erfordernissen nach dem Sicherungskonzept und dem für den Kunden vertretbaren finanziellen Aufwand, wobei für Planer und Errichter vorrangig das Sicherungsziel anzustreben ist.

Übergänge und Höhenanpassungen

Insbesondere bei der Nachrüstung bestehender Sicherungsmaßnahmen sind Übergänge zwischen der alten und der neuen Konstruktion unvermeidlich. Anders als beispielsweise bei einer T-förmigen Anbindung zweier gleichwertiger Sicherheitszäune ist bei Übergängen unterschiedlicher Perimeter die neue Sicherungsmaßnahme die höherwertige. Diese Übergänge stellen ein zusätzliches Risiko dar.

Trifft z.B. ein Sicherheitszaun mit Abweiser und S-Drahtrollen auf einen einfachen Stabgitterzaun ohne Übersteigschutz, so sind die neuen Übersteigsicherungen, mindestens jedoch der S-Draht, über die alte Konstruktion hinweg zu verlängern, damit nicht genau die Übergangsstelle die Überwindung erleichtert.

Allerdings sind Sicherungsmaßnahmen an Übergangsstellen nicht bis in die letzte Schraube planbar, wodurch ggf. umfangreiche Anpassungen vor Ort notwendig werden, die vom Aufwand und den Kosten schlecht zu erfassen sind. Daher sollten derartige Arbeiten möglichst nur nach tatsächlichem Aufwand erfolgen.

Immer dann, wenn im Verlauf einer Mauer/eines Zaunes Tore oder Gebäude einzubinden sind, sind unterschiedliche Höhen so anzupassen, dass keine Sicherheitslücke entsteht. Allerdings ist immer wieder im Privat- und Gewerbebereich zu sehen, dass derartige Höhenanpassungen in Form einer Stufe erfolgen. Das hat aber den Nachteil, dass genau diese Übergangsstellen ein Überwinden erleichtern.

Eine Höhenanpassung, die genau dies verhindert, sieht so aus, dass beispielsweise der Abweiser auf einem Zaun über mindestens zwei Zaunfelder hinweg von der alten auf die neue Höhe ansteigt. Die Zaunfelder darunter sind genau an die neuen Oberkanten anzugleichen. Das bedeutet u. U. eine aufwendige Nacharbeit vor Ort und damit einen schlecht kalkulierbaren Aufwand.

Abb. 2.4.7: Höhenanpassung einer Mauerkronensicherung

An den Enden der Höhenanpassungen ist darauf zu achten, dass frei schwingende Abweiser so angepasst werden, dass sie sich nicht bei Belastung gegenseitig stabilisieren.

Klima und Lüftung

Insbesondere Lufteinlässe von Klimaanlagen stellen bei Gebäuden, die Teil der Perimetersicherung sind, ein erhebliches Gefahrenpotential dar. Bei Objekten, bei denen die Angriffsrichtung nur von außen ist, muss versucht werden, diese Öffnung in den gesicherten Bereich zu verlegen.

Problematisch ist es, wenn die Angriffsrichtung von mehreren Seiten bestehen kann, wie dies z.B. im JVA- und Forensikbereich der Fall ist. Dann sind besondere Maßnahmen erforderlich, um einen Angriff auf die Lüftungsanlage zu verhindern. Notfalls ist um derartige Einlässe eine zusätzliche Sicherungskonstruktion zu errichten – inkl. Detektion – und die Einlässe selbst durch Abdeckungen gegen das Hineinwerfen von Gegenständen aus der Ferne ebenso zu verhindern, wie den Einsatz von Rauchkörpern.

Besonders kritisch wird es an Stellen, an denen die Frischluftzufuhr für die Klimatisierung von Sicherheitsbereichen, Leitständen usw. erfolgt. In der Planung ist auf die besondere Gefahrensituation hinzuweisen, auch dann, wenn die Lüftungsanlage ein fremdes Gewerk ist und nur die mechanische Absicherung im eigenen Auftrag enthalten ist.

Auch hierzu gibt es einen authentischen Vorfall in einer JVA:

In der ersten Planung wurden mit einem Mitarbeiter des zuständigen Baumanagements (BMM) der Standort des Lufteinlasses und die dazugehörigen Sicherungsmaßnahmen besprochen. Nach einem Mitarbeiterwechsel im BMM hat dieser neue Mitarbeiter eigenverantwortlich eine Änderung der Planung der Klimaanlage vorgenommen, um die Kosten für diese zusätzliche Sicherungsmaßnahme einzusparen.

Diese „Eigeninitiative" führte dazu, dass der Frischlufteinlass in den gesicherten Bereich der Fahrzeugschleuse verlegt wurde. Eine besondere Sicherung war aufgrund der Höhe nach Ansicht des BMM nicht notwendig.

Dadurch geschah folgendes: Lkw mit nach oben gerichteten Auspuffanlagen bliesen ihre Abgase direkt in Richtung des Lufteinlasses, von wo aus sie über die Klimaanlage in die hermetisch geschlossenen Räume des Sicherheitspersonals geleitet wurden. Besonders unangenehm wurde es für das Sicherheitspersonal immer dann, wenn Müllwagen während der Fahrzeugkontrolle unterhalb des Lufteinlasses stehen mussten.

Die Planung der Sicherung eines nach außen führenden Luftschachtes war selbstverständlich ausreichend dokumentiert, sodass die „Sparmaßnahme" alleine in die Verantwortung des Auftraggebers fiel.

2.5 Mängel bei der Ausführung

Nachfolgend sind ein paar Beispiele von Mängeln aufgeführt, die belegen, dass teils ganz offensichtliche und teils gröbste Mängel bei der Ausführung unterschiedlicher Maßnahmen der Perimetersicherung entstehen. Selbst die detailliertesten Regelwerke können nichts ausrichten, wenn der Blick für das Wichtige und Wesentliche nicht gegeben ist.

Beispiel 1

Der Außenzaun ist aufgrund falscher Konstruktion und diverser Aufstiegsmöglichkeiten (siehe auch Abbildung 2.3.7) für die Absicherung eines militärischen Geländes ungeeignet. Der dahinter befindliche hohe Zaun mit Abweiser ist prinzipiell richtig konstruiert und könnte das innere Perimeter darstellen.

Abb. 2.5.1: Korrekter Zaun, aber ohne Funktion

Da er aber an beiden Enden nicht an den Außenzaun oder an eine andere Sicherungskonstruktion angeschlossen ist, fehlt ihm jede Wirkung. Wer den Außenzaun in diesem Bereich überwunden hat, kann rechts oder links am hohen inneren Zaun einfach vorbeigehen.

Beispiel 2

Die Zaun- und Toranlage eines Baumarktes ohne Detektion des Zaunes.

Im Bild links sind die Eckausbildungen zu sehen. Die Außenecke weist eine große Lücke auf (fehlender Abweiser). Gleichzeitig lässt sich der Führungsrahmen des Schiebetores als Aufstiegshilfe nutzen. Die Innenecke ist so von einer Seite zur anderen ausgebildet, dass der jeweils linke Abweiser bei Belastung frei federn kann, während der rechte Abweiser sofort an der Ecke und zusätzlich am linken Abweiser abgestützt wird.

Abb. 2.5.2: Abweiser ohne Funktion

Beispiel 3

Abbildung 2.5.3 zeigt nochmals den Frontgitterzaun aus Abbildung 2.3.18. Er enthält eine Besonderheit. Hier wurde eine Kombination mit einem Maschendrahtzaun errichtet, der gleichzeitig in die Erde eingegraben ist (Untergrabschutz), wobei eine solche Kombination an dieser Stelle keinen Sinn ergibt, da es sich aufgrund der Geschäfte im Hintergrund um einen entsprechend frequentierten Gehweg an einer Hauptverkehrsstraße handelt.

Abb. 2.5.3: Frontgitterzaun mit Maschendraht

Durch die Eingrabung in dem Schotterbett ist der Korrosionsschutz stark gefährdet und durch den unmittelbar angrenzenden Bewuchs ist eine Wartung des Maschendrahtzaunes nicht möglich.

Beispiel 4

Zutrittsbereich eines großen Industrieunternehmens ohne visuelle Kontrolle.

Abb. 2.5.4: Durch diverse Kletterhilfen Schutzfunktion außer Kraft gesetzt

Hier wurden Teile in unmittelbarer Nähe zur Drehkreuzanlage installiert, die einen Überstieg an dieser Stelle deutlich erleichtern. Die Drehkreuzanlage selbst kann wie eine Leiter genutzt werden, da das Dach die horizontalen (Dreh-)Stäbe nicht überdeckt und eine Sicherung oberhalb des Daches fehlt.

Empfehlung für diese Situation:

- Die Drehkreuzanlage etwas vom Tor entfernt installieren,
- die Überdachung größer wählen, damit die horizontalen Stäbe deutlich überdeckt sind,
- den Zaun über dem Dach deutlich anheben oder zumindest diesen Bereich z.B. mit S-Draht sichern,
- einen Lampenmast vor die Anlage setzen, damit das Dach innerhalb des Drehkreuzes keine Schatten bildet,
- bei einem vorgezogenen Dach kann der Kartenleser darunter montiert werden.

Beispiel 5

Abb. 2.5.5: Mangelhafter Anschluss und Zaun

Zutrittsbereich zu einem Verwaltungsgebäude.

Die Überstände der unteren Zaunmatten sind lang. Sie lassen sich ohne Hilfsmittel so weit herumbiegen, dass eine Person durch den entstehenden Spalt schlüpfen kann. Die vertikalen Träger der Anlage dienen dabei zur Abstützung mit einem Fuß, um eine deutlich größere Kraft aufbringen zu können.

Zusätzlich fehlen ausreichende Befestigungen der unteren mit den oberen Gittermatten und die Querstäbe der Gittermatten befinden sich auf der falschen Seite.

Empfehlung für diese Situation:

- Das Zaunfeld mit der Drehkreuzanlage schmaler gestalten, damit zwischen der Anlage und den angrenzenden Zaunpfosten nur ein minimaler Spalt übrig bleibt.
- Die überstehenden Mattenenden an der Drehkreuzanlage befestigen. Aus Gewährleistungsgründen sollte der Hersteller der Drehkreuzanlage Befestigungspunkte anbringen, an die die Zaunmattenenden angeschraubt werden können.

Beispiel 6

Wie sollen Strafgefangene sonst die verdeckt eingebauten Sensoren finden?

Unter jedem Pfosten der MKS mit einem Sensor wurden bei der Montage die Sensordaten angeschrieben. Hierbei handelt es sich um eine absolute Unsitte, an irgendeiner Stelle Informationen sicherheitstechnischer Anlagen zu hinterlassen; hier sogar mit einem Stift, der nicht einmal vom Regen abgewaschen wird.

Abb. 2.5.6: Dokumentation für Jedermann

Beispiel 7

Abb. 2.5.7: Fehlerhäufung

Über den Querzaun ist der Aufstieg zur Mauerkrone erleichtert. Die MKS wird in ihrer Schutzfunktion eingeschränkt und ist gleichzeitig nicht mehr geeignet für die Körperschalldetektion. Die Pflanzen erleichtern das Überwinden und stellen gleichzeitig einen teilweisen Schutz gegen Verletzungen durch den S-Draht dar.

Außerdem sind solch kurze Abstände von Masten zur Mauer eine Gefahr, denn mit entsprechenden Mitteln den Mast zum Kippen zu bringen benötigt nicht viel Zeit, ist aber eine direkte Aufstiegshilfe und hier sogar bis über den S-Draht hinaus.

Beispiel 8

Der in der Bauphase immer wieder zu beobachtende sorglose Umgang mit dem Material ist insbesondere bei verzinkten oder lackierten Teilen nicht zu tolerieren. Die Beschädigungen der Schutzschichten sind ein Mangel und müssen ggf. nachgearbeitet oder das komplette Teil ausgetauscht werden.

Abb. 2.5.8: Umgang mit Material

Am linken Pfosten ist bereits zu erkennen, dass im Bereich der Montageplatte nachverzinkt (Sprühzink) wurde.

Beispiel 9

Eine Mauerkronensicherung sollte abgenommen werden. In dieser Form stand eine Absage außer Frage, denn nicht nur die durchhängenden Abweisermatten waren zu beanstanden, sondern auch der im vorderen Teil deutlich sichtbare Rost am oberen S-Draht.

Abb. 2.5.9: Keine Abnahme möglich

Beispiel 10

Im linken Bildteil der Abbildung 2.5.10 ist ein Stabgitterzaun mit federnden Abweisern in der richtigen Richtung (in Angriffsrichtung) zu erkennen. Die Schutzfunktion dieser Perimetersicherung ist dadurch nicht mehr gegeben, dass die Regale als Übersteighilfe genutzt werden können und zusätzlich die Bäume entlang des Zaunes eine Aufstiegshilfe darstellen.

Abb. 2.5.10: Zaun ohne Funktion

Das Tor im rechten Bildteil hat eine stabile Querstrebe, die das Klettern erleichtert. Da im Torbereich außer dem Zackenband keine weiteren Schutzmaßnahmen getroffen wurden, ist der wahrscheinlichste Weg am Tor hoch und dann seitlich auf die Innenseite der Abweiser.

Die aus Platzmangel außen abgestellten Paletten unterstützen eine Überwindung zusätzlich. Derartige Zaunkonstruktionen mit Materiallagerung über den Zaun hinaus nach oben sind im Industriebereich und vor allem im Baumarktbereich immer wieder anzutreffen. Die Zaunanlage im Bild müsste, wenn keine andere Lagerfläche zur Verfügung stehen, mindestens 50 % höher sein. Hinzu kommt aber eine organisatorische Maßnahme, bei der der Nutzer dafür zu sorgen hat, dass nur bis zu einer maximalen Höhe gelagert werden darf und außen vor dem Zaun sich kein Material befindet.

Beispiel 11

Absicherung eines Industriegeländes mit Gleisanschluss. Der Zaun ist durchgängig nicht zu beanstanden. Vergessen wurde jedoch, dass das Unterkriechen des Tores, bedingt durch die Gleisanlage, ohne Aufwand möglich ist. Gleisanlagen erfordern immer eine besondere Aufmerksamkeit auf entstehende Lücken.

Ein probates Mittel für die Schließung dieser Lücken ist bei Wohnungstüren gang und gäbe, die selbstschließende Türabdichtung. Für Gleisanlagen bedeutet dies eine Abdeckung, die der Kontur der Gleisanlage entsprechend angefertigt wurde und beim Öffnen des Tores mechanisch (oder elektrisch) angehoben wird und am Ende des Schließvorgangs des Tores wieder abgesenkt wird und das Unterkriechen verhindert.

Abb. 2.5.11: Eine Lücke im System

Beispiel 12

Absicherung eines Flughafengeländes, die aber auch an anderen Stellen immer wieder vorkommt.

Abb. 2.5.12: Unterkriechschutz ohne Funktion

Die hier eingesetzten Baustahlmatten sollen offensichtlich ein Unterkriechschutz sein, denn zum Schutz gegen kleine Tiere sind die Abstände bei den Matten zu groß. Allerdings als Unterkriechschutz sind sie auch nicht geeignet, denn sie wurden auf der Außenseite (Angriffsseite) montiert, anstatt z. B. zwischen Zaunmatten und Pfosten. So kann man sie einfach lösen und aus dem Boden ziehen, und anschließend lässt sich der Zaun unterkriechen, da die Zaunmatten wenige Zentimeter über dem Boden enden.

Beispiel 13

Abb. 2.5.13: Offene Ecke

Bei der Absicherung dieses Mobilfunkmastes hat man alle vier Ecken außer Acht gelassen. Die Abstandhalter der Eckpfosten erleichtern den Aufstieg und die offene Ecke verhindert lediglich, dass man sich beim Überwinden des Zaunes verletzt.

Beispiel 14

Abb. 2.5.14: Schwächung der Mauerkonstruktion

Ein alter Mauerdurchgang wurde mit Ziegelsteinen ausgefüllt und stellt dadurch eine Reduzierung der Stabilität der Mauer dar. Durch den belassenen Sturz lassen sich die Steine darunter entfernen, ohne dass die Mauer darüber einstürzt.

Ohne zwingenden Grund wurde in der Planung für einen neuen gesicherten Durchgang für Strafgefangene nicht diese Stelle gewählt, womit ein Durchbruchsrisiko nicht mehr gegeben wäre, sondern ein Stück daneben. Vorhandene Schwachstellen im Perimeter lassen sich bei fachgerechter Planung beseitigen, ohne dass dadurch Kosten entstehen.

Beispiel 15

Bei der in Abbildung 2.5.15 gezeigten Verlängerung eines Stahlgitterzaunes wurden gleich mehrere Konstruktions- und Montagefehler begangen:

Die Verlängerungen sind von außen (Angriffsseite) mit einfachem Werkzeug demontierbar.

Da an der Ecke keine Verbindung zwischen den Pfosten und Matten geschaffen wurde, reicht die Demontage eines Verlängerungspfostens an der Ecke mit anschließendem Aufbiegen der Verlängerungsmatte aus, um ohne Anstrengung über den restlichen Zaun zu gelangen und selbst schwerere Gegenstände darüber hinweg zu transportieren.

An der gesamten Zaunanlage mit der Verlängerung fehlen die Verbindungslaschen zwischen den unteren und den oberen Zaunmatten.

Abb. 2.5.15: Unzulässige Zaunverlängerung

Beispiel 16

Das Objekt liegt in einem abseits gelegenen Industriegebiet mit wenig Verkehr. Das Gelände ist durch den Zaun und die Tor-Tür-Kombination gesichert. Allerdings haben Tor und Tür als Übersteigschutz nur das Zackenband, was nicht ausreicht, denn die Konstruktion im Türbereich enthält so viele Tritt- und Haltepunkte, dass ein einfaches Übersteigen der Barriere ohne Hilfsmittel ermöglicht wird.

Abb. 2.5.16: Übersteighilfen

Beispiel 17

Ein kleiner Gefängnishof mit einer erhöhten Mauerkronensicherung und einem Sicherheitszaun. Dabei fallen u. a. folgende Punkte auf:

- Die Abweiserenden sind nur minimal frei schwingend, also weitgehend stabil. Die doppelte Lage Abweiser stabilisiert zusätzlich.
- Am hinteren Ende ist oben ein größeres Teilstück nicht an der Gebäudewand befestigt, sodass die Matte umgebogen werden kann.
- Der S-Draht auf der Außenmauer endet an der vorderen Ecke. Die anderen beiden Seiten sind nicht abgesichert, sodass von außen eine Unterstützung bei einem Ausbruch möglich ist. Die äußere Umrandung der ehemaligen Außentür in Verbindung mit dem Verkehrsschild bietet eine gute Aufstiegsmöglichkeit. Anhand der Fahrzeuge ist die geringe Höhe zur Maueroberkante erkennbar.
- Die beiden Regenfallrohre sind nur im unteren Teil gesichert. Selbst aus größeren Höhen sind bereits Strafgefangene vom Dach her über die Fallrohre entkommen. Aufgrund einer

fehlenden Dachkantensicherung in Verbindung mit dem stabilen Schneefanggitter sind die Fallrohre leicht zu erreichen.

Abb. 2.5.17: Unvollständige Sicherung

Beispiel 18

Die beste Zaunanlage erreicht ihre Schutzfunktion nicht, wenn Tore mit einfachen Werkzeugen komplett ausgehangen werden können, insbesondere dann, wenn der restliche Zaun korrekt mit Schrauben montiert wurde, die nur mit Spezialwerkzeugen lösbar sind.

Abb. 2.5.18: Ungeschützte Torbefestigung

Beispiel 19

Trotz des zu sichernden Wertes eines Solarfeldes sind in Abbildung 2.5.19 auch lange nach der Inbetriebnahme die Zaunmatten in den Ecken nicht miteinander verbunden. Sie lassen sich umbiegen und Solarmodule hochkant hindurch reichen.

Die Erde ist nur locker angeschüttet, sodass mit wenig Aufwand auch an anderen Stellen der Zaunanlage Solarmodule unter dem Zaun hindurch geschoben werden können.

Abb. 2.5.19: Offene Ecke

Beispiel 20

Neben den eigentlichen Elementen von Zäunen und damit von Zauntoren gehören auch die Bauteile der Schließung zur Perimetersicherung.

Abb. 2.5.20: Torverschluss

Eine typische Kombination von Fehlern. Der Spalt zwischen Tor und Rahmen in Abbildung 2.5.20 ist viel zu groß, sodass sich trotz der Abdeckung das Tor aufhebeln lässt. Griff und Zylinderabdeckung sind mit leichtem Werkzeug abzuschrauben und der Zylinder herauszubrechen.

3 Durchlässe im Perimeter

3.1 Allgemeines

In den vorangegangenen Kapiteln war immer wieder die Rede davon, dass ein Perimeter in Form einer Mauer oder eines Zaunes nur dann sicher funktionieren kann, wenn das Perimeter vollständig geschlossen ist. Allerdings kann ein Unternehmen nicht funktionieren, wenn niemand das Gelände betreten oder befahren darf. Damit sind mindestens ein Durchgang und/ oder eine Durchfahrt erforderlich.

Während beispielsweise ein Zaun einen stets gleichbleibenden Widerstandswert aufweist, sind Durchlässe, egal welcher Art, eine Sicherheitslücke. Hier ist nicht nur die Technik entscheidend, sondern auch der Mensch in Form der dort eingesetzten Sicherheitsmitarbeiter. Dementsprechend ist auf die technische Ausführung der Durchlässe besonderer Wert zu legen, während das Personal und die Organisationsstruktur in der Verantwortung des Nutzers liegen.

Abb. 3.1.1: Durchlässe sind Schwachstellen

Aber nicht nur die technische Ausstattung von Durchlässen ist ein wichtiger Planungs- und Ausführungsfaktor. Je nach dem Ergebnis der Gefahrenanalyse – insbesondere bei kritischer Infrastruktur (KI) – reichen die üblichen Schutzmaßnahmen nicht aus. Es sind weitergehende Maßnahmen erforderlich. In den nachfolgenden Abschnitten werden daher zuerst die üblichen Einrichtungen beschrieben und dann einige Möglichkeiten zusätzlicher Schutzmaßnahmen.

3.2 Zugänge

Mitarbeiter, Kunden, Lieferanten und Besucher müssen die Möglichkeit haben, zu den vom Besitzer eines umfriedeten Geländes festgelegten Zeiten dieses Gelände zu betreten, um ihrer Arbeit nachzugehen bzw. dem Anlass ihres Besuches. Dazu sind geeignete Zugänge zu schaffen, die einerseits das Betreten ermöglichen und andererseits nach Erfordernis den Perimeter sicher schließen.

Um Ausführung, Anzahl und Standorte von Zugängen planen zu können, sind entsprechende Informationen von Seiten des Nutzers über die zu erwartenden Personenbewegungen erforderlich. Dabei sind alle Abläufe zu berücksichtigen, selbst solche, die in größeren Abständen nur für kurze Zeit einmal auftreten könnten, wie die Wartung von Industrieanlagen.

Grundsätzlich ist zudem zu beachten, dass alle Arten von Zugängen dem gleichen Sicherheitsniveau entsprechen müssen wie die angrenzenden Perimeterbereiche (Mauer/Zaun). Das betrifft einerseits eine durchgängige Höhe und andererseits die Sicherungskonstruktion oberhalb der Durchgänge.

Abb. 3.2.1: So nicht!

3.2.1 Türen/Personentore

Da Türen eine der wesentlichen Schwachstellen innerhalb einer (mechanischen) Perimetersicherung sind, müssen sie bereits in der Planung eine entsprechende Beachtung finden. Das bedeutet, dass sowohl in rein mechanischer Hinsicht als auch im Hinblick auf eine sofortige oder spätere Ausstattung des Perimeters mit einem Detektionssystem verschiedene Punkte zu beachten sind.

Mechanik

Türen innerhalb eines Perimeters müssen die gleiche Stabilität und Festigkeit besitzen wie die angrenzende Mauer oder der Zaun. Das beginnt mit dem mechanischen Aufbau, wobei ein Maschendrahttor in einem Frontgitterzaun ebenso wenig sinnvoll ist wie eine Türe in der Ausführung eines Frontgitterzaunes, wenn rechts und links nur einfacher Maschendraht verbaut wurde. Beides muss sich sinnvoll ergänzen.

Die Türbänder bzw. Türangeln werden oft nur nach Gesichtspunkten wie der Gewichtsaufnahme ausgewählt. Ihnen kommt aber eine besondere Bedeutung zu, denn bei einer „normalen" Türe befinden sich diese Punkte auf der Geländeinnenseite. Insbesondere bei Konstruktionen mit lediglich vertikalen Stahlprofilen bedeutet das, von der Angriffsseite her kann mit einfachen Werkzeugen durch das „Türblatt" hindurchgegriffen und die Bänder demontiert werden. Dies ist durch geeignete Schutzmaßnahmen zu verhindern, wobei nach der Montage ein Festschweißen der Verschraubung nicht in Frage kommt, denn im Laufe der Zeit ist ggf. eine Nachjustierung notwendig.

Abb. 3.2.2: Vergessene Nebeneingänge

Bei Türen im Perimeter, die gleichzeitig auch Notausgänge darstellen, sind die Bänder notwendigerweise auf der Angriffsseite, denn diese Türen müssen in Fluchtrichtung, also nach außen zu öffnen sein (siehe Abbildung 3.2.4). Dann muss die Tür zum Rahmen hin so gesichert werden (z.B. Hinterhaken), dass eine Demontage der Türbänder nicht dazu führen kann, dass das Türblatt aus dem Rahmen herauszunehmen ist. Auch in diesem Fall ist das Verschweißen der Bandelemente nicht sinnvoll, weil dadurch eine Nachjustage der Tür nicht mehr möglich ist.

In Abbildung 3.2.3 ist eine an sich stabile Tür zu sehen. Die Türpfosten wurden jedoch zu weit auseinander montiert, dass beiderseits ein ausreichend großer Spalt bleibt, um Hebelwerkzeuge anzusetzen. Wem das zu viel Arbeit ist, kann rechts und links der Tür die von außen jeweils mit nur 3 Schrauben montierten Zaunmatten lösen und so auf das Gelände gelangen.

Abb. 3.2.3: Einladung zum Einbruch

Zwar hat sich jemand Gedanken darüber gemacht, dass bei den Abständen der vertikalen Stäbe Fensterelemente hindurch gereicht werden könnten. Die auf der Innenseite montierte Gittermatte ist jedoch sinnlos, da sie nur mit dünnem Draht und dazu noch über die Außenseiten der Profile befestigt wurde und so mit einfachem Werkzeug zu entfernen ist.

Zu allem Überfluss präsentiert sich hier ein Sicherheitsunternehmen an einer Stelle, an der quasi alle Fehler begangen wurden, die überhaupt möglich sind.

Einer der größten Mängel, die bei Türen/Personentoren immer wieder zu sehen sind, ist deren fehlender Schutz bezogen auf die Verschlusseinrichtungen. Das stabilste Teil stellt keinen Widerstand dar, wenn es ungehindert möglich ist, mit einfachen Werkzeugen die Schließeinrichtung zu überwinden.

In Abbildung 3.2.4 links hat sich jemand Gedanken darüber gemacht, dass durch die Stäbe des Tores hindurch die Klinke auf der Innenseite zu erreichen ist. Da dieses Tor aber gleichzeitig einen Notausgang darstellt, sind die Torbänder auf der Außenseite zu finden und können abgeschraubt werden. Noch einfacher ist es aber, ein Hebelwerkzeug in den Spalt am Schloss anzusetzen und den Schließriegel abzubrechen.

Abb. 3.2.4: Fehlender Schutz

Der rchte Bildteil zeigt eine ähnliche Situation (ebenfalls Außenseite). Der Spalt ist breit genug für das Ansetzen eines Hebelwerkzeuges. Zu diesem Zeitpunkt war das nicht einmal notwendig, da deutlich sichtbar ist, dass der Schließriegel nicht ausgefahren, das Schloss folglich nur geschlossen, nicht verschlossen war. Dass der Zylinder nicht gesichert ist und abgebrochen werden kann, spielt in diesem Fall sogar nur noch eine untergeordnete Rolle.

Detektion

Soll eine Tür mit in die elektronische Überwachung des Perimeters einbezogen werden, sind zuerst einmal zusätzliche Anforderungen an die Mechanik zu stellen. Sie muss sicher schließen, was durch einen Türschließer zu bewerkstelligen ist. Ferner muss sie bei einer Körperschalldetektion von den Pfosten isoliert werden. Das heißt, hier darf nicht bei der kleinsten Luftbewegung Metall auf Metall schlagen, was zu einer permanenten Alarmierung führen würde.

Zu einer vollständigen Detektion gehört auch die Überwachung der Türen bezüglich des geschlossenen und des verschlossenen Zustands. Dazu ist ein für den metallenen Untergrund geeigneter Magnetkontakt und im Schlosskasten ein Riegelschaltkontakt zu montieren, wobei die Kabelführung bis zum nächsten Anschlusspunkt bzw. Verteiler von außen nicht angreifbar verlaufen muss.

Das zu überwachende Kriterium, das am Zaun detektiert wird, muss möglichst auch an der Tür überwacht werden. Bei punktförmigen Sensoren ist dies weniger ein Problem als bei linienförmigen Sensoren, denn dabei kann es vorkommen, dass für jede Tür eine eigene Überwachungszone einzurichten ist, was wiederum die Gesamtlänge des systembedingten Überwachungsbereiches einschränkt.

Das kommt daher, dass bei einem berechtigten Öffnen der Tür kein Alarm ausgelöst werden soll. Dazu ist die Türzone für diesen Moment zu deaktivieren, was von einer zentralen Stelle

(Überwachungsplatz) oder durch eine Schaltvorrichtung vor Ort geschehen kann. Ist eine Tür mit in eine längere Überwachungszone des Zaunes eingebunden, so bedeutet jede Nutzung der Tür, dass in dieser Zeit auch ein großer Bereich des Zaunes deaktiviert werden muss und eine Überwachungslücke entsteht.

3.2.2 Drehkreuzanlagen

Türen und Tore haben den Nachteil, dass mit deren Öffnen eine unbekannte Anzahl an Personen gleichzeitig das Gelände betreten kann. Um den Personenfluss unter Kontrolle zu halten, eignen sich Drehkreuzanlagen zur Personenvereinzelung. Diese gibt es in unterschiedlichen Ausführungen, vom einfachen offenen Drehkreuz bis zur überdachten Einrichtung mit Beleuchtung sowie Zutrittskontrolle und Videoüberwachung.

Insbesondere bei Drehkreuzanlagen, die sich weit entfernt von Arbeitsplätzen befinden, ist es wichtig, dass eine visuelle Überwachung in Verbindung mit Notrufeinrichtungen vorhanden ist, damit sich bei einem Fehler in der Anlage eingeschlossene Personen bemerkbar machen können. In der kalten oder in besonders heißer Jahreszeit besteht eine akute Gefährdung eingeschlossener Personen an Durchgängen, die vielleicht nur alle paar Stunden genutzt werden.

Abb. 3.2.5: Typische Drehkreuzanlage

Fahrradschleusen

Mitarbeiter kommen nicht nur zu Fuß oder mit einem Motorfahrzeug, sondern vielfach mit einem Fahrrad zur Arbeit. Im Beispiel von Abbildung 3.2.6 können Fahrräder nur durch das geöffnete Tor oder durch den Nebeneingang links auf das Gelände gebracht werden. In beiden Fällen ist eine zusätzliche personelle Kontrolle, zumindest aber eine visuelle Überwachung erforderlich.

Abb. 3.2.6: Drehkreuz ohne Fahrradschleuse

Da die Mitarbeiter aber ein Fahrrad nicht mit durch ein Drehkreuz nehmen können, muss hierfür eine entsprechende Einrichtung eingeplant werden, eine sogenannte Fahrradschleuse, die unmittelbar neben dem Drehkreuz installiert wird. Nur wenn ein berechtigter Durchgang (mit Fahrradfreigabe) am Drehkreuz erfolgt, kann ein Fahrrad mit hindurch genommen werden.

Da Fahrräder eine gewisse Mindestgröße haben, bedeutet das, dass anstatt eines Fahrrades auch eine zweite Person durchgeschleust werden kann. Dementsprechend ist eine visuelle Überwachung einer solchen Kombianlage immer sinnvoll.

3.2.3 Notausgänge

Ein gerne vergessenes Thema bei der Perimetersicherung sind die Flucht- und Rettungswege. Viele sind der Meinung, dass Fluchtwege an der letzten Ausgangstür eines Gebäudes enden. Dem ist aber nicht so. Fluchtwege enden am zuerst erreichbaren öffentlichen Grund. Das bedeutet, flüchtende Personen gelten erst dann als tatsächlich in Sicherheit, wenn sie das komplette Gelände verlassen haben.

Beispiel

Innerhalb eines eingezäunten Industriekomplexes kommt es zu einem Großbrand. Es muss die Möglichkeit bestehen, dass die Mitarbeiter und anwesende Betriebsfremde auf dem kürzesten und schnellsten Wege das Betriebsgelände insgesamt verlassen können.

Nicht jedes Betriebsgelände hat lediglich *einen* kontrollierten Zu-/Ausgang. Bei weitläufigen Arealen führt der kürzeste Weg zum nächstgelegenen Zaundurchlass, egal ob dort eine Drehkreuzanlage oder ein Durchgangstor oder ein anderer Durchlass existiert.

Abb. 3.2.7: Längst vergessene (Not-)Ausgänge?

Türen und Tore, die im normalen Betrieb nicht genutzt werden, sind häufig so versperrt, dass sie bei einem Notfall als Fluchtmöglichkeit nicht zur Verfügung stehen. Einzelne Mitarbeiter haben dann vielleicht keine Möglichkeit, einen offiziellen und überwachten Ausgang zu erreichen und sind auf Alternativen angewiesen.

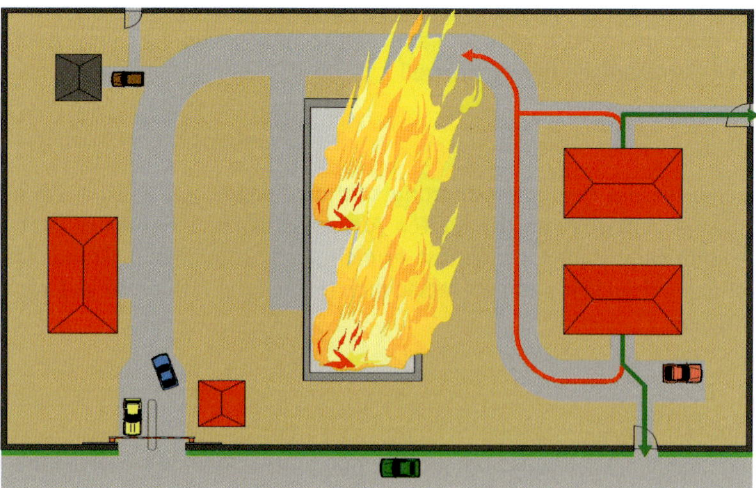

Abb. 3.2.8: Fluchtwege müssen variabel sein

Bei der Erstellung eines Sicherheitskonzeptes muss berücksichtigt werden, dass in einem Notfall diese Durchgänge zur Verfügung stehen, und zwar je nach Geländegröße und -aufteilung.

Umgekehrt muss ein unberechtigtes Betreten des Geländes verhindert werden, während für die Feuerwehr und andere Rettungskräfte der Zugang frei bleiben muss.

Allerdings bedeutet die Freigabe von Nebenausgängen auch, dass beim Vorhandensein einer Zutrittskontrolle (ZK) mit integrierter Anwesenheitskontrolle auch an diesen Ausgängen ZK-Leser anzubringen sind, da ansonsten in einem Notfall nicht festzustellen ist, wie viele Mitarbeiter sich noch auf dem Gelände befinden.

Weiterhin bedeuten Türen allgemein und insbesondere im Verlauf von Flucht- und Rettungswegen, dass deren Breite nicht nach Überlegungen des Nutzers gewählt werden dürfen, sondern nach den betreffenden Regelwerken, u. a. LBO NRW § 55 „Barrierefreiheit öffentlich zugänglicher baulicher Anlagen", SBauVO NRW § 7 „Bemessung der Rettungswege von Versammlungsstätten" und ASR A2.3 „Fluchtwege und Notausgänge, Flucht- und Rettungsplan".

3.3 Zufahrten

Ein vollständig geschlossenes äußeres Perimeter ist nicht möglich. Mindestens an einer Stelle muss eine Zufahrt bestehen, damit zumindest Rettungsfahrzeuge auf das Areal gelangen können, selbst wenn keine Materialanlieferungen bis an die Außenseite eines Objektes erforderlich werden (z.B. Bürokomplex).

Zufahrten sind eine Gefahrenstelle, da sie einerseits immer wieder geöffnet werden müssen und andererseits, weil oft der ästhetische Aspekt das Schutzniveau an dieser Stelle gegenüber der restlichen Perimetersicherung drastisch herabsetzt. Folglich sind die an Durchfahrten zu planenden und umzusetzenden Maßnahmen in Konstruktion und Detektion so zu wählen, dass der Widerstandswert möglichst das gleiche Niveau erreicht wie das angrenzende Perimeter.

Abb. 3.3.1: Integriertes Doppelschiebetor

3.3.1 Tore

Die Ausführungen, Größen, Antriebe und andere Aspekte der Tore sind so vielfältig, dass an dieser Stelle nur auf die wichtigen Punkte eingegangen werden kann. Der Ausgangspunkt für alle Überlegungen ist immer das Sicherheitskonzept (siehe Abschnitt 9.1.1). Hierin ist festgeschrieben, welche Sicherheit mit einem Tor zu gewährleisten ist und welche Funktionen es mindestens haben muss.

Auf alle möglichen Typen und Variationen kann hier nicht näher eingegangen werden. Die grundlegenden Typen von Toren, die innerhalb eines Perimeters eingesetzt werden können, sind u. a.:

- Flügeltore,
- Falttore,
- Schiebetore (rollengeführt und freitragend),
- vertikale Falttore,
- Sektional- und Seitensektionaltore,
- vertikal öffnende Tore,
- versenkbare Tore,
- Schnelllauftore in verschiedenen Ausführungen (Speedgates) und andere.

Der Betriebsablauf in einem Objekt entscheidet teilweise mit über den geeigneten Typ, wobei das Sicherheitskonzept immer höherwertig ist. Einfahrten, die während der gesamten Betriebszeit geöffnet sind und die über andere Schutzmaßnahmen und eine ständige personelle Kontrolle verfügen, können z. B. mit einem Schiebetor entsprechender Breite ausgestattet werden.

Dagegen sind Einfahrten mit getrennten Fahrbahnen, bei denen sich das Tor nur bei Fahrzeugverkehr öffnet, mit doppelflügeligen Toren auszustatten, damit nicht für eine Fahrtrichtung beide Fahrbahnen freigegeben sind und Unberechtigte hindurch können.

Dort, wo Torflügel aus einer geschlossenen Fläche bestehen und eine Überwachung des vorgelagerten Bereiches mittels Videotechnik nicht erlaubt ist (öffentlicher Raum), sind ggf. Sichtfenster mit einzuarbeiten, damit zumindest eine einfache Sichtkontrolle stattfinden kann. Diese wiederum muss dem Sicherheitsgrad entsprechen, der für das Tor insgesamt gilt.

Bei den Antrieben ist u. a. auf zwei Punkte zu achten: Einerseits ist dieser so zu schützen, dass er nicht unbemerkt sabotiert werden kann. Ferner muss bei einem Stromausfall sichergestellt sein, dass eine manuelle Bedienung gewährleistet ist (Notöffnung für Rettungsfahrzeuge/Schließung eines noch teilweise offenen Tores).

ACHTUNG!

Das Entriegeln und Überbrücken des Antriebs in 4 bis 5 m Höhe (siehe z.B. Abbildung 2.4.6) stellt ggf. eine erhebliche Gefährdung des Personals dar und dauert meist zu lange. Abhilfe schafft eine Verlängerung der Mechanik in den Handbereich.

Stabilität

Tore werden zwar vom Grundprinzip her nicht als spezielle Fahrzeugbarrieren (siehe Abschnitt 3.4) eingesetzt. Trotzdem müssen sie von ihrer Stabilität her so konstruiert sein, dass sie auch einem Angriff mit einem Fahrzeug standhalten können. Bei manchen Systemen ist dies konstruktionsbedingt nicht möglich, andere Systeme sind vergleichbar mit den klassischen Fahrzeugbarrieren.

Abb. 3.3.2: Crashtest

Schleusenfunktion

Der optimale Einsatz von Toren ist immer dann gegeben, wenn im Verlauf der Durchfahrt zwei Tore hintereinander eine Schleuse bilden. Selbst wenn das erste Tor bei einem Angriff durchbrochen worden sein sollte, reichen Geschwindigkeit und Fahrzeugzustand nicht mehr aus, das zweite Tor auch noch zu durchbrechen.

Abb. 3.3.3: Schleuse mit Schiebetoren

Für eine einwandfreie Schleusenfunktion ist es erforderlich, dass beide Tore so miteinander verknüpft werden, dass jeweils nur eines von ihnen geöffnet werden oder offen stehen kann. Ein Durchbruch, beispielsweise bei einer JVA, wird so spätestens am zweiten Tor verhindert. Das jeweils zweite Tor darf sich erst dann in Bewegung setzen, wenn das erste wieder vollständig geschlossen und ggf. wieder verriegelt ist.

Ausnahme von dieser Steuerung sind Sonder- und Notfälle, bei denen es unabdingbar ist, dass beide Tore gleichzeitig geöffnet sind. Das ist der Fall, wenn

- Rettungsfahrzeuge passieren müssen (z.B. Löschzug),
- Sondertransporte durchfahren müssen, die länger als die Schleuse sind,
- wie in Abbildung 3.3.3 Züge passieren müssen,
- im Gefahren- und Katastrophenfall große Menschenmengen schnell hindurchzuleiten sind.

Hierzu bedarf es aber einer gesonderten Freigabe durch entsprechend berechtigte Personen. Eine versehentliche Freigabe ist zu verhindern.

Schnelllauftore

Insbesondere bei großen Durchfahrtsbreiten ist die Zeit für ein komplettes Öffnen und Schließen ein Sicherheitsfaktor. Sowohl Personen als auch Fahrzeuge können die Zeit nutzen, um unberechtigt oder berechtigt zu passieren. Mithilfe spezieller Antriebe lassen sich diese Zeiten deutlich reduzieren, damit die entstehende Lücke im Perimeter schnellstens wieder geschlossen wird.

Aber auch andere Torarten sind als sogenannte Speedgates erhältlich und ihr Einsatz ist, je nach Sicherheitsanforderungen, zwingend erforderlich. Dazu gehören Falttore, die regelmäßig für Rettungsfahrzeuge zu betätigen sind (z. B. Feuerwache) ebenso wie vertikale Falttore, die in einer Bereichsabgrenzung innerhalb einer JVA nur kurzzeitig geöffnet werden dürfen.

Je schneller sich ein Tor bewegt, umso größer ist die Gefahr, dass dabei Personen (und Sachen) geschädigt werden, insbesondere durch Quetschungen. Deshalb sind bei derartigen Einrichtungen die zu treffenden Sicherheitsvorkehrungen entsprechend umfangreich. Dazu gehören u. a.:

- Kontaktleisten zum Abschalten des Antriebs beim Auftreffen auf ein Hindernis,
- Lichtschranken zur Kontrolle des Verfahrbereiches auf Freiheit,
- Signalschleifen im Boden zum Stoppen der Bewegung bei Fahrzeugannäherung,
- optische und akustische Warnung.

Signalisierung

Um das gefährliche Verfahren eines Tores unmittelbar und auch für Fahrzeugführer in ihrem Fahrzeug sofort erkennen zu lassen, ist eine optische Signalisierung Pflicht und ein akustisches Warnsignal besonders dann erforderlich, wenn durch regen Verkehr die optische Einrichtung ggf. verdeckt werden könnte. Das Signal muss auch in einem Fahrzeug wahrnehmbar sein, in dem es aufgrund der Motor- und Umgebungsgeräusche nur schwer zu hören sein kann.

Damit besteht in Bereichen wie Wohngebieten aber das Risiko, dass das Signal unzulässig laut wird, denn hier greift das Bundes-Immissionsschutzgesetz (BImSchG) in Verbindung mit der TA Lärm, in der die zulässigen Immissionsrichtwerte aufgeführt sind. Gemäß TA Lärm ist in reinen

Wohngebieten tagsüber (06:00 bis 22:00 Uhr) ein Maximalwert von nur 50 dB(A) und nachts (22:00 bis 06:00 Uhr) von 35 dB(A) zulässig.

Detektion

Tore sind in der gleichen Sicherheitsstufe zu sichern, wie das angrenzende Perimeter. Das stellt insbesondere bei Schiebetoren großer Durchfahrtsbreite ein Problem dar, weil die notwendigen Kabelübergänge mit bewegt werden müssten. Hier eignen sich Systeme oder Systemergänzungen, die auf Funkbasis arbeiten.

Prinzipiell gilt für Tore das gleiche, was für Türen bereits im Abschnitt 3.2.1 unter „Detektion" beschrieben wurde.

Personen- und Arbeitsschutz

Auch Tore bedeuten, ebenso wie Türen, allgemein und insbesondere im Verlauf von Flucht- und Rettungswegen, dass deren Breite sich nicht nur an den zu erwartenden Fahrzeugbreiten zu orientieren hat, sondern ebenso an den betreffenden Regelwerken, u. a. SBauVO NRW § 7 „Bemessung der Rettungswege von Versammlungsstätten, ASR A1.7 „Türen, Tore" und ASR A2.3 „Fluchtwege und Notausgänge, Flucht- und Rettungsplan".

Da Tore meistens einen Antrieb besitzen bzw. auch ohne Antrieb eine erhebliche bewegte Masse darstellen, besteht eine erhebliche Gefahr durch Quetschungen. Auch in diesem Punkt ist die Einbeziehung der ASR A1.7 unabdingbar.

Abb. 3.3.4: Speedgate mit Gefahrenbereich

Je nach Torsystem gehören während des Verfahrens der Torelemente auch Bereiche davor und dahinter zum Gefahrenbereich. Insbesondere im angrenzenden öffentlichen Bereich sind Markierungen oder bauliche Maßnahmen erforderlich, um einen Zusammenstoß mit Fußgängern und ggf. Radfahrern zu verhindern. Dabei ist aber zu beachten, dass derartige Schutzmaßnahmen genehmigungspflichtig sind, weil sie im öffentlichen Raum stattfinden.

3.3.2 Schranken

Schrankenanlagen, egal ob in Form einer autarken Anwendung oder in Verbindung mit anderen Maßnahmen und Systemen, sind lediglich Elemente der Regelung des Verkehrsflusses und eine rein optische Barriere. Ein Widerstandswert ist von ihnen nicht zu erwarten.

Ferner sind Schranken von ihrer Funktion her als ein Element der Zufahrtsregelung zu sehen und damit im Themenbereich „Zutritts- und Zufahrtskontrolle" anzusiedeln. In Abbildung 3.3.5 ist dies deutlich erkennbar. Das Schiebetor ist hier die mechanische Barriere mit einem entsprechenden Widerstandswert.

Abb. 3.3.5: Schrankenanlage hinter der Barriere

3.3.3 Sperrbalken

Sperrbalken zählen zwar prinzipiell auch zu den Schranken, allerdings ist ihre vorrangige Aufgabe nicht die Zufahrtsregelung, sondern die Verhinderung unberechtigter Zufahrten. Damit zählen sie auch zu dem im Abschnitt 3.4 beschriebenen Durchfahrtschutz.

Abb. 3.3.6: Schranke als Sperrbalken

Es gibt sie in verschiedenen Ausführungen:

- Freigabe = Sperrbalken nach oben
- Freigabe = Sperrbalken in den Boden abgesenkt (überfahrbar)
- Freigabe = Sperrbalken horizontal verschoben (genügend Platz neben der Anlage erforderlich)

Die notwendige Stabilität richtet sich nach dem theoretisch zu erwartenden Angriffsfahrzeug, seiner Masse und der maximal möglichen Geschwindigkeit, die ggf. durch bauliche Maßnahmen zu reduzieren ist.

3.4 Durchfahrtschutz

Zwar wird der Fahrzeug- und Personenverkehr im Bereich von Türen, Toren und anderen Durchgängen und Durchfahrten kontrolliert und geregelt, jedoch stellen diese Bereiche ein erhebliches Risiko dar, wenn die Sicherheitsanalyse ergeben hat, dass hier mit Tätern zu rechnen ist, die sich gewaltsam unter Einsatz von Fahrzeugen Zutritt verschaffen werden. Dann sind diese Lücken im Perimeter mit zusätzlichen Schutzmaßnahmen zu versehen, um dies möglichst zu verhindern.

3.4.1 Allgemeines

Durchfahrtssperren werden meist in den Boden eingelassen. Dazu muss der Untergrund geeignet sein. Das bedeutet beim nachträglichen Einbau, dass dieser Bereich aufgrund der Bauhöhe im Boden frei von Versorgungsleitungen und Kabeln sein muss. Ferner ist rechts und links der Sperre dafür zu sorgen, dass eine Umfahrung nicht möglich ist (Findlinge, Poller usw.).

Da Antriebe die unangenehme Eigenschaft haben, auch einmal auszufallen, ist dem vorzubeugen. Fällt die Sperre im versenkten Zustand aus, fehlt der Schutz. Fällt sie im hochgefahrenen Zustand aus, ist die Zufahrt selbst für Rettungsfahrzeuge blockiert.

Den verschiedenen Systemen ist mehreres gemeinsam. Zuerst einmal ist festzustellen, welche Funktionen in den Systemen bereits integriert sind, um vor allem Regenwasser abfließen zu lassen, damit nicht nur Schäden durch Oxydation verhindert werden, sondern damit im Winter gefrorenes Wasser nicht die Funktion einschränkt oder sogar die Nutzung verhindern kann.

Für die Ansteuerung der verschiedenen Systeme sind die nötigen Komponenten gegen Angriffe, Manipulationen, Zerstörung und auch gegen Umwelteinflüsse zu schützen. Bei der Planung sind für den Standort der Ansteuerungen u. a. folgende Punkte zu berücksichtigen:

- Die Stromversorgung kann mit 230 V Wechselspannung oder mit 400 V Drehstrom erfolgen. Es ist auf die erforderliche Anschlussleistung zu achten.
- Bei Stromausfall sollten Energiereserven für mindestens eine Betätigung zur Verfügung stehen, denn in einem Notfall reicht die Zeit für eine manuelle Betätigung ggf. nicht aus. Dies kann eine Notstromversorgung sein, aber auch eine Druckreserve für die ölhydraulische Betätigung oder eine Kombination aus beidem.
- Bei einem Systemausfall muss eine Möglichkeit bestehen, mindestens eine Betätigung per Handbetrieb auszuführen.
- Welcher Wassergefährdungsklasse entspricht das Hydrauliköl und ist es biologisch abbaubar?
- Im Ruhezustand ist auf die allgemeine Überfahrbarkeit mit den schwersten zu erwartenden Fahrzeugen zu achten. Dabei sind nicht nur Einsatzfahrzeuge zu berücksichtigen, sondern auch Schwertransporte für Bau, Erweiterung und Service bei großen Industrieanlagen.

Ein weiterer wichtiger Punkt bei der Planung von Fahrzeugbarrieren ist die mögliche Folge eines Angriffs. Beschädigte oder zerstörte Fahrzeuge bedeuten u. U. jede Menge wassergefährdender Stoffe, wobei die Ladung noch nicht berücksichtigt ist:

- Benzin und Diesel,
- Bremsflüssigkeit und Hydrauliköl,
- Batteriesäure,
- Zusätze im Kühlwasser, Scheibenwaschwasser,
- Kühlmittel aus der Klimaanlage.

Je nach Ausgestaltung der Zufahrt, in der Fahrzeugbarrieren eingebaut werden sollen, sind Auffangeinrichtungen zu planen, damit die vorgenannten Flüssigkeiten nicht in die Kanalisation oder ins Grundwasser gelangen können.

Allen Fahrzeugbarrieren ist die Notwendigkeit einer stabilen Gründung gemeinsam. Diese ist nicht unbedingt nur von einer offensichtlichen Bodenstruktur abhängig. Da auch geologische Besonderheiten eine Auswirkung haben können, wird hierzu auf Abschnitt 4.1.3 verwiesen.

3.4.2 Polleranlagen

Polleranlagen, auch Sperrpoller genannt, sind eine einfache Form des Durchfahrtschutzes, mit dem kleine Durchfahrten bis hin zu sehr breiten Einfahrtsbereichen zu sichern sind. Hinzu kommt der optische Aspekt, da sich Poller leichter in das Allgemeinbild integrieren lassen als massive Sperranlagen.

WICHTIG!

Selbst bei geringen Abständen der Poller zueinander ist ein Schutz gegen Motorräder (ggf. auch Kleinstwagen) nicht immer zu gewährleisten. Das ist u. U. eine Frage der Anzahl der Poller und damit des Preises.

Poller gibt es zwar in verschiedenen Ausführungen, aber allgemein sind sie in drei Bauarten aufgeteilt:

- fest und dauerhaft installierte Poller,
- manuell entfernbare Poller,
- fernbediente/automatische Poller.

Dauerhaft installierte Poller

Zu der ersten Kategorie ist wenig zu sagen. Wichtig ist die nach dem Sicherungskonzept zu erwartende Anpralllast. Aber nicht nur in diesem Punkt ist nach den Herstellerangaben vorzugehen, sondern es muss eine vom Hersteller vorgegebene Mindestgründung erfolgen. Das bedeutet, dass der Anprallschutz nur gewährleistet ist, wenn die auftretenden Kräfte über das Fundament in die Erde abgeleitet werden können.

Die Höhe der Poller über dem Boden ist ein wichtiger Faktor. Zwar wirkt auf einen Poller mit z. B. 80 oder 100 cm Höhe beim Aufprall im oberen Teil ein entsprechender Hebelarm, der bei 50 cm deutlich geringer ist. Dabei ist jedoch unbedingt auch an den Personenverkehr zu denken. Hohe Poller stellen ein Hindernis dar, gegen das gelaufen werden kann, während niedrige eher dafür die Ursache sind, dass jemand darüber stolpert. Daran hat man wahrscheinlich in Abbildung 3.4.1 links nicht gedacht, zumal diese beiden Zebrastreifen wegen zweier benachbarter Bushaltestellen stark frequentiert sind.

Weiterhin ist bei festen Pollern die Farbgebung ein wichtiges Element. Unabhängig von den reflektierenden Streifen ist in Abbildung 3.4.1 gut zu erkennen, dass eine Farbgebung ähnlich dem Hintergrund bei schlechter Sicht sowohl von Autofahrern als auch von Fußgängern unzureichend wahrzunehmen ist, vor allem, wenn sich unter den Fußgängern solche mit eingeschränkter Sehfähigkeit befinden (Barrierefreiheit). Sowohl die Beleuchtung spielt hier eine Rolle als auch die Umgebungsbedingung, wie Nebel. [Die Situation in Abbildung 3.4.1 rechts besteht im Hamburger Hafen. Diese Poller sind dort zu Hunderten im wahrsten Sinne des Wortes anzutreffen.]

Während im genannten Bild links auch die fest installierten Poller reflektierende Kennzeichnungen erhalten haben, trifft dies im Bild rechts nur für die manuell entfernbaren zu.

Abb. 3.4.1: Fest installierte Poller

Manuell entfernbare Poller

Für sie gilt das zuvor Beschriebene in gleicher Weise. Hinzu kommen aber weitere Punkte (Abbildung 3.4.2). Um die Pollereinsätze zu entfernen, wurden hier Griffstücke angeschweißt. In Bereichen mit starkem Personenverkehr stellen diese Griffe eine Verletzungsgefahr dar.

Abb. 3.4.2: Entfernbare Poller

Wird ein Pollereinsatz herausgenommen, steht er ungesichert auf dem Gehweg, wo er umfallen und zu Verletzungen führen kann. Wenn Poller nicht nur in Ausnahmefällen (z. B. Feuerwehreinsatz) entfernt werden müssen, sondern wie hier über einen längeren Zeitraum (Warenanlieferung), dann sollte für diese Zeit eine Aufbewahrungsmöglichkeit geschaffen werden, die auch ein vorsätzliches Entfernen der Einsätze verhindert.

Wie in Abbildung 3.4.2 rechts anhand der gebrochenen Gehwegplatte und des exakt kreisrunden Ausschnitts zu erkennen ist, wurden hier alle Poller mithilfe einer Kernbohrung ohne Fundament nachträglich installiert. Damit ist die Funktion des Pollers als Fahrzeugsperre in Frage gestellt. Es bleibt lediglich die abschreckende Wirkung.

Abb. 3.4.3: Ein gravierender Mangel

Fei nach dem Motto „schlimmer geht immer" hat man in Abbildung 3.4.3 die Poller mittig in die Formsteine eingelassen, die eigentlich blinden Menschen das Ertasten des Weges ermöglichen sollen.

Automatische Poller

Um regelmäßig eine berechtigte Durchfahrt zu gewährleisten, sind Poller im Bereich der Fahrbahn versenkbar auszuführen. Neben den bereits genannten Voraussetzungen sind hier weitergehende bauliche Maßnahmen erforderlich, da diese Systeme sowohl motorisch als auch elektro-hydraulisch betätigt werden können. Dafür ist, möglichst in unmittelbarer Nähe, ein sicherer Platz für die Ansteuereinrichtung zu schaffen und zwischen dieser und dem Poller/den Pollern sind Schutzrohre in die Fahrbahn einzubringen für Steuer- und Hydraulikleitungen und zusätzlich eine sichere Entwässerung.

Sicherheitsmaßnahmen

Automatische Poller geraten immer wieder in die Medienberichterstattung, wenn sie hochgefahren werden, während sich ein Fahrzeug darüber befindet. Um diese Situation zu vermeiden, ist der Verkehr entsprechend zu regeln und zu sichern. Im Bereich von Fußgängerzonen wird meist die klassische 2-Farben-Ampel eingesetzt, ergänzt durch eine entsprechende Hinweisbeschilderung. Das sollte im Normalfall eigentlich ausreichend sein.

Allerdings passiert es immer wieder, dass sich ein zweites Fahrzeug mit „durchmogeln" will. Dann geht es darum, welche Maßnahmen hätten bei der Installation getroffen werden müssen, damit eine Beschädigung von Fahrzeugen durch den hochfahrenden Poller vermieden wird.

In zwei markanten Urteilen sind in den Urteilsbegründungen die wichtigsten Punkte aufgeführt, die zu berücksichtigen sind:

1. **OLG Hamm, Urt. v. 26. Mai 2009, Az. 9 U 109/07**

- Mit der Polleranlage wird eine objektive Gefahr für den Fahrzeugverkehr geschaffen und es wird eine besondere Gefahrenquelle in den Straßenraum eingebracht.
- Der Betrieb einer Polleranlage ruft eine Gefahr hervor, für eine hinreichende Absicherung ist im Folgenden zu sorgen.

- Nichtamtliche, unauffällige und zu hoch angebrachte Schilder reichen als Hinweis nicht aus. Sie können leicht übersehen und nicht verstanden werden.
- Kleine in einer Säule verkleidet angebrachte Lichtsignale, die rotes oder grünes Licht abstrahlen (hier 8 cm ∅), reichen ebenfalls nicht aus. Es handelt sich bei derartigen Lichtzeichen nicht um offizielle Ampelanlagen im Sinne des § 37 StVO.

2. **OLG Saarbrücken, Urt. v. 15. Mai 2012, Az. 4 U 54/11-16**

- Bei der Installation einer Anlage mit absenkbaren Pollern muss der Nutzer (Verkehrssicherungspflichtiger) die Verkehrsteilnehmer deutlich davor warnen, dass die Anlage nur einzeln passiert werden darf.
- Ist dieser Warnpflicht genüge getan, ist es zur Verkehrssicherung nicht erforderlich, die Polleranlage so zu konstruieren, dass sich die Poller auch dann wieder absenken, wenn sich ein Fahrzeug den ausfahrenden Pollern nähert.
- Eine konkrete Gestaltung einer ordnungsgemäßen Verkehrssicherung ist Sache des jeweiligen Einzelfalls.

Die bei verschiedenen Systemen im Kopf der Poller befindliche Beleuchtung (z. B. rote/grüne LEDs) ist zwar ein zusätzliches Hinweismittel, jedoch ist zu berücksichtigen, dass bei einem im Boden versenkten Poller, der soeben angehoben wird, das Signal im Poller zwar rot leuchtet, jedoch von einem unmittelbar davor stehenden Fahrzeug aus trotzdem nicht sofort zu sehen ist.

Um ein Anfahren gegen einen Poller zu vermeiden, werden in die Fahrbahn Signalschleifen eingelassen, die den Poller in seiner Aufwärtsbewegung stoppen und wieder absenken sollen. Dabei ist zu berücksichtigen, dass das aber nur dann funktionieren kann, wenn die Signalschleife weit genug vom Poller entfernt ist und zusätzlich das ankommende Fahrzeug auf eine Geschwindigkeit reduziert wurde, bei der es tatsächlich angehalten werden kann.

Abb. 3.4.4: Sperrpoller mit Signallichtern

Ein akustisches Warnsignal ist eine zusätzliche Maßnahme, um den nachfolgenden Fahrer auf den ausfahrenden Poller aufmerksam zu machen. Aber auch dabei ist etwas zu beachten. Das Signal muss in einem Fahrzeug wahrnehmbar sein. Da aber Fahrzeuge mittlerweile gut isoliert sind gegen den „Lärm" von außen, ist schon deshalb eine gewisse Lautstärke notwendig.

Damit besteht im Bereich von Wohngebieten aber die Gefahr, dass das Signal unzulässig laut wird, denn hier greift das Bundes-Immissionsschutzgesetz (BImSchG) in Verbindung mit der TA Lärm, in der die zulässigen Immissionsrichtwerte aufgeführt sind. Gemäß TA Lärm gilt für reine Wohngebiete tagsüber (06:00 bis 22:00 Uhr) ein Maximalwert von 50 dB(A) und nachts (22:00 bis 06:00 Uhr) von 35 dB(A).

Die obige etwas ausführliche Darstellung bei relativ einfachen Polleranlagen erfolgt deshalb, weil viele der beschriebenen Punkte auch für die nachfolgenden Schutzeinrichtungen Gültigkeit haben.

3.4.3 Durchfahrtsperren (road blocker)

Ist die Bedrohung für ein Objekt so hoch (z.B. bei einem AKW), dass auch mit einem terroristischen Anschlag zu rechnen ist, kommen Durchfahrtsperren zum Einsatz. Sie wurden auch schon in der Zufahrt von Justizvollzugsanstalten installiert, um so Massenausbrüche zu verhindern.

Abb. 3.4.5: Durchfahrtssperre JVA

Die beim Aufprall auf eine solche Sperre auftretenden Kräfte sind immens und hängen sowohl von dem Fahrzeuggewicht als auch von der Geschwindigkeit des Fahrzeugs ab. Beim Fahrzeuggewicht wird in der Literatur vereinzelt von einem Gewicht von 40 t ausgegangen. Hierbei ist zu überlegen, wie realistisch dieser Wert ist. In Deutschland liegt das maximal zulässige Gesamtgewicht eines Lkw bei 32 t und bei Bussen nur bei 28 t. Zwar sind 40 t mit einem Lastzug bzw. Sattelzug zu erreichen, wobei aber Bilder von Verkehrsunfällen zeigen, dass Hänger bzw. Auflieger nicht kalkulierbare Bewegungen ausführen und daher für einen versuchten Aufprall auf ein Tor eher nicht geeignet erscheinen.

Es gibt im Internet die verschiedensten Filme von Versuchen mit Durchfahrtsperren. Dabei fällt immer wieder auf, dass beim Test überwiegend leere Lkw zum Einsatz kommen. Selbst unter der Annahme, vor dem Objekt auf eine Sperre zu treffen, ist eine Ladung ein wichtiger Faktor. Stahlträger als Ladung werden nur minimal abgebremst und können auch ohne den Lkw das davor befindliche (massive) Tor durchbrechen. Auch ein mit Kraftstoff beladener Tankwagen wird nicht einfach an der Sperre hängen bleiben.

Abb. 3.4.6: Durchfahrtssperre

Anpralllasten

Um Fahrzeugbarrieren miteinander vergleichen zu können, werden sie z.B. nach amerikanischen Spezifikationen getestet und zertifiziert. Die nachfolgenden Werte sind ebenfalls bei den Herstellern in Deutschland wiederzufinden. Dabei handelt es sich auch in diesem Fall nur um angenommene Werte. Welche Daten bei einem realen Angriff mit einem Fahrzeug eine Rolle spielen, ist vorher nicht absehbar.

Tabelle 3.4.1: Anpralllasten nach US-Standard

Klasse	Geschwindigkeit	Kfz.-Gew.	Aufprallenergie
K4	V = 50 km/h = 30 mph	6,81 to = 15.000 lb.	610 kJoule
K8	V = 65 km/h = 40 mph	6,81 to = 15.000 lb.	1.085 kJoule
K12	V = 80 km/h = 50 mph	6,81 to = 15.000 lb.	1.695 kJoule

Klasse	Größte Weite der Trümmer
L1	≤ 915 mm = 3 ft.
L2	915 mm - 6,1 m = 3 - 20 ft.
L3	6,1 - 15,3 m = 20 - 50 ft.

Daneben gibt es noch die Spezifikationen nach der britischen Norm PAS 68. Diese Norm unterscheidet jeweils 3 Geschwindigkeiten und insgesamt 4 Kategorien für die maximale Entfernung der Trümmerteile (von 1 bis 30 m).

Die größte Weite der Trümmer besagt, wie weit Teile über den Aufprallpunkt hinaus verstreut sein dürfen, bevor sie liegen bleiben müssen (siehe auch Abschnitt 3.4.5). Schaut man sich im Internet Filme diverser Crashtests an, fällt sofort auf, dass die Fahrzeugbasis zwar an der Sperre angehalten wird, Teile wie komplette Führerhäuser jedoch noch ein erhebliches Stück weiter geschleudert werden; von der Ladung ganz zu schweigen. Dies ist schon bei der Standortplanung mit einzurechnen.

Antrieb

Der Antrieb von Durchfahrtsperren erfolgt entweder elektro-mechanisch oder hydraulisch. Im Ruhezustand sind die Sperren überfahrbar, also bündig mit der Fahrbahn. Jedoch gilt ein besonderes Augenmerk der möglichen Verschmutzung des in der Fahrbahn eingelassenen Gehäuses und vor allem der möglichen Ansammlung von Regenwasser in diesem Bereich. Das könnte die Funktion der Mechanik beinträchtigen, besonders im Winter, wenn angesammeltes Wasser gefriert.

Sicherheit

Da eine Sperre nur dann sicher funktioniert, wenn sie schnell einsetzbar ist, besteht umgekehrt immer das Risiko, dass ein „berechtigtes" Fahrzeug auf eine hochfahrende Sperre trifft. Dies ist möglichst zu verhindern. Üblicherweise werden davor Ampelanlagen installiert, die mit einem gewissen Vorlauf ein Stoppsignal zeigen müssen, bevor die Sperre hochgefahren wird. Allerdings gibt es auch Situationen, in denen eine Ampel wenig nützt. Diese gilt es zu vermeiden:

- Ein Pkw ist dicht hinter einem Lkw ggf. nicht zu erkennen. Hierfür ist eine Visualisierung der Sperre von der Seite her notwendig (öffentlichen Raum beachten), um das sofortige Hochfahren nach dem ersten Fahrzeug zu ermöglichen.
- Sichtbehinderung durch Nebel. Es muss frühzeitig durch eine entsprechende Beschilderung auf das Hindernis hingewiesen werden.
- Glatteis vor der Sperre kann ein rechtzeitiges Abbremsen unmöglich machen. Zusätzlich zu Enteisungsmaßnahmen ist die Geschwindigkeit mittels Verkehrsschildern o. Ä. entsprechend herabzusetzen.

Selbst ein ungewollter Aufprall eines Fahrzeugs kann zu unabsehbaren Schäden und Folgen führen:

- erhebliche bis tödliche Verletzungen des Fahrers,
- Unfall mit Gefahrgut,
- Blockade der Zufahrt u. a. für Rettungsfahrzeuge.

So einfach, wie sich Durchfahrtsperren allgemein darstellen, so intensiv muss die Planung einer solchen Maßnahme inkl. aller damit im Zusammenhang stehenden zusätzlichen Gefahren sein.

3.4.4 Tyre Killer (Reifenkiller)

Bei dieser Form des Durchfahrtsschutzes wird eine Reihe von Metalldornen aus der Fahrbahn heraus in unterschiedlichen Winkeln gegen die Fahrtrichtung ausgeschwenkt. Der Abstand liegt beispielsweise bei ca. 200 mm. Es gibt sie in unterschiedlichen Breiten, je nach zu sichernder Fahrbahnbreite. Der Antrieb erfolgt i. d. R. elektro-hydraulisch.

Abb. 3.4.7: Tyre Killer Typ TC-TYK 200 ... 600

Die Zeichnungen in Abbildung 3.4.8 belegen eindeutig, wie wichtig es auch bei dieser Art von Fahrzeugsperren ist, für Sauberkeit und damit vor allem für den Wasserablauf zu sorgen. Bei ausgefahrenen Dornen und Starkregen ist das Unterflurgehäuse in kürzester Zeit mit Wasser gefüllt, das ablaufen muss. Das darf allerdings nicht über die beiden Verbindungsrohre für Hydraulik und Kabel geschehen, weshalb diese immer dicht verschlossen sein müssen. Für den Winterbetrieb ist u. U. eine entsprechende Heizung notwendig, um eine sichere Funktion zu gewährleisten.

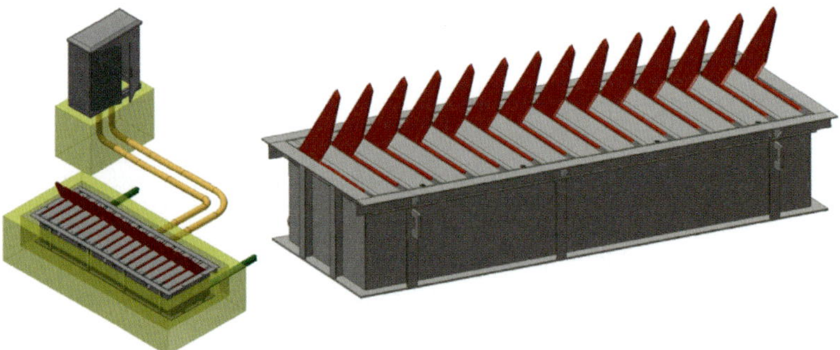

Abb. 3.4.8: Einzelne Elemente des Tyre-Killer-Systems

Wie der Name bereits erkennen lässt, ist die Aufgabe dieses Systems, unberechtigte Fahrzeuge dadurch zu stoppen, dass die Reifen zerstört werden. Dabei sind allerdings mehrere Situationen möglich, die jeweils ihre Besonderheiten haben:

Bei einem Lkw werden beispielsweise die Reifen zerstört und das Fahrzeug, abhängig von Geschwindigkeit und bewegter Masse, in jeweils unterschiedlicher Entfernung zum Stehen gebracht.

Je niedriger ein angreifendes Fahrzeug ist (Pkw), umso größer sind auch die Schäden, die außerhalb der Reifen entstehen können. So wird bei einer Höhe der Sperrdorne von z. B. 475 mm nicht nur die gesamte Vorderachskonstruktion in Mitleidenschaft gezogen, sondern die Dorne können bei entsprechenden Fahrzeugen (z. B. Smart) bis in den Fahrgastraum gelangen.

Das bedeutet, dass Fehlfunktionen und -bedienungen unbedingt zu vermeiden sind, da ansonsten zwar ein Schutz gegen Lkw besteht, bei Pkw jedoch mit erheblichen Personenschäden zu rechnen ist, inkl. der damit verbundenen Haftung (Mangel im System => Errichter, Fehlbedienung => Nutzer).

Dabei ist als Hintergrund weniger ein herstellerseitiger Mangel im Gesamtsystem gemeint, sondern das Risiko, dass sich über vielfältige Ansteuerungsmöglichkeiten und Schnittstellen (z. B. SPS und Managementsystem) auch vielfältige Fehler einschleichen können.

Abb. 3.4.9: Personengefährdung

Bei Ausfahrgeschwindigkeiten der Dorne von z. B. 2 Sekunden hat ein ankommender Fahrer nur dann eine Möglichkeit, einen Zusammenprall zu verhindern, wenn er in diesem Moment noch weit genug entfernt ist.

Tyre Killer gibt es auch in der Form, dass gegenläufige spitze Dorne hochfahren. Dadurch treffen die Reifen zuerst wie auf eine kleine Rampe, um dann immer im gleichen Winkel auf die Dorne zu treffen. Das System fährt dabei nicht so weit aus wie andere Systeme und hat dadurch den Vorteil, dass bei Pkw der Fahrzeugboden zwar beschädigt, aber nicht durchschlagen wird. Zusätzlich lässt sich dieser Typ in beide Fahrtrichtungen einsetzen (z. B. JVA = Einbruchs- und Ausbruchsversuch).

3.4.5 Sicherheitsbereich

Prinzipiell werden die vorgenannten Tyre Killer z. B. kurz vor einem Zufahrtstor oder einer Schrankenanlage in den Boden eingelassen. Je nach Länge der Zufahrt auf dem Unternehmensgelände (außerhalb des öffentlichen Raumes) ist dies eventuell nicht anders möglich. Ist die

Zufahrt jedoch ausreichend lang, so sind sowohl Funktion als auch das Ergebnis eines Tyre Killers zu berücksichtigen.

Da die Auswirkung eines Tyre-Killer-Einsatzes nicht sofort eintritt, sondern zeitlich und räumlich verzögert, bedeutet das, dass ein schweres Fahrzeug bzw. dessen Einzelteile ggf. erst 20 bis 30 m weiter endgültig zum Stehen bzw. Liegen kommen. Bei der üblichen Konstellation eines Durchfahrtsbereiches ist in der äußersten Linie des Perimeters beispielsweise ein Schiebetor angebracht. Die Schrankenanlage befindet sich versetzt dazu auf dem Gelände, also im Innenbereich. Wenn also ein Fahrzeug mit entsprechender Geschwindigkeit auf die Dorne auffährt, kommt es im Bereich des Tores zum Stehen. Das Tor ist dann durch den „Schrott" blockiert. Es kann nicht geschlossen werden, was insbesondere bei kritischen Infrastrukturen (KI) gefährlich sein kann.

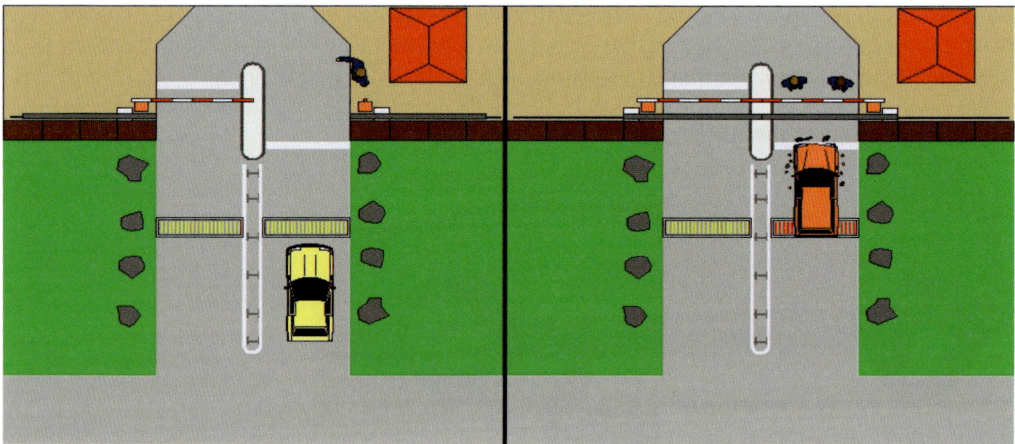

Abb. 3.4.10: Sicherheitsbereich

Sofern der entsprechende Bereich im Vorfeld vorhanden ist, sollte die Sperre in einem ausreichenden Abstand zum Tor installiert werden, sodass bei einem Angriff mit einem Fahrzeug der Torbereich frei bleibt und das Tor aus Sicherheitsgründen zu schließen ist. Alle Untersuchungs- und Aufräumarbeiten finden dann außen vor dem geschlossenen Tor statt.

Diese Überlegungen sind im Übrigen bei allen Durchfahrtsschutzmaßnahmen anzustellen, denn z. B. eine Durchfahrtssperre kann durchaus einen Lkw aufhalten, nicht jedoch seine Ladung, die über das zerstörte Fahrerhaus hinweg rutscht. Die Täter sind zwar mit dem Fahrzeug nicht auf dem Gelände, haben aber so bereits „den Fuß in der Türe".

4 Detektion am Perimeter

4.1 Allgemeines

Wie die Kapitel 2 und 3 gezeigt haben, ist die mechanische Perimetersicherung nicht nur der erste Schritt zu einer möglichst umfassenden Sicherung des Außenbereiches von Objekten oder Einrichtungen, sondern auch der wichtigste. Mechanik alleine bedeutet aber, dass die Zeit, in der das System einem Überwindungsversuch standhält, nur begrenzt ist (siehe Abschnitt 1.4). Daher reicht die Mechanik im Allgemeinen nicht aus. Sie ist möglichst durch ein geeignetes Detektionssystem zu ergänzen.

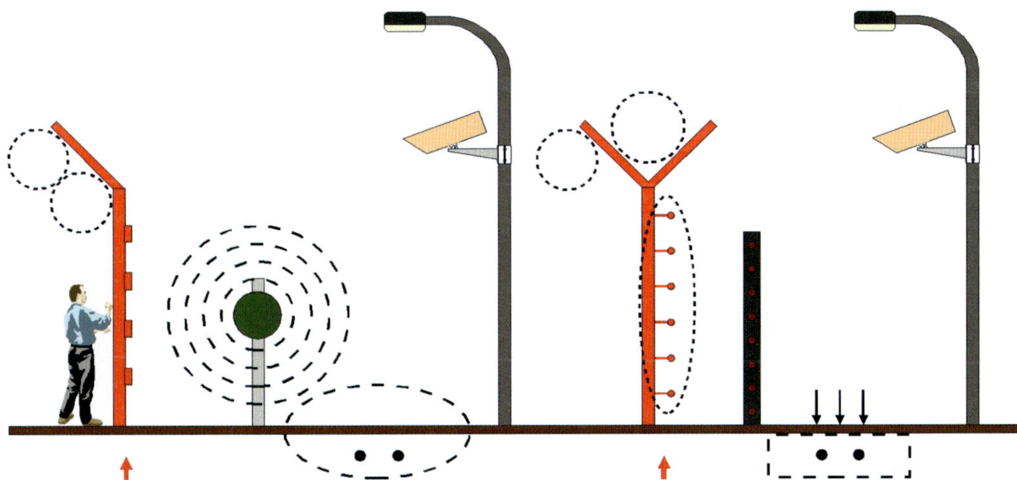

Abb. 4.1.1: Detektion am Perimeter

Wie im Verlauf dieses Kapitels zu sehen sein wird, gibt es die unterschiedlichsten Detektionssysteme. Herstellung, Vertrieb und Errichtung dieser Systeme stehen dabei im gegenseitigen Wettbewerb. Daher ist Folgendes unbedingt zu beachten:

- Da es kein universelles zu sicherndes Objekt gibt, kann es auch kein universell einsetzbares Detektionssystem geben.
- Die Auswahl eines geeigneten Systems richtet sich u. a. nach den Vorgaben des Kunden, ggf. seiner Versicherung, den Objektgegebenheiten, den Umgebungs- und Umweltbedingungen.
- Auch die zu erwartenden Angriffe auf das jeweilige System sind in erheblichem Maße mitentscheidend.

Dementsprechend werden in den nachfolgenden Beschreibungen die einzelnen Detektionssysteme auch nur allgemein und ohne Bezug auf ein bestimmtes Objekt betrachtet. Was in dem einen Objekt vielleicht ungeeignet ist, kann dagegen in einem anderen Objekt genau passend sein.

In entsprechender Literatur sind immer wieder Gegenüberstellungen der einzelnen Systeme mit all ihren Vor- und Nachteilen zu finden. Das bedeutet aber, solche Tabellen können keine Planungsgrundlage sein, da sie die Besonderheiten jedes einzelnen Objektes weder berücksichtigen noch überhaupt berücksichtigen können.

Der nächste Schritt bei der Betrachtung von Detektionssystemen ist die Eignung einer Kombination aus Mechanik und Elektronik. Wie bereits erwähnt, sind Umgebungsbedingungen ein Auswahlkriterium. Zu diesen gehört auch die geeignete Mechanik, z. B. der Zaun. Einzelne Systeme lassen sich zwar in Verbindung mit vielen Zauntypen einsetzen, ihre optimale Funktion gewährleisten sie vielleicht aber nur bei bestimmten Zauntypen.

Von daher wäre eine tabellarische Darstellung der einzelnen Detektionssysteme mit ihren Vor- und Nachteilen bezogen auf die jeweiligen Zauntypen ungeeignet. Auch hier ist es wichtig, das Detektionssystem, wenn die Mechanik bereits vorhanden ist, möglichst optimal auf diese abzustimmen. Ist noch keine Mechanik vorhanden, ist eine Kombination beider Gewerke dergestalt zu planen und auszuführen, dass das erarbeitete Sicherungsziel möglichst zu 100 % erreicht wird.

Nachfolgend werden einige Detektionssysteme allgemein vorgestellt. Die Vorstellung besitzt allerdings keinen Anspruch auf Vollständigkeit, weder auf die Technologien bezogen noch auf die Hersteller. Wichtig ist vor allem, dass bei den einzelnen Systemen ersichtlich ist, wie sie allgemein funktionieren und wo ggf. Probleme beim Einsatz in bestimmten Objekten auftreten können.

WICHTIG!

Es handelt sich bei der nachfolgenden Auflistung nicht um eine Wertung der Systeme oder einen Vergleich der von unterschiedlichen Herstellern angebotenen Systeme.

Zusätzlich ist zu berücksichtigen, dass zwei völlig verschiedene Gewerke – Mechanik und Elektronik – aufeinander treffen. Erfolgt die Planung ohne geeignete Kommunikation der Verantwortlichen, ist es sehr wahrscheinlich, dass es kein mangelfreies Ergebnis geben wird (siehe Kapitel 9).

4.1.1 Gemeinsame Einflussfaktoren

Für Detektionssysteme am Perimeter gibt es gemeinsame Grundbedingungen bzw. Einflussfaktoren, die für alle Systeme gleichermaßen gelten. Daher werden diese Gemeinsamkeiten hier zusammengefasst.

Temperatureinfluss

Die unterschiedlichen Konstruktionen der Zaundetektion haben selbstverständlich auch unterschiedliche Ansprüche hinsichtlich der Temperatur der Außenluft. Dazu zählen sowohl fortlaufende erhebliche Temperaturschwankungen bei direkter Sonneneinstrahlung und teilweise bewölktem Himmel als auch Schattenwurf durch Gebäude, wobei ein Teil der Sensorik beispielsweise von einem Gebäude verdeckt noch von der Nacht her abgekühlt ist und der andere Teil bereits von der direkten Sonneneinstrahlung deutlich aufgewärmt wird. Extreme Temperaturen im Sommer und im Winter sind in Zukunft vermehrt zu berücksichtigen.

Bereits bei der Planung ist beim Hersteller eine konkrete Angabe zu diesem Punkt abzufragen und auf das Gebiet, in dem sich das Projekt befindet, anzuwenden.

Halbwertszeit

Den Begriff „Halbwertszeit" kennt man von radioaktiven Stoffen. Bei der Zaunsensorik, insbesondere bei den verschiedenen Kabeltypen, ist davon auszugehen, dass deren elektrische und physikalische Eigenschaften im Laufe der Zeit nachlassen werden. Das ist einerseits unvermeidbar, andererseits sollte die Zeitspanne mit einer einwandfreien Funktion möglichst lange sein (z. B. 10 Jahre), damit nicht nach einigen Jahren bereits die gesamten Sensorleitungen wieder ausgetauscht werden müssen. Auch das ist ein Punkt, der während der Planung beim Hersteller abzufragen ist.

Blitzschutz

Da die Zaunsensorik zum großen Teil z. B. auf dem Zaun montiert wird und, außer bei der Funktechnik und LWL, auch die Leitungen auf dem Zaun verlaufen, ist bei der Planung abzuklären, welchen Einfluss vor allem ein direkter Blitzeinschlag in den Zaun auf die Sensor- und Verbindungsleitungen haben kann (siehe Abschnitt 8.3).

Arbeitsschutz

Die Arbeiten mit Detektionssystemen zählen teilweise zu den gefahrgeneigten Installationen und teilweise zu denen, bei denen die unterschiedlichsten Gefahren auftreten können.

Ohne in diesem Werk auf den Arbeitsschutz im Detail eingehen zu wollen, sind bei den Detektionssystemen, bei denen immer mit entsprechenden Gefahren zu rechnen ist, Hinweise zu den Verpflichtungen des Planers/Errichters gegeben sowie Punkte angeführt, über die der Kunde/Nutzer informiert werden sollte, deren Umsetzung allerdings nicht Sache von Planern/Errichtern ist.

4.1.2 Sensor vs. Melder

Manchmal erscheint es als eine Haarspalterei, Begriffe für einzelne Komponenten oder Systeme immer wieder besonders hervorzuheben. Trotzdem müssen die Unterscheidungen einmal angesprochen werden. Spätestens bei einer rechtlichen Auseinandersetzung kann es geschehen, dass die Verwendung der korrekten Bezeichnung mitentscheidend ist.

Sensor

Ein Sensor ist ein Element, mit dem elektrische oder andere physikalische Größen ermittelt werden können. Die vom Sensor aufgenommenen Werte werden dann zu einer übergeordneten Einheit geleitet, die diese Werte entgegennimmt, sie intern auswertet und dann eigenständig eine Entscheidung darüber trifft, wie mit dem Ergebnis zu verfahren ist.

Der Sensor ist also eine nicht intelligente Basis in einem Detektionssystem.

Bei einem Mikrofonkabel beispielsweise handelt es sich um einen reinen Sensor!

Melder

Wie bei den Sensoren nimmt der Melder zwar auch zuerst eine physikalische Kenngröße auf. Allerdings wertet er diese intern selbstständig aus und entscheidet auch selbst, was mit dem Ergebnis zu geschehen hat. Die gefällte Entscheidung wird quasi der übergeordneten Einheit zwecks weiterer Verarbeitung mitgeteilt oder anderen Systemen zur Verfügung gestellt.

Der Melder ist also eine intelligente Basis in einem Detektionssystem.

Ein Bewegungsmelder ist, wie der Name es schon verdeutlicht, ein Melder. Er hat zwar intern einen eigenen Sensor, der allerdings von anderen Geräten nicht direkt abgefragt werden kann.

Zu beachten ist aber, dass auch eine Kombination möglich ist. Beispielsweise kann eine Lichtschranke die Veränderungen des Lichtstrahls an eine getrennte Auswerteeinheit weiterleiten. Dann handelt es sich um einen Sensor. Wenn die Auswertung in der Lichtschranke erfolgt und weitergemeldet wird, wenn der Lichtstrahl unterbrochen ist, z. B. über Alarmkontakte, dann handelt es sich um einen Melder.

Da im allgemeinen Sprachgebrauch der Begriff „Melder" überwiegend zu finden ist, wird in den nachfolgenden Beschreibungen i. d. R. jedes Mal explizit darauf hingewiesen, ob es sich an der entsprechenden Textstelle um einen Sensor, Melder oder eine Kombination handelt.

4.1.3 Detektion und Geologie

Um die Eignung eines Zaunes für ein bestimmtes Detektionssystem festzustellen, reicht es nicht aus, das Wirkprinzip von Zaun und Sensorik zu kennen. Dazu sollten ein paar Grundzüge aus der Geologie bekannt sein, selbst wenn es sich dabei wiederum um einen völlig fremden Berufszweig handelt, der mit dieser Thematik befasst ist. Beachtet man die Verbindung zwischen einem Zaun und den geologischen Gegebenheiten nicht, kann das Detektionssystem am Ende einen Mangel aufweisen, für den weder der Zaunbauer noch der Errichter - von der Sache her - verantwortlich ist.

Moore

In einem konkreten Fall wurde ein Sicherheitszaun nachträglich mit einem Detektionssystem auf Körperschallbasis ausgestattet. Nach der Inbetriebnahme häuften sich die Fehlalarme, ohne dass eine Ursache erkennbar war. In einem solchen Fall schieben sich die verschiedenen Gewerke (Zaunbauer und Errichter) gerne gegenseitig die Schuld für solche Probleme zu. Durch einen Zufall wurde eine Diskussion über mögliche Ursachen geführt. Dabei gab es nur eine Frage: „Wo befindet sich das Objekt?" Ohne das 700 km entfernte Objekt gesehen zu haben, konnte prompt die Antwort erfolgen: „Das Objekt liegt in einer Moorlandschaft."

Das bedeutet, dass der Zaun für sich betrachtet durchaus seine Funktion erfüllte. Um aber diesen Zaun mit einem Detektionssystem auszustatten, müssen die Zaunpfosten so tief und stabil gegründet sein, dass (nicht wahrnehmbare) Bewegungen durch den Untergrund nicht zu permanenten Geräuschen in der gesamten Zaunmechanik führen können. Notfalls sind die Zaunpfosten nicht mit Einzelfundamenten zu gründen, sondern mit einem durchgängigen Streifenfundament. Die relevante Schicht des Moores liegt außerhalb der Kerngebiete deutlich tiefer als die allgemein angenommene und als ausreichend angesehene Fundamenttiefe von 1 m.

Die mit Wasser gesättigten Bodenschichten haben eine weitere Auswirkung. Bäume sind nicht mehr fest verankert und bei Wind wird das gesamte Wurzelwerk bewegt, was dann wie eine Atembewegung des Bodens aussieht und nicht nur auf den Standort des Baumes begrenzt ist, sondern weitergehende Bewegungen des Untergrundes auslöst, wovon sowohl Mauern/Zäune als auch Bodendetektionssysteme betroffen sind.

Da bei einem bestehenden Zaun derartige nachträgliche Arbeiten zu immensen Kosten führen, muss entschieden werden, ob der Nutzer eine Häufung von Fehlalarmen in Kauf nimmt oder ob ein Detektionssystem einzusetzen ist, das nicht auf Körperschall reagiert, wie beispielsweise eine Ruhestromüberwachung (siehe Abschnitt 4.3).

Sollen Projekte außerhalb des Nahbereiches des Errichters durchgeführt werden, ist es dank Internet sehr einfach möglich, unter dem Suchbegriff > Moorlandschaften in Deutschland < und > Moore in Deutschland < passende Landkarten zu finden, die einen Anhaltspunkt für die Objektlage geben.

Braun- und Steinkohle

Das vorgenannte Problem mit Moorlandschaften trifft auch, und zwar in zunehmendem Maße, auf den gesamten Bergbaubereich zu. Das zeigte sich in den vergangenen Jahren besonders deutlich im gesamten Ruhrgebiet, wo die Erde aufgrund des Untertagebaus immer wieder in Bewegung ist, wobei die tatsächlichen Bewegungen nur minimal sein müssen, um Bewegungen in der Zaunmechanik hervorzurufen, die von einem Sensorsystem auf Körperschallbasis als Überwindungsversuch ausgewertet werden.

Die gleiche Problematik besteht in den Braunkohletagebaugebieten, wie Garzweiler, wo die Häuser in der Umgebung aufgrund der Erdbewegungen Risse aufweisen. Die Bewegungen entstehen durch die Absenkung des Grundwasserspiegels und die daraus resultierende Absenkung der Erde. Auch hier können die Erdbewegungen zur Auslösung von Detektionssystemen führen.

Über die Tagebau- und Zechengebiete sind ebenfalls geeignete Karten im Internet zu finden, allerdings nicht so allgemein gehalten, sondern u. a. unter den Suchbegriffen > Kohleabbau im Ruhrgebiet < und > Braunkohle in Deutschland <.

Erdbeben

Auch in Deutschland gibt es Vulkanismus und Erdbeben. In den betroffenen Regionen ist ständig mit seismischen Aktivitäten zu rechnen, die nicht spürbar sein müssen, allerdings Auswirkungen auf den in Zäunen entstehenden Körperschall und damit auf die Fehlalarmhäufigkeit haben können.

Über die Suchbegriffe > Erdbebenzonen < und > Erdbebenzonenkarten < ist geeignetes Material im Internet zu finden. Teilweise ist sogar Kartenmaterial für einzelne Bundesländer zu bekommen. Es gibt sogar eine Norm, die sich mit diesem Thema befasst, und zwar war es ursprünglich die DIN 4149, die aber 2011 durch die DIN EN 1998-1 ersetzt wurde. Diese enthält eine Gefährdungskarte für D, A und CH.

Hochwasser

Bei Hochwasser ist der erste Gedanke wahrscheinlich der an einen lang anhaltenden Korrosionsschutz bei im Wasser stehenden Zaunteilen. Allerdings muss das zu sichernde Objekt bei einer

Hochwasserlage nicht vollständig im Wasser stehen, damit Veränderungen an der Zaunstabilität anzunehmen sind. Selbst ein Anstieg des Wassers bis nahe unter die Oberfläche reicht aufgrund der Veränderung der Bodenstruktur und dessen Sättigung aus, um die Standfestigkeit und damit das Körperschallverhalten des Zaunes nachhaltig zu verändern. Die typischen Überschwemmungsgebiete sind allgemein bekannt und die Nachrichten der vergangenen Jahre zeigen einen stetigen Anstieg der Ereignisse.

Fazit

Herstellerseitig wird gerne nachvollziehbar mit einer sehr geringen Anzahl an Fehlalarmen geworben. Das bedeutet für den Planer/Errichter aber nicht, dass er eine solche Aussage für jedes beliebige Objekt an den Nutzer weitergeben kann. Was an einer bestimmten Stelle, z. B. auf einem Testfeld des Herstellers, einwandfrei nachzuweisen ist, kann durch die Geologie widerlegt werden.

Und da die Beschaffung entsprechenden Kartenmaterials so einfach ist, kann nach der Fertigstellung und einer Häufung von Fehlalarmen nicht darauf verwiesen werden, dass die Ursache nicht im Detektionssystem zu suchen ist.

MERKE!

Ein Gericht wird i. d. R. zu der Ansicht gelangen, dass es sich bei den genannten geologischen Erscheinungen um grundlegende Einflussfaktoren handelt, die der Planer/Errichter hätte wissen müssen.

Soweit die geologische Beschaffenheit des zu sichernden Areals Auswirkungen auf am Perimeter montierte Detektionssysteme hat, so ist dies selbstverständlich auch auf Detektionssysteme im Boden anwendbar (siehe Kapitel 5) und sogar auf Detektionssysteme im Freigelände (siehe Kapitel 6), wenn die einzelnen Sensoren/Melder exakt aufeinander ausgerichtet sein müssen, wie dies beispielsweise bei Lichtschranken der Fall ist (siehe Abschnitt 6.2).

Außerdem ist die geologische Beeinflussung auf verschiedene Detektionssysteme nicht nur bei Planung und Ausführung relevant, sondern anschließend auch bei Wartung und Service (siehe Abschnitt 9.5).

Zwar gibt es in einem älteren Fachbuch [Boorberg, Elektronische Sicherungstechnik] zur Planung von Detektionssystemen spezielle Ausführungen, die jedoch, wenn man sich das zuvor Beschriebene verinnerlicht, völlig absurd wirken (Zitat mit Unterstreichung der wichtigen Stellen):

„Dies zeigt deutlich, dass derartige Systeme nur von erfahrenen Fachkräften konzipiert werden können, die <u>alle auf dem Markt verfügbaren Systeme und Technologien</u> mit ihren Schwachstellen und Besonderheiten kennen."

Dies wird dann noch ergänzt durch (Zitat):

„Um die Probleme zu beherrschen und nicht erst bei dem Betreiber zu lösen, sind erhebliche Vorinstallationen der Anbieter solcher Systeme in Form von <u>umfangreichen Untersuchungen im eigenen Testfeld</u> erforderlich."

Da stellt sich zunächst die Frage, an welcher Stelle ein derartiges Testfeld tatsächlich stehen sollte. Und danach kommt die Frage, wer diese Kosten übernehmen soll, denn prinzipiell wird hier als erforderlich erachtet, dass alle Tests der Hersteller beim Errichter nochmals durchzuführen sind.

4.1.4 Dualmelder

Unter dem Begriff Dualmelder wird immer wieder etwas Unterschiedliches verstanden. Dual kann kein einzelner Sensor oder Melder sein. Aber auch die Verknüpfung verschiedener Systeme ergibt allein keinen Dualmelder.

Dualmelder sind eine Kombination aus zwei Sensoren in einem Gehäuse. Der eine Teil erkennt beispielsweise den Körperschall, der auftritt, wenn ein Zaun durchtrennt wird, und der andere Teil nimmt die Schwingungen auf, die entstehen, wenn jemand versucht, diesen Zaun zu übersteigen und dabei, wenn auch für das bloße Auge nicht sichtbar, den Zaun „verbiegt".

MERKE!

Werden lediglich von einem einzelnen Sensor physikalische Kenngrößen aufgenommen und dann das Ergebnis nach mehreren Gesichtspunkten ausgewertet, so kann man daraus keinen Dualmelder bzw. dualen Sensor ableiten.

Anders sieht es bei dualen Systemen aus. Mehrere Systeme mit unterschiedlichen Detektionsprinzipien werden gleichzeitig betrieben und ggf. miteinander verknüpft. Damit soll verhindert werden, dass Einflüsse auf das eine System zu ständigen Falschalarmen führen, während ein anderes System gegen diese Einflüsse unempfindlich ist.

Ein Beispiel: Ein Bodendetektionssystem wird mit einem Videobewegungsmelder kombiniert, was bedeutet:

- Wenn die Bodendetektion aufgrund von starkem Frost nicht mehr sicher funktioniert, detektiert der Videobewegungsmelder einwandfrei.
- Wenn der Videobewegungsmelder aufgrund dichten Nebels nicht mehr funktioniert, arbeitet die Bodendetektion einwandfrei.

Allerdings ist immer wieder von der „UND-Verknüpfung" die Rede. Das bedeutet jedoch, dass beide Systeme gleichzeitig auslösen müssen, damit ein Alarm erfolgen kann. Das ist aber im Falle des Dualmelders unzulässig, denn wenn eines der Systeme bei einem Überwindungsversuch überlistet wird oder nicht auslösen kann, dann kann von dem zweiten System zwar eine Detektion erfolgen, eine Alarmierung jedoch nicht.

MERKE!

Eine UND-Verknüpfung bedeutet, dass nur dann ein Alarm tatsächlich erfolgen kann, wenn die miteinander verknüpften Systeme gleichzeitig auslösen. Solange nur ein System auslöst, ist keine Alarmmeldung möglich.

Eine UND-Verknüpfung ist nur dann sinnvoll, wenn beispielsweise bei einer Lichtschranke mehrere Lichtstrahlen gleichzeitig unterbrochen werden müssen, um auf das Durchdringen eines Menschen zu schließen, während ein Kleintier maximal einen Lichtstrahl unterbrechen würde.

Es sind alle möglichen Variationen von Auslösekriterien und Fehlalarmursachen durchzuspielen, bevor Melder oder Systeme tatsächlich miteinander verknüpft werden.

4.2 Drahtzugmelder/Spanndrahtsystem

Bei einem Drahtzugmelder handelt es sich um ein Detektionssystem, das an Mauern, Zäunen und Abweisern installiert werden kann. Beispielsweise werden in der älteren Variante bei einem Zaun in entsprechenden Abständen Drähte verlegt, die an einem Ende fest eingespannt und am anderen Ende mit einem Schaltelement (Zugschalter) verbunden sind.

Auch innerhalb von Zäunen, z.B. innerhalb von Hohlprofilen, können die Detektionsdrähte gespannt werden. Dann sind sie nach außen hin nicht sichtbar. Allerdings erfolgt bei vorsichtigem Klettern, je nach Stabilität der Hohlprofile, auch keine Auslösung.

Abb. 4.2.1: Prinzip einer Drahtzugmeldeanlage

Der Schalter ist ein rein mechanisches Element, das in beiden Richtungen federbelastet ist. Wurde der jeweilige Draht fertig gespannt, befindet sich der Schalter in Mittelstellung oder in einer Endstellung.

Bei neueren Systemen hat ein Sensor am Drahtende die Aufgabe, die Längenänderung des Drahtes zu messen, auszuwerten und die gewonnenen Daten an die übergeordnete Auswerteeinheit weiterzuleiten. Bei anderen Systemen wiederum ist der Edelstahldraht so aufgebaut, dass er bei Längendehnung – durch einen Angriff – ein elektrisches Signal erzeugt, das am Ende eines jeden Drahtes verstärkt und zur weiteren Auswertung an eine Zentraleinheit weitergeleitet wird.

Die gespannten Drähte sind von außerhalb sichtbar, so dass sich ein Täter darauf einstellen und Maßnahmen zur unbemerkten Überwindung ergreifen kann.

4.2.1 Anwendung

Eignung

Drahtzugmelder eignen sich prinzipiell für alle Arten von Mauern und Zäunen. Während bei Standardabweisern eine Eignung gegeben ist, wird es bei Sonderanfertigungen sehr schwierig, die Drähte in entsprechender Weise zu verlegen.

Dieses System kann auch wie ein eigenständiger Zaun aufgebaut werden. Jedoch ist dabei zu berücksichtigen, dass der Widerstandswert eines Zaunes nicht vorhanden ist und damit bei null liegt. Es handelt sich nur rein optisch um einen Zaun. Die autarke Anwendung eignet sich für einen inneren Zaun, während an der äußeren Grenze ein stabiler Zaun mit einem hohen Widerstandswert steht.

Abb. 4.2.2: Spanndrahtsystem als eigenständige Barriere

Eine weitere Möglichkeit der Anwendung ist das Spannen der Sensordrähte nicht nur vertikal (Verlängerung des Zaunes) oder schräg (Abweiser), sondern horizontal. Dabei werden die Ausleger an den Pfosten befestigt und befinden sich dabei dicht über dem Boden. So kann die Annäherung an den Zaun bzw. das Herunterklettern auf der Geländeinnenseite detektiert werden. Aber auch hierbei ist direkt eine Schwachstelle zu erkennen, und zwar das Umfeld. Es darf nichts darauf zu liegen kommen (z. B. Schnee) oder von unten her abstützend wirken (z. B. Sträucher). Mit dem Anlehnen einer Leiter an einen Pfosten werden weder die horizontalen noch die vertikalen Drähte berührt.

Detektion

Eine Auslösung des Systems kann in zweierlei Form erfolgen:

- Der Draht wird beim Durchschneiden oder Durchbrechen des Zaunes durchtrennt.
- Beim Übersteigen oder Unterkriechen wird der Draht so deutlich ausgelenkt, dass der Schalter zwangsläufig betätigt wird bzw. der Draht erzeugt ein entsprechendes elektrisches Signal.

Ein Übersteigen ohne Berührung des Perimeters wird ebenso wenig detektiert, wie das Durchschneiden eines Zaunes, wenn das Spanndrahtsystem nur als Übersteigschutz obenauf montiert wurde. Untergraben wird mit diesem System nicht detektiert. Dagegen ist davon auszugehen, dass ein Durchbrechen des Zaunes aufgrund der auftretenden Verformungen auch detektiert wird. Unterkriechen kann zur Auslösung führen, wenn die Drähte auch in Bodennähe installiert sind.

Wurde das Spanndrahtsystem als eigenständiger Zaun aufgebaut, so lassen sich alle Kriterien außer Untergraben detektieren. Eine Ausnahme ist dann gegeben, wenn die gespannten Drähte beim Übersteigen nicht berührt werden.

Überwachungsbereiche

Eine Alarmzone entspricht immer der Gesamtlänge des jeweiligen Drahtes. Eine weitergehende Eingrenzung des eigentlichen Alarmortes ist nicht möglich.

Die maximale Draht- und damit Überwachungslänge beträgt ca. 300 m. Bei einer mäanderförmigen Verlegung reduziert sich diese Gesamtlänge entsprechend.

Einflüsse/Falschalarmrisiko

Ein Haupteinfluss auf Drahtzugmelder sind die Umgebungstemperaturen. Zwar ist die allgemeine Längenausdehnung der Drähte relativ gering, jedoch sind die zu erwartenden Tiefst- und Höchsttemperaturen für die Umgebung, in der sich das entsprechende Objekt befindet, einzukalkulieren. Je länger der gespannte Draht ist, umso größer ist auch der Einfluss der Längenänderung.

Neben der Längenänderung durch Temperaturschwankungen gibt es das Problem der Vereisung (siehe auch Abschnitt 2.3.2). Je länger die einzelnen Drähte sind, umso größer das Gewicht, das auf den einzelnen Drähten lasten kann und sie dadurch auslenkt. Bei sehr geringem Abstand der einzelnen Drähte untereinander kann die Vereisung mehrere Drähte miteinander verbinden. Außerdem bedeutet eine Vereisung, dass die Drähte an den Pfosten, an denen sie nur lose vorbeigeführt werden bzw. an denen sie umgelenkt werden, festfrieren können, was bei leichteren Berührungen ggf. eine Auslösung verhindert. Bei einem geradlinig gespannten Draht von 300 m Länge und einer Länge der Zaunfelder von ca. 2,4 m bestehen somit 123 Stellen, an denen aufgrund von Vereisung der Draht festgehalten werden kann.

Da die Drähte sichtbar sind, können sie auch jederzeit mutwillig ausgelöst oder ggf. auch festgeklemmt werden. Ohne eine Visualisierung ist dies nicht ohne Weiteres erkennbar und führt nach einer Vielzahl von Falschalarmen zur Abschaltung des Systems, was das Risiko einer unbemerkten Überwindung des Perimeters deutlich erhöht. Umgekehrt besteht bei den rein mechanischen Systemen ggf. die Möglichkeit, die Drähte so festzuklemmen, dass in dem dahinterliegenden Bereich keine Auslösung mehr detektiert wird.

Wartung/Reparatur

Zur Inspektion/Wartung gehört die Kontrolle der Drähte, ob sie beschädigt oder an einer Stelle festgeklemmt sind – ein zeitintensives Verfahren.

Nach einer Alarmauslösung mit Durchtrennen der Drähte sind lediglich die beschädigten Drähte auszutauschen und neu einzujustieren. Dadurch ist eine schnelle Wiederherstellung des Sicherungssystems gewährleistet. Reparaturen sind nur nach Herstellerangaben auszuführen.

Kosten

Das System ist einfach in der Installation und dadurch preiswert in der Anschaffung. Allerdings sind eine regelmäßige Überprüfung und eventuelle Nachjustage erforderlich. Das wiederum bedeutet nicht zu unterschätzende Folgekosten, die bei der Planung des Systems mit zu berücksichtigen sind.

Die Kosten für Reparaturen nach einer Durchtrennung sind aufgrund des einfachen Austauschverfahrens niedrig.

4.3 Meldeschleifen

Sowohl bei der Neuinstallation als auch bei der Nachrüstung von Mauern und Zäunen sind Meldeschleifen (Sammelbegriff) eine einfache Art, um an den unterschiedlichsten mechanischen Barrieren eine Detektion aufzubauen. Der Hauptvorteil besteht darin, dass sie vom Typ der Barriere (z. B. Zaun) unabhängig sind und zudem nicht durch die Geräusche beeinflusst werden, die durch die Beaufschlagung des Zaunes mit Wind oder Temperatur entstehen und die bei den wesentlich empfindlicheren Körperschallsensoren (siehe Abschnitt 4.5) zu Problemen führen können.

Aber es ist genau abzuwägen, welche Maßgaben im Sicherungskonzept vorgegeben wurden, welche Kriterien der Überwindung zu erwarten sind und mit welcher Maßnahme der höchste Widerstandszeitwert zu erreichen ist. Dementsprechend sind die nachfolgenden Systeme vor ihrem Einsatz auf die möglichst optimale Anwendung hin zu analysieren.

MERKE!

Keines der Systeme ist ein Universalsystem und keines der Systeme kann als generell nicht geeignet eingestuft werden.

Alle nachgenannten Systeme haben eines gemeinsam: Überall, wo etwas schnell befestigt werden soll, haben sich Kabelbinder als ein geeignetes Mittel erwiesen. Allerdings ist immer wieder festzustellen, dass bei Kabelbindern versucht wird, Kosten zu sparen und Billigprodukte zum Einsatz kommen. Es ist aber daran zu denken, dass die zur Verwendung kommenden Kabelbinder über lange Zeit den Umwelteinflüssen ausgesetzt sind. Es sind folglich für derartige Einsätze geeignete Kabelbinder zu verwenden und, falls hierzu in den Montageanleitungen der Hersteller Vorgaben gemacht wurden, diese umzusetzen, um kein mangelhaftes Werk abzuliefern.

4.3.1 Ruhestromschleifen

Ein Detektionssystem auf Basis von Ruhestromschleifen bedeutet, dass eine Leitung entlang des Zaunes verlegt wird, die kontinuierlich von einem Strom durchflossen wird. Am Ende ist ein Abschlusswiderstand vorhanden mit einer definierten Größe. Jede Veränderung des Widerstandes wird ausgewertet und führt bei bestimmten Abweichungen zu einem Alarm. Die Widerstandsänderung kann verursacht werden durch das Durchtrennen der Leitung (offenes Ende, $R = \infty$) oder durch Quetschung (Kurzschluss, $R = 0$ bzw. entsprechend dem Leitungswiderstand bis zur Schadensstelle). Bei einem Manipulationsversuch kann der Widerstand jeden Wert zwischen 0 und ∞ annehmen, der außerhalb des Ruhewiderstands liegt.

Die Leitung bei Ruhestromschleifen kann sowohl nachträglich an Mauern/Zäunen installiert, als auch verdeckt in Zaunelemente integriert werden. Dazu werden beispielsweise bei Stabgitterzäunen die horizontalen Rundstäbe durch dünne Röhren ersetzt, durch die eine Leitung hindurch gezogen werden kann.

Bei einem anderen System handelt es sich um ein vieradriges Kabel, das wie eine Brückenschaltung aufgebaut ist. Eine Manipulation bringt die Brücke aus dem Gleichgewicht, was auszuwerten ist. Andererseits bedeutet die Brückenschaltung auch, dass starke Temperaturveränderungen die Widerstandsbrücke nicht aus dem Gleichgewicht bringen.

Bei dem in Abbildung 4.3.1 gezeigten System WaveGARD werden der Zaun und ein darin eingearbeitetes mehradriges Kabel (horizontal und vertikal) werksseitig zu einer kompletten Einheit verbunden, sodass vor Ort nur noch die Verbindung der Kabel von Matte zu Matte erfolgen muss.

Abb. 4.3.1: System WaveGARD

4.3.2 Anwendung

Eignung

Systeme mit Ruhestromschleifen eignen sich für die Detektion, insbesondere die spätere Nachrüstung, von Mauern/Zäunen.

Detektion

Systeme mit Ruhestromschleifen detektieren grundsätzlich das Durchdringen und Durchbrechen, wenn dabei die Leitung/das Kabel beschädigt wird. Beim System WaveGARD ist das relativ sicher der Fall, während bei anderen Systemen eine Detektion beim Durchdringen abhängig ist von der Anzahl und Verlegungsdichte der Leitungen.

Übersteigen und Unterkriechen sind nicht zu detektieren, es sei denn, der Angriff erfolgt so heftig, dass eine Leitung dabei beschädigt wird. Eine Detektion des Untergrabens scheidet aus.

Überwachungsbereiche

Die Überwachungsbereiche sind sehr unterschiedlich und damit vom jeweiligen System bzw. Hersteller abhängig.

Einflüsse/Falschalarmrisiko

Diese Systeme sind quasi frei von unerwünschten Auslösungen durch äußere Einflüsse. Lediglich auf die von den Herstellern angegebenen Temperaturbereiche, in denen sie sicher funktionieren, ist zu achten.

Wartung/Reparatur

Bei der Wartung solcher Systeme wird immer wieder davon ausgegangen, dass sich der Aufwand daran orientiert, dass die Messung der Leitung ein einwandfreies Ergebnis erzielt und somit die Sensorstrecke nicht abgeschritten werden muss. Das ist aber nicht der Fall, denn selbst im Zaun verlegte Leitungen können durch leichte Schäden am Zaun bereits vorgeschädigt sein und eindringende Feuchtigkeit führt zu dem Phänomen, dass immer wieder Fehlalarme auftreten, die beim Eintreffen des Störungsdienstes nicht mehr feststellbar sind.

Reparaturen und deren Aufwand sind abhängig davon, welche Möglichkeiten der Hersteller zur Reparatur zur Verfügung stellt. Wenn nur ein Austausch einer kompletten Leitung möglich ist, was auch nach mehreren einwandfreien Reparaturstellen der Fall sein kann, muss ein entsprechender Arbeitseinsatz kalkuliert werden.

Besonders problematisch ist dies bei der Zaun-Sensor-Kombination, bei der bei der Durchtrennung eines einzelnen Steges des Zaunes dieser zwar wieder zu reparieren ist, das durchtrennte Kabel jedoch nicht. Dann ist ein entsprechender Aufwand gemäß den vom Hersteller zugelassenen Reparaturarbeiten zu kalkulieren.

Kosten

Es handelt sich bei dieser Gruppe von Detektionssystemen um eine relativ preiswerte Möglichkeit, vor allem bereits bestehende Zäune nachzurüsten. Das kombinierte Zaunsystem kann dabei nicht mit anderen Detektionssystemen verglichen werden, sondern immer nur im Zusammenhang mit einem Gesamtwerk, bestehend aus einem kompletten Zaun und einem Detektionssystem.

4.3.3 Meldeschleife mit sensitiven Drähten

Bei diesem System, auch Stressdrahtsystem genannt, werden entweder Drähte im oder entlang des Perimeters gespannt oder ein Abweiser besteht insgesamt aus diesen Drähten.

Abb. 4.3.2: Prinzip eines Stressdrahtsystems

Bei einer Bewegung der Drähte, sei es bei einem Durchdringungs- oder einem Übersteigversuch, entsteht eine Berührung zwischen dem Draht und seiner Ummantelung und als Folge daraus eine statische Aufladung. Diese wird gemessen und ausgewertet und führt zu einer entsprechenden Alarmauslösung.

Die Anwendungseigenschaften entsprechen denen von Ruhestromschleifen.

4.3.4 Meldeschleife mit Widerstandsdraht

In das Perimeter werden Drähte mit einem definierten Widerstand eingearbeitet und von der Auswerteeinheit wird kontinuierlich der bei der Inbetriebnahme abgeglichene Widerstandswert verglichen.

Wird bei einer Durchdringung des Perimeters der Draht gekappt und damit die Meldeschleife unterbrochen, erfolgt eine Alarmmeldung.

Wenn der Widerstandsdraht nicht unmittelbar z. B. in einen Zaun eingearbeitet ist, kann er von außen erkannt werden. Ein weiteres Manko ist die fehlende Auslösung bei einem Überstieg, was zusätzlich detektiert werden muss. Auch Anschlussbereiche an Gebäuden bzw. im

Bereich von Türen und Toren bilden eine Schwachstelle, da die Meldedrähte jeweils vorher enden, es sei denn, Türen/Tore werden wie ein eigenständiger Zaunbereich mit einer eigenen Meldelinie ausgestattet.

Die Anwendungseigenschaften entsprechen denen von Ruhestromschleifen.

4.3.5 Meldeschleife mit LWL-Kabel

Die Verwendung von Lichtwellenleitern (LWL) zur Detektion beruht auf dem Prinzip, dass an einem Ende ein (Licht-)Signal in den LWL eingespeist wird und die Veränderungen aufgrund von Formänderungen des LWLs detektiert werden. Dabei spielt es keine Rolle, ob für den Betrieb infrarotes Licht oder Laserlicht zur Anwendung kommt.

Die Detektion kann auf unterschiedliche Weise erfolgen:

- Die einfachste Variante ist jene, bei der das Signal an einem Ende eingespeist wird und am anderen Ende eine Detektion auf Vorhandensein erfolgt (gleiches Prinzip wie bei Lichtschranken). Wird beispielsweise der Zaun durchtrennt und dabei der LWL mit durchtrennt, so erfolgt eine Unterbrechung des Signals, was zur Alarmierung führt. Daran ist bereits die Einschränkung in der Anwendung zu erkennen, denn wird der Zaun beim Überwinden nicht genau an der Stelle durchtrennt, an der ein LWL eingearbeitet ist, kann auch keine Detektion erfolgen. Auch eine Feststellung, an welcher Stelle der LWL durchtrennt wurde, ist so nicht möglich.
- Eine weitere Variante ist die, bei der das Signal ebenfalls an einem Ende eingespeist und am anderen Ende empfangen wird. Jetzt geht es aber nicht alleine darum, den Ausfall des Signals zu detektieren, sondern auch die Veränderung des Lichtes aufgrund von Formveränderungen (z. B. Biegen) zu detektieren. Das Licht wird dabei im LWL anders reflektiert, als dies im Ruhezustand der Fall ist und so gestreut, dass die Intensität des Lichtes nachlässt. Auch dabei ist eine Feststellung, an welcher Stelle der LWL durchtrennt oder formverändert wurde, so nicht möglich.
- Bei der nächsten Variante wird am Anfang des LWL das Lichtsignal eingespeist und dann erfolgt eine Laufzeitmessung, wie lange dieses Signal benötigt, um am Ausgangspunkt wieder anzukommen. Ferner wird gemessen, mit welcher Intensität das Signal zurückkommt. Jetzt besteht die Möglichkeit, sowohl Formveränderungen des LWL zu detektieren als auch die Entfernung bis zu einer Unterbrechung genau festzustellen. Ein durchtrennter LWL bedeutet, dass das Licht nicht mehr bis zum Ende gelangen kann, sondern an der Schnittstelle reflektiert wird. Aus der sich dadurch ergebenden Laufzeitverkürzung (Sender – Schnittstelle – Empfänger) ist die Entfernung bis zur Schadensstelle sehr genau zu messen bzw. im System rechnerisch zu ermitteln.
- Neben der Laufzeitmessung gibt es bei LWL-Systemen die Funktion, bei der auf der Empfangsseite das Lichtsignal nicht kontinuierlich überwacht wird, sondern in sehr kurzen Intervallen. Die Ergebnisse der einzelnen Messungen werden miteinander verglichen. Wird der LWL bei einem Überwindungsversuch in seiner Form verändert, bedeutet das bei jeder Messung ein anderes Ergebnis. Ein Alarm wird ausgelöst.

HINWEIS!
Alle vorgenannten Systeme lassen sich mit einem weiteren Detektionssystem beliebig kombinieren.

Allgemeines

Um sicherzustellen, dass das in den LWL eingeleitete Signal auf seinem Weg durch die Glasfaser nicht manipuliert wird, gibt es bei getrennt installierten Sendern/Empfängern eine Verbindungsleitung mit dem gleichen Signal, und am Empfänger kann festgestellt werden, ob sich bereits hierbei Differenzen ergeben, was dann zu einem Alarm führen würde.

Bei einer Anbringung des LWL an der Innenseite des Perimeters ist der Detektionsbereich meist erkennbar. Wird er dabei z. B. innerhalb von Gitterstäben verlegt, ist er zwar nicht erkennbar, aber je nach Abstand der Gitterstäbe und Anzahl der LWL-Schleifen besteht trotzdem die Möglichkeit einer unentdeckten Durchdringung. Andererseits führt ein im Gitterstab verlegter LWL nicht zu einer Auslösung bei Übersteigversuchen, wenn lediglich die Durchtrennung der Glasfaser detektiert wird.

Es gibt auch die Möglichkeit, LWL aufgrund ihres geringen Durchmessers an Zäunen (nicht Maschendrahtzaun) in Nuten der horizontalen Stäbe und vertikal im Bereich der Pfosten unsichtbar zu verlegen. Auch gibt es Stachelband mit einem eingearbeiteten LWL zur Mauer- und Zaunkronensicherung. Weitere Einsatzmöglichkeiten sind Abweiser, bei denen aufgrund der Belastung bei einem Überstieg der nahe am Drehpunkt eingezogenen LWL abgeschert wird (siehe Abschnitt 4.6.1).

Eine weitere Anwendung des LWLs ist die unsichtbare Verlegung unter Mauerkronenabdeckungen. Bei einem Überstieg wird der LWL durch die Belastung der Mauerkrone verformt und die sich daraus ergebende Veränderung des durchgeleiteten Lichtsignals ausgewertet. Der LWL wird dabei z. B. durch Gummimatten geschützt, damit es bei Belastung nicht zu bleibenden Beschädigungen kommt.

Wenn nur das Durchdringen einer Außenmauer oder einer Gebäudewand detektiert werden soll, lässt sich der LWL unsichtbar unter Putz verlegen. Bei der mäanderförmigen Verlegung sind die Mindestbiegeradien einzuhalten, denn bei zu engen Radien wird das Lichtsignal zu sehr gedämpft. Auch hier gilt, wie bei allen Detektionssystemen im Außenbereich, dass zwischen der Verlegung der Leitungen und dem anschließenden Verputzen möglichst wenig Zeit vergehen sollte, damit Unbefugte keine Gelegenheit bekommen, sich ein genaues Bild der Lage der LWL zu fertigen. Anders als bei einer offenen Verlegung ist bei der Verlegung unter Putz der LWL im Nachhinein nicht zu orten.

Bei großen Arealen muss bei der Planung ermittelt werden, ab wo der LWL beginnt und wo die zugehörige Anschluss- oder Auswerteeinheit unterzubringen ist. Letztere ist möglichst in einem Gebäude und dort in einem gesicherten Bereich zu installieren. Dazu ist vorher aber zu ermitteln, welche maximale Länge die Verbindungsleitungen haben dürfen. Reicht diese nicht aus, ist der Anschluss in einem gesicherten Gehäuse im Außenbereich unterzubringen, wobei an die evtl. notwendige Notstromversorgung und die Klimatisierung (Heizen/Kühlen) des Gehäuses zu denken ist.

Die Überlegung, die langen Strecken mit LWL mehrfach zu nutzen und gleichzeitig z. B. Videodaten mit zu übertragen (VdS 3143), ist einer genauen Prüfung zu unterziehen. Die Videotechnik ist ein zusätzliches Detektionssystem, das in Kombination mit der Perimeterdetektion betrieben wird. Bei der Auswertung aufgrund einer Unterbrechung bedeutet das, ein einmaliger Alarm wird ausgelöst und danach können auch keine Videodaten mehr übertragen werden. Das ursprüngliche duale System fällt bei jedem Alarm vollständig aus. Eine Verifikation des Auslöseortes ist so nicht möglich. Eine Doppelnutzung des LWL kommt also nur dort in Frage, wo ein Durchtrennen des Kabels nicht zu erwarten ist. Und selbst dann ist darauf zu achten, dass Anlagen, die nichts mit der Sicherheit zu tun haben, keinen Einfluss auf die Sicherheit haben können.

4.3.6 Anwendung

Eignung

Detektionssysteme auf LWL-Basis eignen sich sehr gut für die Nachrüstung bestehender Barrieren. Weiterhin sind sie nützlich, um die Bereiche Mauerkronensicherung und Abweiser ebenso zu detektieren, wie Mauern und Außenfronten von Gebäuden.

Eine gute Eignung für besondere Objekte ergibt sich durch das Fehlen elektrischer und elektromagnetischer Einflüsse sowie durch die Robustheit gegenüber Umweltbedingungen. Insbesondere durch die Unempfindlichkeit gegenüber Wasser sind diese Systeme sehr gut geeignet, um Schutzgitter in Abwasserkanälen zu sichern.

Selbst für die Detektion im Bodenbereich kommen LWL-Systeme infrage (siehe Abschnitt 5.5).

Detektion

Bei den Detektionsmöglichkeiten muss unterschieden werden, welches System wo und in welcher Form angewandt wird. Nicht jedes System ist für alle Detektionsmöglichkeiten geeignet:

- Zaun (System 1) = Durchdringen, Durchbrechen,
- Zaun (System 3/4) = Übersteigen, Durchdringen, Durchbrechen, Unterkriechen,
- Zaun (Abweiser) = Übersteigen,
- Mauer (Fläche) = Durchdringen, Durchbrechen.

Übersteigversuche, bei denen das Perimeter nicht berührt wird (z. B. Bockleiter), sind damit generell nicht detektierbar.

Überwachungsbereiche

Der Überwachungsbereich von LWL-Kabeln ist linear zum LWL. Eine generelle Angabe, wie weit rechts und links davon eine Detektion möglich ist, kann nicht erfolgen. Je stabiler z. B. ein Zaun aufgebaut ist, umso geringer ist die Wahrscheinlichkeit, dass bei einem Überwindungsversuch der LWL Formveränderungen unterworfen wird. Dies gilt insbesondere für einfache Systeme, bei denen lediglich eine Unterbrechung des eingespeisten Signals detektiert wird.

Der Überwachungsbereich einer Zone (sofern das System mehrere Zonen überwachen kann) beträgt z. B. 2000 m. Das ist aber die Länge des LWL, die beispielsweise auf etwa die Hälfte zu reduzieren ist, wenn der LWL in zwei Höhen durch den Zaun gezogen wird.

Einflüsse/Falschalarmrisiko

Allgemein sind Einflüsse nahezu ausgeschlossen. Allerdings müssen die im Bereich des zu überwachenden Objektes anzunehmenden Temperaturen ohne Einwirkung auf den LWL sein.

Ein Falschalarmrisiko kann durch unsachgemäße Montage entstehen. Das können sein:

- sich deutlich bewegende Zaunmatten, die zu einer Verformung des LWL führen (System 3),
- beim gleichen System zusätzlich im Wind gegen den Zaun bzw. den LWL schlagende Zweige,
- zu stramme Montage des LWL, sodass sich bei Längenänderungen der Zaunmatten eine Streckung des LWL ergibt.

Wartung/Reparatur

Ein beschädigter oder durchtrennter LWL kann repariert werden. Dabei sind insbesondere die Herstellervorgaben zu beachten. Bei verschiedenen Systemen sind spezielle Kits zu bekommen, mit denen Reparaturen einfach möglich sind. Allerdings sind nicht beliebig viele dieser Reparaturstellen (Spleißstellen) zulässig, da jede eine Dämpfung des Lichtes zur Folge hat. Wurde bereits repariert und eine neue Reparatur steht an, ist zu überlegen, ob nicht beide Stellen durch ein gemeinsames Reparaturstück überbrückt werden. Dadurch würden insgesamt nur 2 Verbindungsstellen auf das System einwirken anstatt 4.

Da bei der Bearbeitung von Glasfasern mit äußerster Präzision vorgegangen werden muss, besteht bei einer Reparatur natürlich die Gefahr, unsachgemäß zu arbeiten und zusätzlich einen hohen Arbeitsaufwand auszulösen, wenn ungeübte Mitarbeiter eingesetzt werden.

Kosten

Aufgrund des LWL als Massenprodukt ist selbst eine Absicherung über mehrere Kilometer in einem günstigen Preis-Leistungs-Verhältnis zu realisieren. Die Folgekosten sind dann gering, wenn die Überprüfung des Ist-Zustands (Inspektion) eine Kombination mit der Überprüfung der zugehörigen Mechanik ist, folglich zwei Arbeiten parallel erfolgen können.

4.3.7 Arbeitsschutz

Bei LWL-Systemen sind die allgemein üblichen Arbeitsschutzmaßnahmen zu beachten, insbesondere was die Arbeitshöhen bei Arbeiten an Mauern, Zäunen und Objektwänden betrifft.

Besondere Vorsicht gilt bei LWL, die im Stachelband integriert sind. Aber auch besondere Sicherungsmaßnahmen, wie die Absicherung von Abwasserkanälen, stellen ggf. ein erhöhtes Risiko dar und müssen bereits in die Planung mit einfließen. Beim Einsatz von Laserlicht ist auf den Augenschutz zu achten.

4.4 Mikrofonkabel

Bei einem Mikrofonkabelsystem wird ein Kabel z.B. bündig entlang eines Zaunes verlegt oder in eine Mauer mit eingearbeitet. Das Kabel nimmt die Schallwellen wie ein Mikrofon auf. In der Regel kann das dabei übertragene Geräusch an der Auswerteeinheit bzw. am Überwachungsplatz abgehört werden, sodass das Personal anhand der Geräusche grob feststellen kann, welcher Art das Ereignis ist. Dazu muss man allerdings entsprechende Erfahrungen gesammelt haben.

Wenn das Mikrofonkabel bei einem Zaun sichtbar verlegt wird, kann das System von außerhalb erkannt werden. Bei einer Einarbeitung in einen Zaun oder eine Mauer dagegen ist das nicht der Fall.

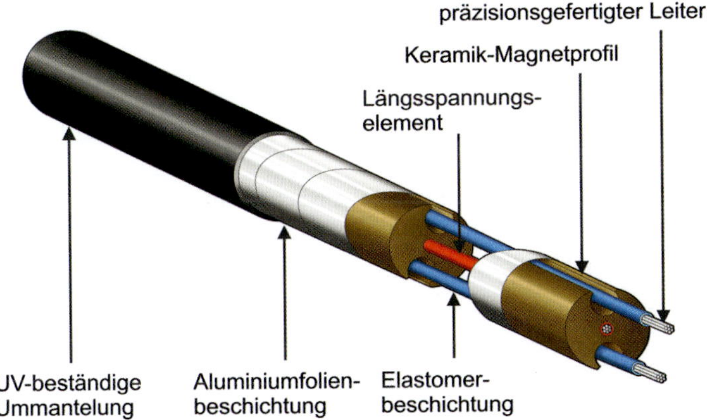

Abb. 4.4.1: Mikrofonkabel System Vibratec 3G

Da prinzipiell alle auftretenden Geräusche im Bereich eines Zaunes ausgewertet werden, sind folgende Abläufe und Ereignisse zu berücksichtigen:

- Die metallischen Geräusche, die bei einem Übersteigen entstehen könnten, sind sehr viel geringer als beim Durchtrennen eines Gitterstabes, was zu einer relativ geringen Auslösewahrscheinlichkeit führt, insbesondere, wenn eine umwickelte Leiter vorsichtig an den Zaun gestellt wird.
- Zur Vermeidung unerwünschter Geräusche sind an die Zaunkonstruktion selbst bzw. deren Errichtung höchste Anforderungen zu stellen.
- Schallquellen im Nahbereich des Zaunes sind zu vermeiden, da die Schallwellen auf den Zaun übertragen werden können und damit auch auf das Mikrofonkabel.
- Wetterbedingte Störeinflüsse, wie Regen, Hagel oder Sturm, bedeuten ebenfalls eine nicht unerhebliche Geräuschkulisse.

So wie Ruhestromschleifen in einen Zaun eingearbeitet werden können (siehe Abbildung 4.3.1 und Abbildung 4.5.3), so gibt es für die Verlegung von Mikrofonkabeln auch eine spezielle Zaun-Sensor-Kombination, den Stabgitterzaun mit Dreifachstabgitter. Hierbei wird das Kabel zwischen drei Horizontalstäben eingelegt und mit speziellen Klammern befestigt. Das vereinfacht nicht nur die Montage, sondern das Kabel ist von außen kaum zu erkennen.

Abb. 4.4.2: Mikrofonkabel und Dreifachstabgitter

Der Dreifachstabgitterzaun ist auch für die Kombination mit anderen Liniensensoren geeignet.

4.4.1 Anwendung

Eignung

Mikrofonkabel eignen sich sehr gut für neue Zäune sowie für die Nachrüstung bestehender. Bei der Nachrüstung ist nur die offene Montage möglich, da ansonsten der vorhandene gegen einen Dreifachstabgitterzaun zu tauschen wäre.

Aufgrund der Struktur eines solchen Systems ist eine Überwachung mit verhältnismäßig kleinen Alarmzonen zwar realisierbar, aber aus Kostengründen nur in besonderen Fällen in Erwägung zu ziehen, beispielsweise bei der Einbindung von Türen/Toren.

Eine Überwachung von Mauern ist ebenfalls möglich. Das Kabel kann dabei unsichtbar unter Putz verlegt werden.

Detektion

Alle Kriterien, wie Übersteigen (mit Berührung), Durchdringen, Durchbrechen und Unterkriechen sind detektierbar; Untergraben dagegen nicht.

Überwachungsbereiche

Abhängig vom jeweiligen System beträgt die durchschnittliche Zonenlänge ca. 300 m. Folglich entscheidet sich die Gesamtlänge des Überwachungsbereiches nach der Anzahl der zu verwaltenden Zonen, was beispielsweise bei der Möglichkeit, bis zu 64 Zonen in einem System zu verwalten, zu einer Gesamtlänge von fast 20 km führt.

Die Detektionsgenauigkeit entspricht jeweils der Zonenlänge, was bedeutet, dass innerhalb der Zone keine weitere Aufteilung möglich ist.

Einflüsse/Falschalarmrisiko

Das Falschalarmrisiko ist weitgehend vom System abhängig. Entscheidend ist, welche unerwünschten „Fremdgeräusche" systemintern auszuschließen sind.

Wartung/Reparatur

Bei der Wartung ist der größte Kostenfaktor darin zu sehen, dass die gesamte Überwachungsstrecke abgeschritten werden muss, um Beschädigungen oder Veränderungen am Trägermaterial (Zaun) festzustellen.

Da Überbrückungen mit nicht sensitivem Kabel möglich sind, können beschädigte Mikrofonkabel repariert werden. Allerdings sind bei der Ausführung und der maximal zulässigen Anzahl die Herstellervorgaben zu beachten.

Kosten

Diese sind schwer zu vergleichen, da die Kabelverlegung der wesentliche Kostenfaktor ist. Die Halteklammern eines Dreifachstabgitterzaunes sind z. B. zwar teurer als Kabelbinder, dafür aber schneller zu befestigen als Kabelbinder, insbesondere wenn für letztere nicht das optimale Werkzeug eingesetzt wird.

4.5 Schwingungssensoren

Der Oberbegriff Schwingungssensoren wird deshalb verwendet, weil er sowohl den Bereich der Bewegung (Schwingung) umfasst, als auch den Bereich der durch die Bewegung im Zaun verursachten metallischen Geräusche (Körperschall).

4.5.1 Vibrationssensoren

In der Anfangszeit dieser Technik verwendete man, parallel zu Erschütterungsmeldern aus der Einbruchmeldetechnik, Sensoren, deren funktionaler Aufbau so gestaltet war, dass in einem Gehäuse eine kleine vergoldete Kugel im Ruhezustand auf einem Metallring gelagert war und damit eine elektrische Verbindung herstellte. Wurde der Zaun bewegt, veränderte diese Kugel ihre Lage und öffnete dadurch diese Kontaktverbindung. Ein zwar einfaches System, das aber zu massenhaften Falschalarmen neigte, u. a. wenn der Zaun durch Wind bewegt wurde.

Die Technik hat sich dahingehend weiterentwickelt, dass die Detektion der Bewegung auf elektronischer Basis erfolgt. Es wird dabei die Bewegung des Zaunes detektiert, die zwangsläufig entsteht, wenn in irgendeiner Form versucht wird, den Zaun zu überwinden.

Da die Sensoren standardmäßig in einem Abstand von ca. 3 m zu installieren sind, bedeutet das, die Zaunmatten müssen sich auch entsprechend bewegen lassen. Sind die Zaunmatten fest eingespannt, wie beispielsweise beim Streckmetallzaun und einem Pfostenabstand von kleiner als 3 m, so ist die bessere Methode, je Zaunmatte einen Sensor zu installieren. Die Befestigung des Verbindungskabels erfolgt mit (zugelassenen) Kabelbindern.

Bei einem Zaun, der mechanisch von den Zaunmatten getrennte Abweiser hat, sollte in jedem Fall vorher getestet werden, ob beispielsweise eine vorsichtig verwendete Anlegeleiter am flexiblen Abweiser zu einer sicheren Erfassung durch den Sensor auf der darunter befindlichen Zaunmatte führt.

Abb. 4.5.1: System ePPS an einem Metallzaun

Auch wenn Zäune bei Beaufschlagung mit Wind unvermeidbar in Bewegung geraten, so ist das kein Problem für das System, da eine großflächige Bewegung über mehrere Sensoren als ein solches (Wetter-)Ereignis gewertet wird, während eine Bewegung, konzentriert auf nur einen oder zwei Sensoren, zu einem Alarm führt. Dies geschieht selbst bei Wind, da durch einen Angriff das auszuwertende Signal von einzelnen Sensoren sich deutlich von den Signalen durch den Wind abhebt.

Abb. 4.5.2: Systemvariante ePPS-V-automatic

In Abbildung 4.5.2 ist sehr gut die Prozessoreinheit mit den nach beiden Seiten verlaufenden Sensorlinien und den Sensoren zu erkennen.

4.5.2 Anwendung

Eignung

Das beispielhaft dargestellte SIPATEC ePPS wurde entwickelt für die Installation an Draht- und Metallzäunen, Fenstergittern sowie für die Installation an Mauern und elektrischen Sicherheitszaun-Drähten. Es ist auch für die Nachrüstung geeignet.

Detektion

Das System eignet sich zur Detektion von Übersteigen (nur mit Berührung), Durchdringen, Durchbrechen und Unterkriechen. Das Untergraben wird nicht detektiert, da der Zaun berührt werden muss. Das gleiche gilt für die Installation an einer Mauer.

Überwachungsbereiche

Die Sensoren werden standardmäßig in einem Abstand von ca. 3 m installiert bzw. je Zaunmatte ein Sensor. Bei dem beispielhaft genannten System können jeweils 2 Sensorlinien á 50 m aufgebaut werden, die mit einer Prozessoreinheit verbunden sind und ihrerseits mit der übergeordneten Meldezentrale in Verbindung stehen. (Bei der möglichen Verbindung über WLAN ist auf eine sichere und stabile Verbindung zu achten.) Das komplette System verwaltet so viele Prozessoreinheiten, dass sich ein Zaun von bis zu 75 km Umfang überwachen lässt.

Bei dem beispielhaften System sind zudem drei Varianten möglich, von der einfachen Sensorlinie bis zur Überwachung mit zusätzlicher Videotechnik und der automatischen Ansteuerung der Kameras, wie in Abbildung 4.5.2 zu sehen.

Einflüsse/Falschalarmrisiko

Durch die entsprechende Auswertung ist das System gegen Witterungseinflüsse unempfindlich. Dagegen sind Berührungen durch Tiere wie ein Überwindungsversuch zu sehen. Kräftigerer Bewuchs in unmittelbarer Zaunnähe kann bei Wind die gleiche Auslösung mit sich bringen wie Tiere.

Wartung/Reparatur

Der Austausch einzelner Sensoren geht zügig vonstatten, sodass hier nicht mit großen Zusatzkosten zu rechnen ist, es sei denn, das System ist in entsprechenden Höhen, z. B. am Gebäude, installiert und erfordert geeignete Hubgeräte.

Kosten

Der geringe Montageaufwand hält die Kosten so niedrig, dass sich auch eine Installation im privaten Bereich lohnen kann. Eine kostengünstige Montage ist durch die nachträgliche Installation am Zaun möglich, selbst bei vergleichsweise großen Zaunlängen.

4.5.3 Punktsensoren

Der Begriff Punktsensor dient als Oberbegriff. Andere Bezeichnungen lauten Körperschallsensoren, Neigesensoren, 3D-Sensoren, 3-Achssensoren, Beschleunigungssensoren und andere mehr.

Beim Körperschallmelder werden alle Schwingungen, die innerhalb eines Zaunes, aber auch bei einer Mauer, übertragen werden, von einem Sensor aufgenommen und anhand bestimmter Signalwerte in der zugehörigen Elektronik von allgemeinen Hintergrundgeräuschen unterschieden.

Abb. 4.5.3: Ein PeriNet-Punktsensor

Die Erfassung der Veränderungen z. B. an einem Zaun erfolgt in mehrere Richtungen. Dafür sind separate Sensorelemente in einem „Sensor" zusammengefasst. So können die Schwingungen, die beim Durchtrennen einer Zaunmatte entstehen, ebenso erfasst werden, wie die dynamische Neigung des Zaunes z. B. beim Übersteigen des Abweisers und die Lageänderung der Zaunmatten beim Emporklettern. Da solch eine Erfassung in 3 Richtungen erfolgt, werden diese Sensoren im Allgemeinen auch 3D-Sensoren genannt.

Die bei einer Detektion erzeugten Schwingungen lassen sich i. d. R. an der Systemzentrale (z. B. PC) grafisch darstellen, um das gesamte System optimal einzustellen und um Störeinflüsse wie eine schlecht verbundene Mechanik aufspüren zu können.

Da die Signale, die zu einer entsprechenden Auswertung und Alarmierung führen müssen, im HF-Bereich liegen, ist die Wahrscheinlichkeit einer sicheren Detektion eines Übersteigversuches, dessen erzeugte Schwingungen überwiegend im NF-Bereich liegen, sehr gering.

Zur sicheren Schallübertragung im Zaun und zur Vermeidung von Klappergeräuschen von Zäunen sind hohe Anforderungen an diese und ihre Errichtung zu stellen.

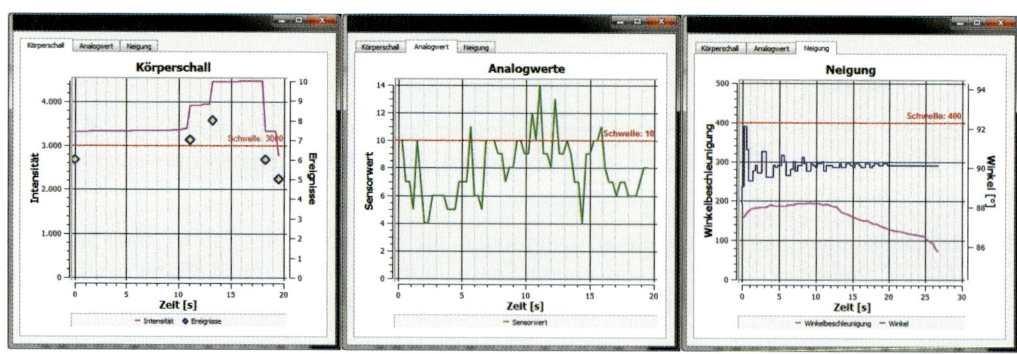

Abb. 4.5.4: Systemauswertung

Die Sensoren können sowohl auf den Zaunmatten oder den Pfosten, aber auch sabotagegeschützt in den Zaunpfosten untergebracht werden, sodass das Detektionssystem als solches nicht erkennbar ist.

4.5.4 Anwendung

Eignung

Punktsensoren sind sowohl an Neukonstruktionen als auch sehr gut zur Nachrüstung an vorhandenen Zäunen geeignet. Bei vorhandenen Zäunen ist allerdings vorher eine eingehende Prüfung der Mechanik erforderlich.

Weiterhin lassen sich auch Metallverkleidungen von Gebäuden (äußere Wandverkleidungen, Trapezbleche beim Dach usw.) überwachen, wenn die mechanischen Eigenschaften dies zulassen.

Detektion

Typische Detektionskriterien sind Übersteigen (mit Zaunberührung), Durchdringen, Durchbrechen und Unterkriechen. Das Untergraben kann im Normalfall nicht detektiert werden. Ausnahme davon ist ein in den Boden hineinreichender Untergrabschutz.

Überwachungsbereiche

Die Überwachung erfolgt über größere Entfernungen als eine einzelne Zaunmatte, z. B. über Entfernungen von 12 m zwischen zwei Sensoren. Um alle Bewegungen im Zaun detektieren zu können, werden die Sensoren im oberen Bereich der Zaunmatten installiert, von wo aus sie auch den Abweiser miterfassen. Allerdings muss die Abweisermatte korrekt mit der Zaunmatte verbunden sein, damit die Kriterien an der Abweisermatte bis zum Sensor auf der Zaunmatte übertragen werden. Bei einer Montage am oder im Pfosten ist die Übertragung deutlich besser zu detektieren.

Einflüsse/Falschalarmrisiko

Zuerst einmal sind alle mechanischen Faktoren, z.B. schlechte oder isolierende Verbindungen, Auslöser für unerwünschte Sensorauslösungen. Folglich ist die Mechanik besonders genau auf derartige Stellen zu überprüfen und für eine entsprechende Befestigung zu sorgen. Dazu kommt, dass Wettereinflüsse die Neigung zu unerwünschten Schwingungen des Zaunes fördern.

Wartung/Reparatur

Inspektionen und Wartungen sind mit einem entsprechenden Arbeitsaufkommen zu kalkulieren, da einerseits auch die Mechanik genau zu überprüfen ist und andererseits mehrere Mitarbeiter gleichzeitig aktiv sind (Sensorstandort und Auswertung). Ferner muss bei Objekten wie Kernkraftwerken und JVA mehr Zeit einkalkuliert werden, weil eine freie Bewegung ohne Begleitpersonen und Schließberechtigungen nicht möglich ist.

Bei den Komponenten im Außenbereich sind Reparaturen unwahrscheinlich. Hier erfolgt i. d. R. ein direkter Teiletausch. Bei Sensoren mit Schraubanschluss verkürzt sich die Austauschzeit noch zusätzlich.

Abb. 4.5.5: Digitaler 3-Achssensor

Kosten

Da die unterschiedlichsten Kriterien zu betrachten sind, lassen sich in puncto Kosten die Körperschallmelder nicht mit Systemen auf anderer Grundlage vergleichen. Ein Faktor ist z. B. der Montageaufwand, da die Sensoren im oberen Mattenbereich montiert werden, was bei Mattenhöhen von 4 m und mehr zum Einsatz geeigneter Arbeitsmittel führt. Andererseits ermöglicht die Neigungsdetektion den Verzicht auf eine separate Detektion des Abweisers.

4.6 Kontakt- und Scherarme

Zur Absicherung von Abweisern lassen sich neben den Detektionssystemen auf den Abweisermatten bzw. mit entsprechend gespannten Drähten die Pfostenprofile der Abweiser auf ihre Beanspruchung bei einem Übersteigversuch detektieren. Dafür gibt es die beiden Möglichkeiten des Scherarmes und des Kontaktarmes.

4.6.1 Scherarm

Ein Scherarm hat das Pfostenprofil eines einseitigen Abweisers oder eines Y-Abweisers. Dieser ist zweiteilig ausgeführt mit einem feststehenden Teil auf dem Zaunpfosten und einem darin beweglich gelagerten Abweiserelement. Durch beide Teile ist eine durchgehende Bohrung hergestellt. Durch diese Bohrung wiederum wird ein Widerstandsdraht oder ein Lichtwellenleiter (LWL) hindurch gezogen.

Im Ruhezustand stehen die Bohrungen genau übereinander. Erst wenn das Abweiserelement mit einer definierten Last beaufschlagt wird, beispielsweise bei einem Übersteigversuch, kippt es dem Angreifer entgegen. Dabei verschieben sich die Bohrungen des festen und des beweglichen Teiles zueinander und wirken wie eine Schere. Der durch die Bohrungen gezogene Sensor wird durchtrennt, was zu einer Alarmauslösung führt.

4.6.2 Anwendung

Eignung

Scherarme sind prinzipiell überall dort einsetzbar, wo im Regelfall auch ein Abweiser alleine eingesetzt werden kann, also auf Mauern/Zäunen und an Gebäuden/Dachkanten.

Detektion

Detektiert wird nur das Übersteigen, sofern dabei der Abweiser berührt wird. Allerdings kann auch eine Detektion des Durchbrechens erfolgen, und zwar dann, wenn ein Zaun dabei entsprechend heftig belastet wird. Die Verknüpfung jedes einzelnen Armes, z. B. mit einem Detektionssystem, einer GMA, kann in verschiedenster Weise ausgeführt werden und ist beispielsweise davon abhängig, ob Auswerteeinheiten von nahe gelegenen Zaunsensoren entsprechende Eingänge hierfür zur Verfügung stellen.

Überwachungsbereiche

Der Überwachungsbereich des alleinigen Scherarmes beschränkt sich auf den jeweiligen Pfostenbereich und die rechts und links angrenzenden Abweisermatten.

Einflüsse/Falschalarmrisiko

Aufgrund des voreingestellten Mindestgewichtes, mit dem der Arm für eine Alarmauslösung belastet werden muss, ist eine fehlerhafte Auslösung aufgrund von Umweltbedingungen oder sich darauf niederlassenden Vögeln eher unwahrscheinlich.

Allerdings bestehen zwei Möglichkeiten der Falschauslösung. Einerseits können Zugvögel im Schwarm das notwendige Mindestgewicht überschreiten (Graugänse bis 4 kg je Tier) und andererseits kann bei einem einseitigen Abweiser das Mindestgewicht durch eine entsprechende Schnee-/Eislast (siehe Abschnitt 2.3.2) überschritten werden. Insbesondere durch Schnee-/Eislast besteht die Gefahr, dass die Sensorleitung an so vielen Stellen getrennt wird, dass nur der Einzug einer neuen Leitung möglich ist. Der Kunde ist darauf hinzuweisen und es sind geeignete Gegenmaßnahmen zu ergreifen, wie ein vom Nutzer organisierter Winterdienst, der die Ablagerung verhindert.

Wartung/Reparatur

Da es sich um eine „bleibende Verformung" der Sensorleitung handelt, muss berücksichtigt werden, dass die abgescherte Leitung anschließend wiederhergestellt werden muss, was zum einen eine teure Reparatur darstellt und zum anderen nicht in beliebiger Anzahl bzw. Häufigkeit möglich ist.

Weiterhin besteht durch die bleibende Verformung der Nachteil, dass bei einer Wartung die Funktion der Scherarme nicht zu prüfen ist, da ansonsten komplett neue Sensorleitungen einzuziehen wären.

Kosten

Die Scherarme sind entsprechend teurer als Standardabweiser. Allerdings muss man immer die Kombinationen miteinander vergleichen, also Standardabweiser mit Detektion auf der Abweisermatte und Scherarm mit Sensorleitung.

4.6.3 Kontaktarm

Der Kontaktarm ist prinzipiell mit dem Scherarm vergleichbar. Der Abweiserarm ist ebenfalls an seinem Fußpunkt federnd gelagert. Jedoch erfolgt die Auslösung bei einer Bewegung durch einen Kontakt, der zusammen mit der entsprechenden Elektronik in dem Fußpunkt integriert ist. Wird z. B. beim Hinaufziehen einer Person der Abweiser belastet, übersteigt dies die voreingestellte Federkraft und der Kontakt wird betätigt.

Da die Abweiserarme an ihrem Fußpunkt nicht aus einer durchgehenden Metallverbindung bestehen können, ist diese Form der Detektion von außerhalb erkennbar.

Alle Merkmale des Scherarmes, außer der bleibenden Verformung und den damit verbundenen Instandsetzungsarbeiten, gelten in gleicher Weise auch für den Kontaktarm.

4.7 Sonstige Sensoren/Melder

In diesem Abschnitt werden weitere besondere Systeme vorgestellt. Wegen der Vielzahl des Systemangebots können hier ebenfalls nicht alle berücksichtigt werden.

4.7.1 Stromzaun

Bei einem Stromzaun handelt es sich, anders als der Name es vermuten läßt, eher um ein Detektionssystem, als um einen Zaun. Dabei wird z.B. ein Drahtgitterzaun aufgebaut und auf der Innenseite (zu sicherndes Gelände) in kleinen Abständen von z.B. 100 mm Drähte durch Isolatoren hindurch gespannt, die bei Bedarf unter Spannung stehen. Es besteht keine leitende Verbindung zwischen den gespannten Drähten und den übrigen metallenen Teilen des Zaunes. Ein Abweiser besteht dabei ebenfalls aus dieser Drahtbespannung. Durch ein Federsystem werden die Drähte automatisch und kontinuierlich auf Spannung gehalten.

Die Drähte werden während der Betriebszeit des Unternehmens überwacht und sind dann vergleichbar mit einem Sabotageschutz. Dabei wird die Unterbrechung der Drähte ausgewertet, an denen zu diesem Zeitpunkt keine Hochspannung, sondern eine deutlich niedrigere Spannung anliegt. Das bedeutet, dass bei einem berechtigten Aufenthalt im überwachten Bereich der Zaun berührt werden kann, ohne dass ein Stromschlag erfolgt.

Außerhalb der Betriebszeiten wird eine Hochspannung (z.B. 9000 V) angelegt, wobei dies impulsförmig (z.B. 50 Hz bzw. individuell einstellbar) mit einem niedrigen Strom (z.B. 35 mA) geschieht. Die gesetzlich zulässige Spannung liegt bei 10000 V und die auf den Menschen einwirkende Energie bei maximal 7 Joule.

Auch wenn allgemein davon auszugehen ist, dass der Stromzaun für den Menschen ungefährlich ist, so ist trotzdem zu berücksichtigen, dass er gesundheitliche Auswirkungen auf bestimmte Personengruppen haben kann. Hierzu gehören Menschen mit Herzfehlern und mit Herzschrittmachern.

Zwar werden die Drähte auf der Zauninnenseite montiert, sodass außen unbeteiligte Personen die Drähte nicht berühren können. Allerdings können Mitarbeiter und Sicherungspersonal auf dem Unternehmensgelände während der Zeit der angelegten Hochspannung den Zaun berühren, z.B. wenn sich entlang des Zaunes ein Parkplatz befindet. Auch in diesen Gruppen können sich gefährdete Personen befinden. Diese Möglichkeit ist bei der Planung mit zu berücksichtigen und es sind auf der Zauninnenseite entsprechende international gültige Warnhinweise anzubringen. Dabei ist wiederum darauf zu achten, dass die Warnhinweise auch bei Dunkelheit ausreichend gut zu sehen sind.

Die Berührung der Drähte bei einem Überwindungsversuch haben zwei Auswirkungen:

- Der Stromschlag soll einen Täter spürbar abschrecken (Elektroschock).
- Der Täter fungiert wie ein Teil eines Stromkreises, da er eine Verbindung der Drähte zum Erdboden bzw. zu den Zaunelementen herstellt. Das führt zu einer Absenkung der angelegten Spannung, was wiederum von der Kontrolleinheit ausgewertet wird. Sie meldet einen Alarm, wenn die Spannung unter einen vorher eingestellten Schwellenwert absinkt.

Durch die Anwendung von Niederspannung neben der Hochspannung ist es möglich, das System mit Notstrom (Akku) zu versorgen. Bei Stromausfall fehlt zwar die Hochspannung, dafür lässt sich der Zaun aber weiter wie im normalen Tagesmodus betreiben, sodass Sabotagen weiterhin zu detektieren sind.

Zum Schluss ist auch noch daran zu denken, dass Stromzaunanlagen über einen entsprechenden Blitzschutz verfügen müssen.

4.7.2 Anwendung

Eignung

Der Stromzaun ist prinzipiell für alle Arten von Zäunen sowie für Mauern geeignet. Die autarke Variante sollte dagegen nur als zweiter Zaun hinter einer Mauer oder einem stabilen Zaun installiert werden, da ihm der Widerstandswert fehlt. Der Einsatz als Abweiser ist schon dadurch sehr gut geeignet, da sich die Strom führenden Drähte dabei außerhalb des Handbereiches befinden.

Das System ist auch sehr gut geeignet, um vorhandene Mauern und Zäune nachzurüsten. Die Montage ist theoretisch auch an Gebäuden geeignet, z.B. zur Dachkantensicherung (siehe Abschnitt 2.4.1), jedoch kommt hier eine erhebliche Gefahrenquelle hinzu, u.z. die Höhe. Nicht nur Mitarbeiter vom Nutzer/Errichter können bei Arbeiten am Zaun aufgrund eines Stromschlages von einer Leiter, einem Gerüst oder ähnlichem Hilfsmittel in die Tiefe stürzen. Auch einem Täter kann das widerfahren. Die Folgen sind vom Nutzer vorhersehbar und werden billigend in Kauf genommen, sodass er mit an Sicherheit grenzender Wahrscheinlichkeit für die Folgen haftet.

Detektion

Während das Übersteigen nur bei Berührung des Zaunes zu detektieren ist, sind die Kriterien Durchdringen und Durchbrechen sehr gut zu detektieren. Unterkriechen lässt sich nur detektieren bei entsprechend niedrig beginnenden Drähten. Dagegen wird Untergraben nicht erkannt.

Überwachungsbereiche

Es können beispielsweise bei einem System von einer Zentraleinheit 3 Zonen verwaltet werden, wobei jede Zone nicht länger als 300 m sein sollte. Standardlängen der Zaunpfosten bzw. der Montageleisten am Grundzaun gibt es bis zu 3 m, aber auch in Sonderlängen darüber hinausgehend.

Eine Detektion erfolgt nur über die gesamte Zone. Eine genaue Feststellung des Auslöseortes ist nicht möglich.

Einflüsse/Falschalarmrisiko

Fehlalarme können naturgemäß nicht nur durch Menschen, sondern auch durch Tiere ausgelöst werden. Daher ist dafür Sorge zu tragen, dass Tiere nicht in den überwachten Bereich gelangen können (z.B. Wildzaun). Auch Zaunvibrationen können unerwünschte Alarme auslösen, weshalb für einen einwandfrei gespannten Zaun zu sorgen ist.

Wetter kann ebenfalls ein Auslöser sein, denn dichter Nebel oder starker Regen- und Schneefall führen dazu, dass eine leitende Verbindung zum Zaun bzw. zum Boden entsteht. Ein solcher Auslöser ist bei den unteren Drähten auch ansteigender Bewuchs und eine steigende Schneedecke, wobei eine nach und nach teilweise leitende Verbindung zum Boden, je nach System, zu einer entsprechenden Meldung führen kann.

Wartung/Reparatur

Zur Inspektion/Wartung gehört die Kontrolle der Drähte, ob sie beschädigt oder an einer Stelle festgeklemmt sind. Das ist je nach Gesamtlänge der Überwachung und der Anzahl der übereinander angeordneten Drähte sehr zeitintensiv.

Da es sich um ein einfach strukturiertes System handelt, sind Reparaturen einfach und dementsprechend auch kostengünstig durchzuführen.

Kosten

Bei einem Vergleich mit anderen Systemen, egal mit welchem Detektionsprinzip, ist zu berücksichtigen, dass eine einerseits einfache und damit preiswerte Technik einem entsprechenden Arbeitsaufwand für die Vielzahl an zu verlegenden und zu spannenden Drähten gegenüber steht.

4.7.3 Arbeitsschutz

Neben den allgemeinen Anforderungen an den Arbeitsschutz, insbesondere die Handhabung gespannter dünner Drähte und das Arbeiten auf Leitern bzw. mit Gerüsten/Hubgeräten, kommt eine erhebliche Gefährdung hinzu. Es lässt sich nicht immer vermeiden, dass an diesem Detektionssystem gearbeitet wird, wenn es unter Hochspannung steht, insbesondere zu Prüfzwecken.

Neben isoliertem Werkzeug ist auf eine entsprechend isolierende Kleidung zu achten. Zusätzlich zur persönlichen Schutzausrüstung (PSA) ist diese Situation in der Gefährdungsbeurteilung für den Arbeitsplatz der Mitarbeiter einzubeziehen. Besonderer Wert ist auf eine Sicherung durch Gurte zu legen, um einen Sturz bei einem versehentlich erlangten Stromschlag zu verhindern.

5 Detektion im Boden

5.1 Allgemeines

Hierbei handelt es sich um Detektionssysteme, deren Wirkungs- bzw. Überwachungsbereich sich auf den Raum innerhalb und unmittelbar oberhalb des Erdbodens erstreckt und die nicht an ein körperliches Perimeter gebunden sind. Sie sind in den meisten Fällen die Ergänzung einer mechanischen Barriere (Mauer/Zaun).

Die Systeme selber bieten keinen Widerstand bzw. haben keinen Widerstandszeitwert. Folglich kann zwar eine Meldung über das Eindringen von Personen bzw. Fahrzeugen weitergeleitet werden, der/die Täter werden aber nicht aufgehalten.

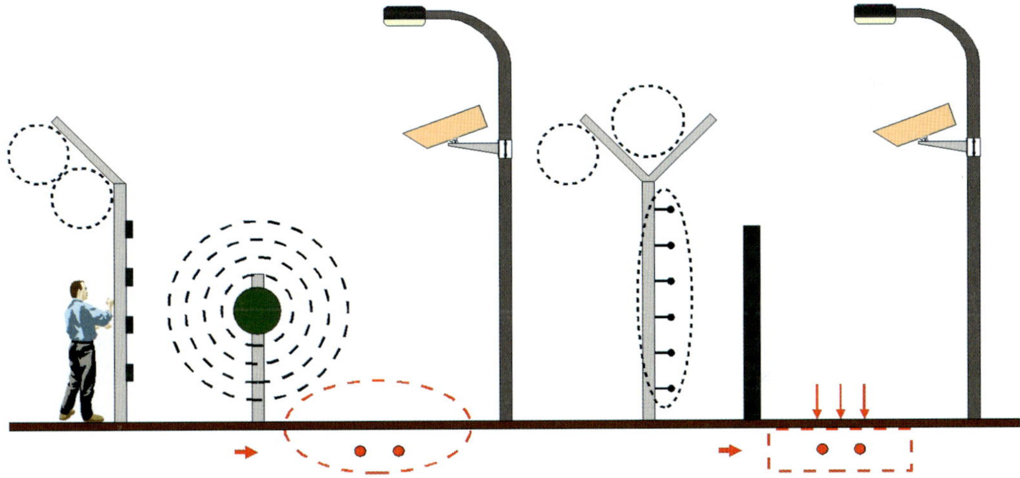

Abb. 5.1.1: Detektion im Boden

Es ist zu berücksichtigen, dass diese Detektionssysteme nicht den Umgebungsbereich außerhalb des zu sichernden Areals überwachen, sondern den inneren Bereich. Das bedeutet, dass ein Täter bereits die äußere mechanische Barriere (Mauer/Zaun) überwunden hat und sich vor dem inneren Zaun befindet oder ggf. schon auf dem Weg zum eigentlichen Zielobjekt ist.

Bei der Detektion im Boden lassen sich die Systeme in zwei Gruppen aufteilen:

- Systeme mit statischem Grundprinzip,
- Systeme mit magnetischem Grundprinzip.

In der Literatur wird immer wieder danach unterschieden, wie schnell sich ein Täter durch das Detektionsfeld hindurch bewegt. Es wird dabei festgelegt, wie schnell eine gehende, laufende, rennende Person ist. Da sich jeder Mensch individuell fortbewegt, können diese Werte nur als Einzelfälle und dabei auch nur als Anhaltspunkt zu sehen sein. Es gibt keinen „normierten

Täter", der nach einem immer wieder gleichen Tatablauf vorgeht. Folglich sind immer alle objekt- und täterspezifischen Faktoren einzukalkulieren. Dort, wo der Zeitfaktor eine Rolle spielt, wird explizit darauf hingewiesen.

In den nachfolgenden Abschnitten 5.2 bis 5.7 werden einige Detektionssysteme vorgestellt. Diese Vorstellung besitzt keinen Anspruch auf Vollständigkeit.

Wichtig ist vor allem, dass bei den einzelnen Systemen ersichtlich ist, wie sie allgemein funktionieren und wo ggf. Probleme beim Einsatz in bestimmten Projekten auftreten können.

ACHTUNG!

Es handelt sich bei der Auflistung der Detektionsprinzipien nicht um eine Wertung oder einen Vergleich der von unterschiedlichen Herstellern angebotenen Systeme.

5.1.1 Systemübergreifende Bedingungen

Umgebungsbedingungen allgemein

In der Fachliteratur wird – allgemein gehalten – darauf hingewiesen, dass Bodendetektionssysteme bestimmte Entfernungen, z. B. zu einem Zaun, einhalten sollten. Bei diesen Aussagen geht es aber nur darum, Einflüsse auf das System und damit in Verbindung stehende Falschalarme zu verhindern. Dabei gibt es aber auch Dinge, die von außen auf die im Boden verlegten Elemente einwirken und neben Falschalarmen auch Schäden am System verursachen können.

Insbesondere bei großen Arealen, z.B. Flughäfen und Raffinerien, sind zwischen der äußeren Perimeterabgrenzung und den nächstgelegenen Gebäuden oder Fahrwegen große unberührte Freiflächen anzutreffen. Niederwild sollte hier durch geeignete Maßnahmen davon abgehalten werden, die Detektionsbereiche zu durchqueren (siehe Abschnitt 2.3.1). Dies darf aber nicht nur oberirdisch betrachtet werden. Wildkaninchen – aber nicht nur diese – haben beispielsweise die Angewohnheit, in solchen Bereichen den Untergrund mit ihren Bauten zu durchziehen. Kommen sie in den Bereich der Detektion, kann es permanent Falschalarme geben, ohne dass die Ursache „zu sehen" ist, selbst für die beste Videotechnik nicht. Kann das System kleine Gegenstände wie (oberirdische) Tiere ausblenden, so ist dieses Problem zuerst einmal gelöst. Kommen die Tiere dann aber unter der Erde an die Schläuche und Leitungen des Bodendetektionssystems, beginnt „das große Knabbern".

Der Auftraggeber ist in der Beratung auf dieses Risiko hinzuweisen und zu seinem Kenntnisstand über bisherige Probleme mit Tieren innerhalb des Objektgeländes oder in unmittelbarer Nachbarschaft zu befragen. Wenn später für die Reparatur beschädigter Sensoren Erd-, Pflaster- oder sogar Straßenbauarbeiten notwendig werden, stellt der Nutzer zuerst einmal die Frage nach dem Verantwortlichen, der die Möglichkeit eines solchen Schadensereignisses hätte vorher erkennen müssen.

Neben der Tierwelt spielt bei der Bodendetektion auch die Pflanzenwelt eine wichtige Rolle. Es wird in Unterlagen sogar dargestellt, dass Detektionssysteme selbst im unmittelbaren Bereich von Sträuchern und Bäumen in den Boden verbracht werden „könnten". Das sollte natürlich nicht geschehen. Unabhängig von einer direkten Beeinflussung der Systeme spielt ein weiterer ganz wichtiger Aspekt eine Rolle, warum Bäume und Sträucher ggf. erst in größerer Entfernung zulässig sind.

Es gibt zwei Beispiele, die jedem bekannt sein dürften und das Problem illustrieren:

- Nach jedem Sturm sind entwurzelte Bäume zu sehen. Einige dieser Bäume haben ein Wurzelwerk, das wie ein Knäuel aussieht; die sogenannten Pfahlwurzler (Abbildung 5.1.2 li.). Andere dagegen zeigen ein tellerförmiges Wurzelwerk, das etliche Meter im Durchmesser erreichen kann; die sogenannten Flachwurzler (Abbildung 5.1.2 re.).
- Gehwege und Fahrbahnen heben sich an, wenn in ihrer Nähe bestimmte Bäume stehen; ebenfalls Flachwurzler.

Abb. 5.1.2: Pfahlwurzler und Flachwurzler

Flachwurzler sind Bäume und Sträucher, deren Wurzeln sich tellerförmig an bzw. dicht unter der Erdoberfläche ausbreiten. Je größer beispielsweise ein solcher Baum ist, umso weiter entfernt verlaufen seine Wurzeln, um ihn zu stützen. Aber genau in der relevanten Tiefe verlaufen auch die Sensoren der Detektionssysteme. Die Wurzeln entwickeln eine so große Kraft, dass sie Risse in Beton entstehen lassen können. Das bedeutet im Falle von Bodendetektionssystemen, dass

- es bei entsprechender Bodenbeschaffenheit (z.B. Kies, Schotter) zu Bewegungen bzw. Geräuschen im Boden kommen kann, die vom System erkannt werden und
- die sich ausbreitenden Wurzeln die Sensorik verändern und auch beschädigen können.

Typische und bekannte Vertreter der Flachwurzler bei den Bäumen sind Birke, Fichte, Pappel, Tanne, Weide und bei den Sträuchern sind es Flieder, Haselnuss, Holunder, Rhododendron u. a. Da Planer und Errichter i. d. R. keine Botaniker sind, gilt auch hier, was gleichermaßen für die zuvor genannten Tiere gilt: den Auftraggeber über die sich möglicherweise ergebenden Probleme informieren und dies dokumentieren. Dann ist dieser dafür verantwortlich, wenn durch entsprechenden Pflanzenwuchs Falschalarme und Schäden an der Sensorik entstehen.

Unsichtbar oder doch sichtbar?

Bodendetektionssysteme werden allgemein als „nicht sichtbare" Systeme bezeichnet. Diese Bezeichnung ist nur zum Teil richtig. Wie bei den zuvor beschriebenen Problemen mit Tieren und Pflanzen wird nur die nach dem Einbau der Sensoren ins Erdreich rekultivierte Fläche betrachtet und dann davon ausgegangen, dass ein Täter beim Überqueren der detektierten Fläche die Sensoren nicht sieht bzw. nicht erkennen kann, um welches System es sich handelt.

Abb. 5.1.3: Unsichtbar?

Es ist aber wichtig, alle mit diesem Einbau in Verbindung stehenden Fakten zu berücksichtigen:

- Je länger die Erdarbeiten andauern, umso einfacher ist es für Außenstehende, sich im wahrsten Sinne des Wortes ein Bild von der genauen Lage aller Komponenten zu machen. Je nach örtlicher Lage des Objektes und dem bereits ermittelten Risiko für dasselbe ist zu überlegen, ob nicht während der Ausführungszeit ein geeigneter Bauzaun mit Sichtschutz ungewollte Einblicke verhindern kann.
- Selbst ein Bauzaun ist aber nur eine Teilsicherheit, denn mit einfachen Mitteln ist für Außenstehende die exakte Lage der einzelnen Komponenten festzustellen. Dazu erfolgt ein unbemerkter Flug einer Minidrohne mit Kamera über das Gelände und eine anschließende maßstabsgetreue Umsetzung der Bilder in eine Detailzeichnung. Hier ist wieder ein Punkt erreicht, an dem festzuhalten ist, dass auch bei Straftätern der „Stand der Technik" kontinuierlich fortschreitet.
- Es geht aber auch ohne Drohne. Ein weiteres Problem sind Satellitenaufnahmen, wie beispielsweise die von Google Earth. Zwar werden die im Internet abrufbaren Bilder nur in sehr großen Abständen aktualisiert. Fällt aber die Installation der Sensoren mit abgetragener Erde und bereits verlegten Leitungen genau in diesen Bildwechsel, so sind für sehr lange Zeit für Jedermann die detaillierten Lagebilder abrufbar. Ein weiterer Grund, um derartige Arbeiten schnellstmöglich zu erledigen und mit dem Verfüllen der Gräben nicht erst dann zu beginnen, wenn alle Leitungen offen verlegt sind.
- Und dann gibt es noch ein durch die Sicherheitsbranche hausgemachtes Problem, und zwar die mittlerweile fast unüberschaubare Flut von Zertifizierungen. Dabei sind es insbesondere ISO- und VdS-Zertifizierungen, bei denen Planer und Errichter aufgefordert werden, auch

ihre Projektunterlagen zur Überprüfung vorzulegen. Außerdem werden Zertifizierer selber geprüft, teils sogar von zusätzlichen externen Personen, die festzustellen haben, ob die Zertifizierer bei ihren Audits auch die Projektunterlagen korrekt und hinreichend prüfen.

So ist, abgesehen davon, dass Planer und Errichter u. a. aus Datenschutz- und Urheberrechtsgründen derartige Detailunterlagen ihrer Kunden nicht einfach weitergeben dürfen (siehe Kapitel 10), ab einem gewissen Punkt nicht mehr nachvollziehbar, wer alles Einsicht in die Unterlagen mit den Verlegeplänen der Sensoren genommen hat und was diese Personen mit diesem Wissen anfangen.

Der Errichter ist derjenige, der dafür zu sorgen hat, dass seine Anlagendokumentation nicht von Unbefugten einzusehen ist. Eine Zertifizierung bzw. ein dazugehöriges Audit sind keine Legitimation für die Weitergabe vertraulicher und u. U. als geheim einzustufender Unterlagen.

Arbeitsschutz

Die Arbeiten mit Detektionssystemen zählen teilweise zu den gefahrgeneigten Installationen und teilweise zu denen, bei denen unterschiedliche Gefahren auftreten können.

Ohne in diesem Werk auf den Arbeitsschutz im Detail einzugehen, sind bei den Detektionssystemen, bei denen immer mit entsprechenden Gefahren zu rechnen ist, Hinweise zu den Verpflichtungen des Planers/Errichters gegeben sowie Punkte angeführt, über die der Kunde/Nutzer informiert werden sollte, deren Umsetzung allerdings nicht Sache von Planern/Errichtern ist.

Abb. 5.1.4: Vielfältige Gefahren

Insbesondere bei unterschiedlichen Arbeiten und Gewerken, die sich in unmittelbarer Nachbarschaft zueinander befinden, steigt das Gefährdungspotential drastisch an. Daher ist es besonders wichtig, den Arbeitsschutz auf Baustellen einzuhalten (siehe Abschnitt 9.1.6).

5.2 Druckmelder

Die Bodenüberwachung in Bezug auf das Detektionskriterium Druckänderung bzw. Körperschall lässt sich in zwei Versionen realisieren, linienförmig und punktförmig.

5.2.1 Linienförmige Druckmelder

Bei linienförmigen Druckmeldern bzw. Druckänderungssensoren/-meldern werden entlang der zu sichernden Grenze (Zaun/Mauer) oder im Freigelände zwei Schlauchleitungen in paralleler Anordnung in den Boden eingelassen. Anschließend werden sie mit einer entsprechenden Flüssigkeit gefüllt und auf einen definierten Druck gebracht. Der Abstand der Schläuche beträgt 1 bis 1,5 m und die Verlegung erfolgt i. d. R. etwa 25 bis 30 cm unter der Erdoberfläche (Frostbereich!).

Beim Überqueren der detektierten Bodenfläche wird auf die Leitungen ein unterschiedlich hoher Druck ausgeübt, wobei der Druck in der Leitung am größten ist, über der eine Person steht bzw. auf die eine Person zugeht.

Abb. 5.2.1: Druckausübung

Von der Auswerteeinheit wird die Druckdifferenz zwischen den einzelnen Schlauchleitungen gemessen und ggf. als Alarm gemeldet.

Bei der umfangreichen Bearbeitung des Geländes während der Verlegung der Leitungen lässt sich eine Systemerkennung von außerhalb nicht vermeiden. Danach jedoch ist das System bei neutral wirkender Gestaltung des Bereiches nicht mehr erkennbar. Die Leitungen sind flexibel (Mindestbiegeradius der Schläuche beachten!) an das jeweilige Gelände anzupassen.

Voraussetzung für eine einwandfreie Funktion des Systems ist eine nicht zu feste Bodenstruktur, was bei einer tiefgehenden Vereisung des Bodens zum Problem werden kann. Geeignet sind Wiesen, feste Wege, gepflasterte Wege, Lehm, Schotter und Asphalt, aber kein Beton.

Da bei der Einstellung des Systems minimale Druckunterschiede, wie sie durch Kleintiere entstehen könnten, auszufiltern sind, bedeutet dies eine entsprechende punktuelle Mindestbelastung des Erdreiches. Das wiederum bedeutet aber auch, dass das System bei einer entsprechend großflächigen Gewichtsverteilung zu überwinden ist. Dies ist mit einfachen Hilfsmitteln ebenso möglich wie zum Beispiel bei einem tief gefrorenen Boden mit einer hohen Schneedecke darüber.

Abb. 5.2.2: Wechselnde Bodenverhältnisse

5.2.2 Anwendung

Eignung

Druckmeldesysteme sind dort gut einsetzbar, wo es auf eine frühzeitige Detektion ankommt und der Überwachungsbereich nicht sichtbar sein soll.

Detektion

Da es sich um ein reines Bodendetektionssystem handelt, werden hiermit die beiden Kriterien des Überschreitens (vom Kriechen bis zum Laufen) bzw. des Überfahrens des Detektionsbereiches ausgewertet. Wird ein System mit 2 x 2 Schläuchen verwendet, lässt sich auch die Richtung der Überwindung feststellen.

Überwachungsbereiche

Die Länge des Überwachungsbereiches ist je nach eingesetztem System verschieden und kann z. B. 100 m je Sensor betragen und je nach System insgesamt über 12 km betragen. Die Tiefe des Überwachungsbereiches liegt bei ca. 3 m, beim 4-Schlauch-System entsprechend bei ca. 6 m. Der Ort der Alarmauslösung kann bis auf wenige Meter genau lokalisiert werden.

Einflüsse/Falschalarmrisiko

Großflächige Wettereinflüsse wirken sich nicht auf das System aus, dafür aber Objekte im Nahbereich, die für entsprechend große Schwingungen sorgen. In der Nähe vorbeifahrende Züge können u. U. zur Auslösung führen.

Wartung/Reparatur

Die Wartung vereinfacht sich gegenüber anderen linienförmigen Sensoren, da eine visuelle Kontrolle der Schläuche aufgrund der Erdverlegung nicht möglich ist. Ein Funktionstest ist aber trotzdem entlang der Sensoren durchzuführen.

Reparaturen dagegen sind möglich, aber aufwendig, da Erdarbeiten erforderlich werden. Wurden die Schläuche z. B. durch Arbeiten in deren Bereich beschädigt, besteht das zusätzliche Problem, dass an der Schadstelle die Sensorflüssigkeit ins Erdreich versickert.

Kosten

Durch die Reduzierung des gesamten Systems auf nur wenige Komponenten handelt es sich prinzipiell um ein kostengünstiges System. Zu den reinen Anlagenkosten kommen aber immer noch die entsprechend aufwendigen Erdarbeiten, die je nach Untergrund die Gesamtkosten in die Höhe schnellen lassen können.

5.2.3 Arbeitsschutz

Neben den allgemein zu berücksichtigenden Gefährdungen bei den Arbeiten im Freigelände und den daraus resultierenden Arbeitsschutzmaßnahmen ist das Arbeiten mit der Flüssigkeit in den drucksensitiven Schläuchen zu berücksichtigen. Das können Äthylenglykol oder Propylenglykol sein. In der Gefährdungsbeurteilung ist der Umgang und die bei unsachgemäßem Umgang sich daraus ergebenden Gefährdungen für die Mitarbeiter mit einfließen zu lassen.

5.2.4 Punktförmige Druckmelder

Bei punktförmigen Druckmeldern (Körperschallmeldern) werden einzelne Sensoren, ähnlich den Körperschallmeldern am Perimeter, in einer Reihe in den Boden eingearbeitet. Sie sind mittels Kabel miteinander verbunden und die Auswertung ermöglicht eine sensorgenaue Lokalisierung der Ereignisse.

Unterschiede zu linienförmigen Systemen

1. Punktförmige Druckmelder lassen sich ebenfalls flexibel der jeweiligen Geländeform anpassen, haben dabei aber den Vorteil, dass die Verbindungskabel einen deutlich kleineren Biegeradius zulassen als die Druckschläuche. Dadurch sind sie insbesondere in Eckbereichen besser zu verlegen.
2. Ein weiterer Unterschied besteht in der zulässigen Überdeckung. Neben den zuvor genannten Bodenarten sind sie auch bei Beton einsetzbar.
3. Es handelt sich nicht um einen durchgängigen Detektionsbereich, der rechts und links der Strecke gleichmäßig verläuft, sondern jeder Sensor hat seinen eigenen Detektionsbereich mit einem Durchmesser von 2 bis 4 m. Bei zu großer Entfernung zwischen zwei Sensoren entstehen Überwachungslücken.

5.3 HF-Sensorkabel

Das HF-Sensorkabel (Leckkabel) besteht i. d. R. aus einem Sende- und einem Empfangskabel (Doppelkabel). Zwischen diesen beiden Kabeln wird ein elektrisches Feld aufgebaut, welches sich beim Durchqueren verändert und dadurch zu einer Auslösung führt. Es gibt auch die Möglichkeit, eine Detektion mit einem einzelnen entsprechend aufgebauten Kabel (Monokabel) auszuführen.

Die Basis für die Kabel ist ein Koaxkabel. Die Abschirmung weist bei diesen Kabeln jedoch Schlitze oder Löcher auf, sodass das eingespeiste HF-Signal aus dem Koaxkabel abgestrahlt und von dem zweiten Kabel wieder aufgenommen werden kann. (Bei der Einkabelversion sind Sende- und Empfangskabel in einem Mantel zusammen untergebracht.)

Die Kabel werden in einer Entfernung zueinander von etwa 0,9 bis 2,0 m im Boden verlegt, und das bei einer Tiefe von ca. 30 cm. Da der Bereich der sicheren Detektion entsprechend dem Abstand der beiden Kabel verhältnismäßig gering ist, kann die Tiefe des Überwachungsbereiches nur dadurch erhöht werden, dass mehrere Kabelpaare nebeneinander verlegt werden.

Abb. 5.3.1: Detektionsfeld

Die Detektion ist vom elektromagnetischen Querschnitt des zu detektierenden Objektes abhängig, woraus bereits ersichtlich wird, dass ein Mensch leichter zu detektieren ist als beispielsweise Vögel, die sich im Sensorbereich niederlassen. Bei einem System ist die verwendete Sendefrequenz 40,68 MHz. Die Körpergröße eines Menschen entspricht durchschnittlich etwa 1/4 dieser Wellenlänge, in der HF-Technik mit $\lambda/4$ bezeichnet.

Eine noch höhere Detektionssicherheit erreicht man mit diesem Sensorkabel, wenn es mit dem zuvor beschriebenen linienförmigen Druckmelder (siehe Abschnitt 5.2.1) kombiniert wird. Während der sein Detektionsbereich im Boden hat, liegt das Detektionsfeld des HF-Sensorkabels genau darüber.

5.3.1 Anwendung

Eignung

Druckmeldesysteme sind dort gut einsetzbar, wo es auf eine frühzeitige Detektion ankommt und der Überwachungsbereich nicht sichtbar sein soll.

Detektion

Da es sich um ein reines Bodendetektionssystem handelt, werden hiermit die beiden Kriterien des Überschreitens (vom Kriechen bis zum Laufen) bzw. des Überfahrens des Detektionsbereiches ausgewertet. Wichtig ist dabei die elektrisch leitende Masse des zu detektierenden Objektes.

Überwachungsbereiche

Der Überwachungsbereich ist von verschiedenen Faktoren abhängig. Dazu gehört zuerst einmal die Verlegung des Kabels, was die Tiefe anbelangt, und der optimale Abstand. Das Feld kann beispielsweise eine Höhe von 1,25 m und eine Breite von bis zu 3 m haben. Je nach verwendetem System kann die Überwachungslänge z. B. bei einer Auswerteeinheit mit 2 Sensorkabelpaaren bis zu 800 m betragen.

Einflüsse/Falschalarmrisiko

Witterungseinflüsse werden weitestgehend ausgefiltert. Zu Einflussgrößen, z. B. Metallzäune in unmittelbarer Nähe oder vorbeifahrende Fahrzeuge, ist ebenso ein ausreichender Abstand zu halten wie zu in der Erde verlegten Leitungen und Rohren (Ver- und Entsorgung).

Wartung/Reparatur

Die Wartung beschränkt sich auf den Funktionstest entlang der Sensoren. Reparaturen sind möglich, aber aufwendig, da Erdarbeiten erforderlich werden.

Kosten

Durch die Reduzierung des gesamten Systems auf nur wenige Komponenten, handelt es sich prinzipiell um ein kostengünstiges System. Zu den reinen Anlagenkosten kommen aber immer noch die entsprechend aufwendigen Erdarbeiten, die je nach Untergrund die Gesamtkosten in die Höhe schnellen lassen können.

5.4 Mikrofonkabel

Mikrofonkabel lassen sich, ebenso wie Körperschallmelder, sowohl am Perimeter als auch im Boden eingelassen verwenden. Die allgemeine Funktionsweise wurde bereits im Abschnitt 4.4 beschrieben.

Anders als am Zaun, wo alle Geräusche und die damit verbundenen Schwingungen ungehindert auf das Mikrofonkabel einwirken können, ist bei der Verlegung im Boden daran zu denken, dass die darüber befindliche Erdabdeckung eine starke Dämpfung bewirkt. Das heißt im Umkehrschluss, dass

- großflächige Einwirkungen, wie beispielsweise ein Hagelschauer, zu einem entsprechend starken Signal führen, während ein zur gleichen Zeit durchgeführtes vorsichtiges Gehen davon überlagert wird und eine Alarmauslösung eher unwahrscheinlich ist,

- alles, was oberhalb der Erde in diesem Bereich zu liegen kommt, sowohl Hilfsmittel von Tätern als auch eine entsprechende Schneedecke, das aufzunehmende Geräusch noch weiter bedämpft, bis eine Auswertung nicht mehr möglich ist.

Es ist bei der Planung genau zu überlegen, in welchen Bereichen eine Bodendetektion mittels Mikrofonkabel sinnvoll ist.

Weil die Anwendung des Mikrofonkabels im Boden weitgehend identisch ist mit der Verlegung am Perimeter, wird hier auf die Ausführungen im Abschnitt 4.4.1 verwiesen. Bei der Detektion im Freigelände wird allerdings vorrangig das Überqueren und Überfahren des Detektionsbereiches zur Alarmauslösung führen, während das Unterkriechen und Untergaben eines Zaunes nur dann detektierbar ist, wenn das Mikrofonkabel in unmittelbarer Nähe des Perimeters verlegt wird.

Letztendlich gehört hierzu auch die Detektion des Übersteigens, Durchdringens und des Durchbrechens des Perimeters, aber erst unmittelbar nach der Überwindung desselben.

5.5 LWL-Kabel

Zu Detektionssystemen auf Basis von Lichtwellenleitern erfolgten bereits in den Abschnitten 4.3.5 bis 4.3.7 entsprechende Ausführungen.

LWL-Systeme lassen sich aber nicht nur am Perimeter einsetzen, sondern auch bei der Überwachung von Freiflächen zwischen Perimeter und Objekten. Dabei sind allerdings nur solche Systeme geeignet, die nicht ausschließlich die reine Unterbrechung des LWLs detektieren.

Das LWL-Kabel wird mäanderförmig nach Angaben des Herstellers im Boden verlegt. Ein Überwinden durch Überqueren und Überfahren führt zu einer entsprechenden Verformung des LWL und damit zu einer Veränderung des Lichtsignals.

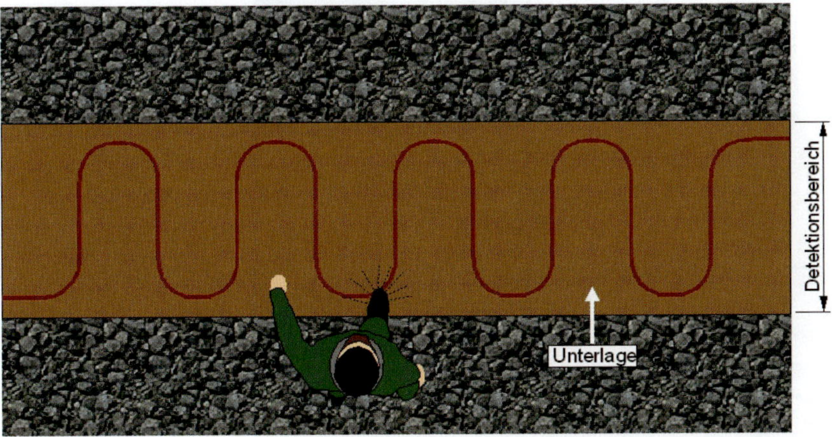

Abb. 5.5.1: Verlegung des LWL

Durch die mäanderförmige Verlegeweise reduziert sich natürlich die maximale Länge des Detektionsbereiches pro Kabel. Notfalls sind mehrere Detektionsbereiche hintereinander anzuordnen.

Der Einsatz von LWL-Kabeln setzt aber voraus, dass der Untergrund so „weich" ist, dass eine Verformung der Glasfaser stattfinden kann. Folglich sind Einschränkungen durch zu tiefe Verlegung oder innerhalb eines Bodens, der bei Frost nicht nachgeben kann, Problemfälle, die bei der Planung bereits zu berücksichtigen sind.

Andererseits darf der Boden um den LWL herum nicht zu fest und aus scharfkantigen Steinen bestehen, die bei jedem, auch berechtigten, Überqueren des Bereiches Schäden am LWL verursachen würden. Reparaturen beim LWL im Boden sind aufgrund der Erdarbeiten naturgemäß aufwendiger und damit teuer. Ggf. muss zumindest unter dem LWL ein geeigneter Schutz verlegt werden.

Bei nur geringer Breite des Detektionsbereiches und der Möglichkeit für Außenstehende, die Verlegearbeiten zu beobachten, besteht natürlich die Gefahr, dass durch einen Sprung oder mithilfe geeigneter Hilfsmittel eine Überwindung ohne Alarmierung möglich wird. Hilfsmittel können Klappleitern ebenso sein, wie auch Bretter, die das Gewicht eines Täters großflächig verteilen, wenn die Empfindlichkeit nicht anzupassen ist.

Die Überlegung, die langen Strecken mit LWL mehrfach zu nutzen und gleichzeitig z. B. Videodaten mit zu übertragen (VdS 3143), ist einer genauen Überlegung zu unterziehen. Eine Doppelnutzung des LWL kommt nur dort in Frage, wo ein Durchtrennen des Kabels nicht zu erwarten ist. Und selbst dann ist darauf zu achten, dass Anlagen, die nichts mit der Sicherheit zu tun haben, keinen Einfluss auf die Sicherheit haben können.

Eine andere Variante der LWL-Anwendung ist das Verlegen von Kunststoffbahnen, in denen die LWL direkt eingearbeitet sind. Hiermit lassen sich sowohl Freiflächen als auch Wege und vor allem Dachflächen überwachen.

Abb. 5.5.2: LWL-System StepGARD

Das System detektiert einerseits die Druckänderung bei einer Belastung von wenigen Gramm bis zu mehreren Tonnen. So lässt sich z. B. bei Haustieren die Alarmschwelle so regeln, dass das Überqueren der Haustiere zu keiner Alarmauslösung führt, Personen jedoch detektiert werden. Dabei ist aber genau zu überlegen, welche Tiere auszuklammern sind. Ein Rottweiler beispielsweise wiegt mit 40 bis 50 kg so viel wie eine Frau bzw. ein eher kleinerer, schmächtiger Mann. Ein Bernhardiner kann sogar bis zu 80 kg erreichen. Wenn derartige Tiere nicht zum Alarm führen sollen, kann eine sichere Detektion eines Täters nicht gewährleistet werden.

Andererseits funktioniert aber auch die umgekehrte Richtung, und zwar die Entlastung, wodurch sich das System auch zur Detektion des Diebstahls von Objekten eignet (im Industriebereich bei definierten Lagerplätzen von Maschinen, im öffentlichen und privaten Bereich, z. B. bei Skulpturen).

5.5.1 Anwendung

Eignung

In der Freigeländeüberwachung gibt es zwei Anwendungen. Einerseits können Freiflächen überwacht werden, andererseits ist eine zusätzliche Überwachung am Perimeter möglich, wenn speziell oder als Kombination zu Zaundetektionssystemen das Unterkriechen und -graben zu detektieren ist.

Detektion

Bei der Detektion im Freigelände wird das Überqueren und Überfahren des Detektionsbereiches zur Alarmauslösung führen, am Perimeter das Unterkriechen und Untergaben. Letztendlich gehört zu Letzterem auch die Detektion des Übersteigens, Durchdringens und des Durchbrechens des Perimeters, aber erst unmittelbar nach der Überwindung des Perimeters.

Überwachungsbereiche

Die Überwachungsbereiche sind bei den einzelnen Systemen deutlich unterschiedlich und können einerseits bis zu mehreren Kilometern betragen und andererseits durch mäanderförmige Verlegung deutlich weniger.

Bei Systemen mit Laufzeitmessung des Signals lassen sich die Angriffsstellen sehr genau feststellen, was eine genaue Positionierung von Kameras auf diese Stellen ermöglicht.

Einflüsse/Falschalarmrisiko

Der Winter kann zum Problem werden, denn je höher der Schnee und je fester er gefroren ist, umso geringer wird die Wahrscheinlichkeit einer einwandfreien Detektion. Insbesondere in den sogenannten Permafrostbereichen ist die Detektionswahrscheinlichkeit gering. Einzelne Systeme sind lernfähig und erkennen eine langsam ansteigende Schneedecke und blenden dies aus.

Starke Schwingungen, ausgelöst durch unmittelbar in der Nähe befindliche Straßen mit Schwerlastverkehr und durch Bahntrassen, können das System auslösen, ohne dass ein alarmrelevantes Ereignis stattfindet.

Falschalarme können auch durch starken Bewuchs in der Nähe ausgelöst werden. Darauf ist bereits bei der Planung zu achten, insbesondere auf die sogenannten Flachwurzler (siehe Abschnitt 5.1.1).

Wartung/Reparatur

Dies entspricht der Anwendung am Perimeter (Abschnitt 4.3.6).

Kosten

Dies entspricht der Anwendung am Perimeter (Abschnitt 4.3.6).

5.5.2 Arbeitsschutz

Auch die Berücksichtigung des Arbeitsschutzes entspricht prinzipiell dem Abschnitt 4.3.7. Allerdings erfolgen die Arbeiten im Freigelände ggf. im direkten Zusammenhang mit Erdbewegungsmaschinen, was das Gefährdungspotential für die Mitarbeiter des Errichters des Sensorsystems deutlich erhöht.

Ein zusätzliches Risiko entsteht immer dann, wenn an Stelle von IR-Licht im LWL Laserlicht Verwendung findet. Das ist eine besondere Gefährdung, die in der Gefährdungsbeurteilung für die Arbeitsplätze der Mitarbeiter einfließen muss.

6 Detektion über dem Boden

6.1 Allgemeines

Wie auch die im vorangegangenen Kapitel beschriebenen Detektionssysteme im Boden, so sind auch die nachfolgenden Detektionssysteme über dem Boden in den meisten Fällen die Ergänzung einer mechanischen Barriere. Systeme und Detektionsbereiche befinden sich beide über dem Boden. Sie selber bieten keinen Widerstand, was bedeutet, eine Meldung über das Eindringen von Personen bzw. Fahrzeugen kann weitergeleitet werden, der/die Täter werden aber nicht aufgehalten.

Abb. 6.1.1: Detektion im Freigelände

Weiterhin ist zu berücksichtigen, dass diese Detektionssysteme nicht den Umgebungsbereich außerhalb des zu sichernden Areals überwachen, sondern den inneren Bereich. Das bedeutet, dass der Täter die äußere mechanische Barriere (Mauer/Zaun) bereits überwunden hat und sich vor dem inneren Zaun befindet oder sogar schon auf dem Weg zum Zielobjekt ist.

Bei der Detektion über dem Boden gibt es zwei Gruppen, in die die einzelnen Systeme aufzuteilen sind:

- Systeme, deren Überwachungsbereiche nur aus einer eng begrenzten Fläche bestehen (siehe Abschnitt 6.2/6.3),
- Systeme, deren Überwachungsbereiche volumetrisch und damit dreidimensional ausgerichtet sind (siehe Abschnitt 6.4/6.5).

Gelegentlich wird auch hier danach unterschieden, wie schnell sich ein Täter durch das Detektionsfeld hindurchbewegt. Da bereits im vorangegangenen Kapitel aufgezeigt wurde, dass es den „normierten Täter" nicht gibt, gilt auch hier, dass nicht vorhersehbar ist, in welcher Zeit der Täter

z. B. die Strecke vom Zaun zum Gebäude überwindet. Es sind immer alle objekt- und täterspezifischen Faktoren einzukalkulieren. Bei Systemen wie den Lichtschranken (siehe Abschnitt 6.2), bei denen der Zeitfaktor eine Rolle spielt, wird explizit darauf hingewiesen.

Nachfolgend werden einige dieser Detektionssysteme vorgestellt. Diese Vorstellung besitzt allerdings keinen Anspruch auf Vollständigkeit.

Wichtig ist vor allem, dass bei den einzelnen Systemen ersichtlich ist, wie sie allgemein funktionieren und wo ggf. Probleme beim Einsatz in bestimmten Objekten oder bei bestimmten Umweltbedingungen auftreten können.

Es handelt sich bei der nachfolgenden Auflistung nicht um eine Wertung oder einen Vergleich der von unterschiedlichen Herstellern angebotenen Systeme.

Arbeitsschutz

Die Arbeiten mit Detektionssystemen zählen teilweise zu den gefahrgeneigten Installationen und teilweise zu denen, bei denen unterschiedliche Gefahren auftreten können.

Ohne in diesem Werk auf den Arbeitsschutz im Detail einzugehen, sind bei den Detektionssystemen, bei denen immer mit entsprechenden Gefahren zu rechnen ist, Hinweise zu den Verpflichtungen des Planers/Errichters gegeben sowie Punkte angeführt, über die der Kunde/Nutzer informiert werden sollte, deren Umsetzung allerdings nicht Sache von Planern/Errichtern ist.

6.2 Infrarot-Lichtschranken (ILS)

Lichtschranken sind ein aktives, „nicht sichtbares“, optisches System, mit dessen Hilfe der Durchgang von Personen bzw. die Durchfahrt von Fahrzeugen detektiert wird. Bereits in diesem Satz stecken die ersten beiden Probleme beim Einsatz von Lichtschranken, die in der weiteren Betrachtung dieses Systems berücksichtigt werden müssen:

- Wo von Einzelpersonen bis hin zu Fahrzeugen alles detektiert wird, werden auch Tiere und andere Gegenstände detektiert, deren Anwesenheit aber (meistens) zu keinem Schadensereignis führt.
- Nicht sichtbar ist eine relative Aussage. Sie bezieht sich nur auf das direkte Sehen mit dem menschlichen Auge (siehe Abschnitt 6.2.4).

6.2.1 Aufbau und Funktion

Die Grundfunktion einer Lichtschranke besteht darin, dass in einem Sender eine Infrarotdiode einen Lichtstrahl (z. B. 890 nm, 940 nm je nach Typ) aussendet, dieser durch eine Linse fokussiert wird, auf einen Spiegel triff, von diesem abgelenkt und dann in Richtung des Empfängers abgestrahlt wird.

Es gibt unterschiedliche Ausführungen. In der Perimetersicherheit wird i. d. R. mit Profilsäulen gearbeitet, in denen mehrere LS-Elemente untergebracht sind. Da der IR-Strahl nicht so exakt ist wie beispielsweise ein Laserstrahl, bedeutet das, ein von einem Sender ausgestrahltes Licht dehnt sich immer mehr aus, je weiter der Empfänger entfernt ist. Damit können neben dem eigentlich zugeordneten Empfänger auch benachbarte Empfänger durch das Licht beeinflusst werden. Das bedeutet für die einfache Ausführung mit einer Reihe von Sendern in einer Säule und den Empfängern in der anderen, dass die Entfernung der Lichtstrahlen zueinander so groß sein muss, dass keine gegenseitige Beeinflussung stattfinden kann.

Um aber ein Lichtgitter aufzubauen, bei dem eine Vielzahl an Lichtstrahlen dicht übereinander liegt, bedarf es eines gepulsten Lichtstrahls und einer Synchronisierung der einzelnen LS-Paare, damit feststeht, dass jeder Empfänger auch nur das Signal erhält, das der ihm zugewiesene Sender gerade ausgesendet hat. Das wiederum zeigt, dass alleine für den Aufbau eines Lichtgitters mit zwei Säulen bereits ein erheblicher Aufwand an Verkabelung notwendig ist, um eine einwandfreie Funktion zu garantieren.

Und obwohl mittlerweile fertig aufgebaute Säulen, vorkonfektionierte Kabelsätze usw. zu bekommen sind, ist mit einem - gegenüber Bewegungsmeldern - vergleichsweise hohen Arbeitsaufwand zu rechnen für die Montage, die Verschaltung und die abschließende Einjustierung aller Lichtstrahlen.

Allen Säulenanlagen ist eines gemeinsam: Da Sender und Empfänger komplexe Baugruppen sind, benötigen sie auch einen entsprechenden Teilbereich der Säule. Somit ist im Idealfall der Mindestabstand zwischen zwei Lichtstrahlen so groß wie ein Sender/Empfänger. Da aber ggf. weitere Bauteile in der Säule unterzubringen sind, wie Heizelemente für die Frontscheiben und die Verkabelung, vergrößert sich dieser Mindestabstand entsprechend.

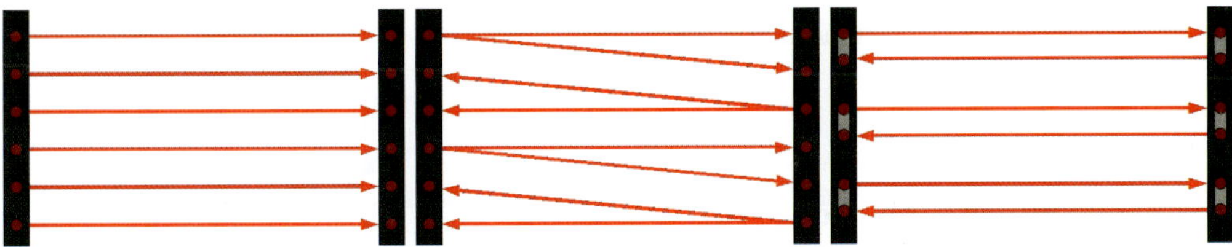

Abb. 6.2.1: Lichtschrankenvariationen

In Abbildung 6.2.1 sind beispielhaft verschiedene Varianten aufgezeigt, wie die einzelnen Strecken angeordnet sein können. Die Pfeile zeigen die jeweilige Richtung vom Sender zum Empfänger an.

Es gibt zwar auch die Möglichkeit, Sender und Empfänger in der gleichen Säule zu montieren und den Lichtstrahl von einem in der gegenüberliegenden Säule montierten Spiegel umlenken zu lassen. Im Freigelände mit den dort vorzugsweise großen Distanzen bedeutet dies aber einerseits eine entsprechende Abnahme der Helligkeit des Lichtstrahls und andererseits wirken alle Störfaktoren, wie das Wetter, gleich zweimal auf jede Verbindung. Diese Variante sollte, wenn überhaupt, nur im Innenbereich bei idealen Bedingungen und kurzen Distanzen eingesetzt werden.

6.2.2 Einsatzmöglichkeiten

Lichtschranken sind in der Perimetersicherung i. d. R. eine Ergänzung der Mechanik (Mauer oder Zaun). Sie werden dann eingesetzt, wenn die Mechanik nicht mit einem Detektionssystem ausgestattet ist oder wenn ein entsprechend hohes Schutzniveau gefordert ist, und zwar als zusätzliche Detektion. Sie lassen sich aber auch autark aufbauen, sei es fest installiert oder für den mobilen Einsatz.

Ein Widerstandswert ist in allen genannten Fällen nicht gegeben. Lediglich bei dem Versuch, eine Lichtschrankenstrecke unbemerkt zu überwinden, ist ein gewisser Zeitfaktor mit im Spiel. Das ist aber davon abhängig, was Täter vorhaben:

- Sind das Ziel einer Tat unmittelbar hinter der Lichtschrankenstrecke befindliche Gegenstände, die sehr schnell zu entfernen sind, spielt es keine Rolle, ob dabei ein Alarm ausgelöst wurde.
- Müssen größere Gegenstände abtransportiert werden oder liegt das eigentliche Ziel weiter im Inneren des Geländes, vielleicht noch in Verbindung mit der Überwindung einer Einbruchmeldeanlage, so kann man davon ausgehen, dass zumindest auf dem Hinweg versucht wird, die Lichtschranken unbemerkt zu überwinden.

Lichtschranken haben einen Totpunkt, die Säule. Daher sind diese so zu platzieren, dass die Infrarotstrahlen eine geschlossene „Barriere" ergeben. Wenn sich dabei zwei Bereiche kreuzen, so spielt das keine Rolle, denn eine gegenseitige Beeinflussung findet dabei nicht statt. Das trifft selbst dann zu, wenn zwei Strecken direkt parallel zueinander verlaufen.

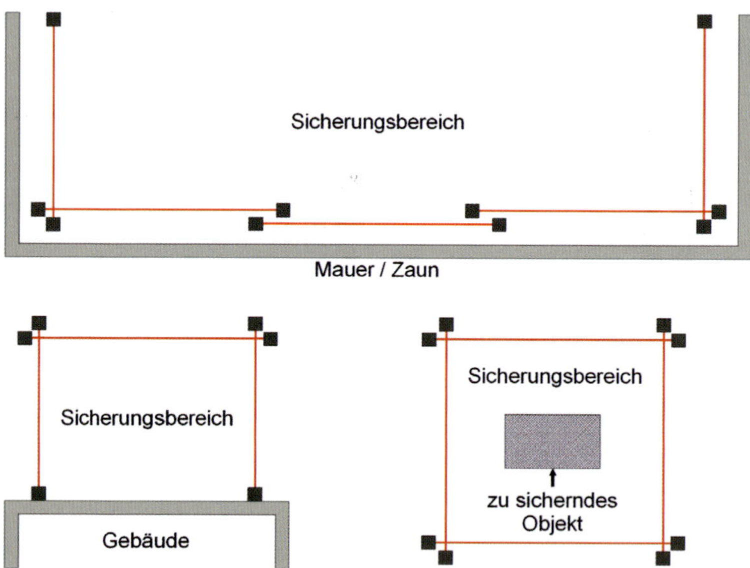

Abb. 6.2.2: Lichtschrankenstrecken

6.2.3 Stromversorgung

Zwar verbrauchen elektronische Schaltungen im Verlauf ihrer Weiterentwicklung immer weniger Strom, jedoch zählen Lichtschranken in der Sicherheitstechnik nach wie vor zu den „Stromfressern". Von daher ist diesem Punkt bereits bei der Planung ein besonderes Augenmerk zu schenken.

Lichtschrankenstrecken bestehen je nach Überwachungsfläche aus einer Vielzahl an Einzelkomponenten, die Strom verbrauchen. Das sind neben den Sendern und Empfängern Zusatzschaltungen und vor allem die Heizelemente. Da es sich um ein sicherheitsrelevantes System handelt, geht es nicht nur um die direkte Stromversorgung, sondern auch um die Notstromversorgung. Wie die Tabelle in Abbildung 6.2.3 zeigt, sind sowohl Strom- als auch Notstromversorgung (Akkukapazitäten) nicht unerheblich, wobei in den beiden Berechnungen weder weitere Komponenten wie beispielsweise Anschlusselemente eingerechnet wurden noch die Leitungsverluste für die langen Versorgungsleitungen in einem weitläufigen Freigelände.

Strom- bzw- Notstromversorgung von Lichtschranken				
Komponenten	Säulen mit Einzelelementen		Kompakt-LS	
	Anzahl	Einheit	Anzahl	Einheit
LS-Strecken	4	Stk.	4	Stk.
S/E je Strecke	6	Stk.	6	Stk.
Säulenhöhe	3	m	-	m
Stromverbrauch je Einheit				
Sender/Empfänger	60	mA je Paar	250	mA je Paar kpl.
Alarmspeicher und Disqualifikation	60	mA je Paar		integriert
Linsenheizung	160	mA je Paar		integriert
Säulenheizung	140	mA je m Säule		integriert
Stromverbrauch gesamt				
je Strecke	1,7	A	1,5	A
insgesamt	7,0	A	6,0	A
Notstromversorgung				
für 4 h	28	Ah	24	Ah
für 24 h	167	Ah	144	Ah
für 60 h	418	Ah	360	Ah

Abb. 6.2.3: Strombilanz

Zwar wird immer wieder empfohlen, insbesondere die Versorgung der Linsen- und Säulenheizungen gesondert einzurichten, wobei diese dann keine Notstromversorgung erhalten. Argumentiert wird damit, dass bei einem kurzzeitigen Stromausfall vorübergehend noch ausreichend Wärme in den LS bzw. LS-Säulen vorhanden ist, um keine Disqualifikation (siehe Abschnitt 6.2.4) ansprechen zu lassen oder einen Alarm auszulösen. Allerdings ist, je nach Orts- und Wetterlage, davon auszugehen, dass bei sehr tiefen Temperaturen die Restwärme sehr schnell entweicht, insbesondere durch die nicht isolierend wirkenden Abdeckungen und das Aluminium von Säulen. Beim erneuten Vorhandensein der Energieversorgung sind die „ausgekühlten" Elemente wieder auf Betriebstemperatur zu bringen und eine zu erwartende Betauung wieder aufzulösen.

Der sich dadurch ergebende Ausfall der Lichtschranken (Alarmzustand oder Disqualifikation) ist zwar nur vorübergehend, muss aber im Sicherungskonzept bereits Berücksichtigung finden, denn während dieser nicht kalkulierbaren Zeitspanne ist, je nach Sicherheitseinstufung des Objektes, eine separate Bewachung zu stellen. Für die dadurch entstehenden Kosten gilt i. d. R. das Verursacherprinzip.

Wird eine Notstromversorgung der gesamten Lichtschranken seitens des Auftraggebers z. B. aus Kostengründen abgelehnt, so muss er trotzdem auf die sich dadurch evtl. ergebende Sicherheitslücke hingewiesen und dies eindeutig dokumentiert werden.

6.2.4 Besonderheiten

Hier kommen wir auf die Aussagen vom Anfang des Kapitels zurück.

Tiere/Natur

Sofern ein Gelände nicht mit einem Wildschutzzaun ausgestattet ist, der selbst kleine Tiere, z. B. Hasen, davon abhält, in den Detektionsbereich zu gelangen, muss damit gerechnet werden, dass es zu Falschalarmen kommt, die einerseits jedes Mal einen Einsatz von Interventionskräften auslösen und andererseits die Akzeptanz für das gesamte System schwinden lassen.

Vielfach werden die untersten Lichtstrahlen so angeordnet, dass Kleintiere darunter hindurch können. Das ist zwar möglich, aber nicht sinnvoll. Ein Feldhase, der seine Löffel aufgestellt hat und sich dabei noch hoppelnd fortbewegt, hat eine Größe, die einer flach über dem Boden robbenden Person entspricht. Die jedoch soll zuverlässig detektiert werden.

Gleiches gilt für die Verknüpfung zweier Lichtstrahlen. Auch hierbei können Tiere ausgeschlossen werden, weil sie ggf. nicht so groß sind, dass sie beide Lichtstrahlen gleichzeitig unterbrechen. Ein Mensch in einer bestimmten Körperhaltung könnte dabei aber auch ausgeklammert werden.

Vögel werden theoretisch dadurch ausgeschlossen, dass die eingestellte Zeit, die der Lichtstrahl mindestens unterbrochen sein muss, um einen Alarm auszulösen, entsprechend lang gewählt wird. Ein Vogel durchquert ihn allgemein schneller als ein Mensch. Allerdings ist das davon abhängig, welche Vogelarten im Bereich des Überwachungsobjektes beheimatet sind. Sperlinge treten beispielsweise in Schwärmen auf, insbesondere nachdem Grünflächen gemäht wurden. Auch Zugvögel nutzen immer wieder die gleichen großen Freiflächen, um während ihrer Wanderung teils für mehrere Tage zu rasten. In solchen Fällen ist mit einem vermehrten Aufkommen an Falschalarmen zu rechnen.

Folglich ist durch mechanische Einrichtungen dafür zu sorgen, dass keine Tiere in den Bereich der Lichtschranken gelangen können. Ist das nicht möglich, muss der Nutzer vorher darauf hingewiesen werden, dass es zu Falschalarmen kommen wird. Bereits im Beratungsgespräch ist dieser Punkt anzusprechen und der Nutzer nach seinen Erfahrungen mit Tieren auf seinem Gelände zu befragen. Seine Aussagen und der Hinweis auf die Möglichkeit von Falschalarmen sind zu protokollieren.

Aber nicht nur Wildtiere sind zu berücksichtigen, sondern beispielsweise auch der Hund des Wachpersonals. Insbesondere bei weitläufigen Arealen muss sichergestellt sein, dass derartige Hunde nicht unangeleint herumlaufen und dabei ggf. in den Bereich einer Lichtschranke gelangen können.

Neben Tieren kann auch ein im Nahbereich der LS befindlicher Baumbestand zu Problemen führen. Laubbäume verlieren i. d. R. einzelne Blätter, die langsam zu Boden fallen und dabei den Strahl einer LS unterbrechen können. Während dies eher dann zum Problem führt, wenn Bäume unmittelbar neben den einzelnen Strecken stehen, kann Wind die Blätter von entfernt stehenden Bäumen und in einer größeren Anzahl herantragen, was zu wiederholten bis hin zu längerfristigen Unterbrechungen der IR-Strahlen führt. Anders als bei Nebel sind die Strahlenunterbrechungen plötzlich und komplett, sodass in diesem Fall eine Disqualifikation nicht funktioniert. Es erfolgen kontinuierlich Falschalarme.

Sichtbarkeit

Um eine „unsichtbare" Barriere aufzubauen, müssen ein paar Bedingungen erfüllt sein. Ist das nicht der Fall, ist die Schutzwirkung ggf. aufgehoben, je nachdem, zu welcher Kategorie ein Täter gehört:

- Mit einzelnen Sendern/Empfängern kann grundsätzlich nur dort gearbeitet werden, wo die Geräte selber für einen Täter nicht sichtbar sind, also im Innenbereich.
- Lichtschranken in Säulen mit einzelnen Verbindungen zwischen Sender/Empfänger und mit einem nicht gepulsten Lichtstrahl werden eher nur von Zufallstätern ausgelöst. Wer als Täter auch nur minimale technische Kenntnisse von der Systematik hat (Webrecherche), wird mit seinem Handy, Smartphone oder seiner Digitalkamera außerhalb des Detektionsbereiches stehend die Säulen absuchen, die Senderpositionen erkennen und sich daran orientieren.

Die Lichtstrahlen liegen zwar im Wellenlängenbereich von etwa 900 nm und höher, jedoch ist die Kameratechnik in den vorgenannten Geräten mittlerweile so gut, dass das für das menschliche Auge nicht mehr sichtbares Licht aufgenommen wird und auf dem Display deutlich zu erkennen ist.

Die Abbildung 6.2.4 ist durch Zufall entstanden. Hier war eigentlich nur vorgesehen, von dieser vorübergehend zur Verfügung stehenden mobilen LS ein Foto als Gedankenstütze zu machen. Das Ergebnis war dann anders als erwartet.

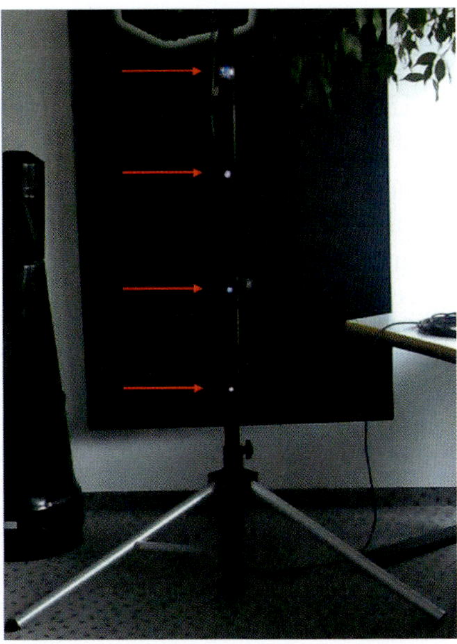

Abb. 6.2.4: LS-Sendersuche mit einem alten Handy

Daraus folgt, dass Lichtschranken nur dann eine sichere Detektion gewährleisten, wenn neben allen anderen Randbedingungen möglichst mit einem gepulsten Lichtstrahl gearbeitet wird, der zudem fächerförmig vom Sender zu mehreren Empfängern verläuft.

HINWEIS!

In der gleichen Weise sind „unsichtbare" IR-Strahler in der Videotechnik zu erkennen und zu prüfen.

Zum Thema der Sichtbarkeit gehört auch die Abdeckung von LS-Säulen. Die einfachste Form ist eine dunkelrot eingefärbte Plexiglasscheibe, die das IR-Licht passieren lässt. Um aber Fremdlicht weitgehend auszuschließen, werden diese Abdeckungen auf der Rückseite schwarz eingefärbt und zwar mit kleinen Ausnahmebereichen, wo tatsächlich ein Lichtstrahl hindurchgehen soll. Diese Methode führt dazu, dass je nach Umgebungslicht von außen genau diese „Fenster" zu sehen sind und damit der Verlauf der Lichtstrahlen nachzuvollziehen ist.

Disqualifikation

Da Lichtschranken vom Wetter beeinflusst werden, z. B. durch dichten Nebel, bedeutet das, dass in dieser Zeit die Lichtstrahlen unterbrochen sind und kein Alarm beim Durchdringen dieser Barriere möglich ist. Im Normalfall müsste ein Täter lediglich auf das Wetter achten und könnte bei dichtem Nebel (oder Regen bzw. dichtem Schneetreiben) unbemerkt die Lichtschranken passieren.

Um den Nutzer auf diese kritische Situation aufmerksam zu machen, werden Außenlichtschranken mit einer sogenannten Disqualifikationseinrichtung ergänzt (fest integriert oder als Steckkarte). Sinkt die Intensität des an den Empfängern ankommenden IR-Lichtes langsam unter einen bestimmten Schwellenwert ab, so erfolgt eine entsprechende Meldung, kein Alarm. Der Schwellenwert liegt dabei noch über dem eines Alarmes.

Jetzt hat der Nutzer die Möglichkeit, auf diese Wetterbedingungen zu reagieren, z. B. indem er für eine Bestreifung der „ausgefallenen" Lichtschrankenstrecken sorgt. Bei einer Kombination aus LS und Wärmebildkameras ist auch eine permanente visuelle Überwachung dieser Bereiche aus der Ferne möglich.

Ist die Sichtverbindung zwischen Sender und Empfänger wieder einwandfrei, so schaltet sich die Disqualifikation automatisch ab. Dies geschieht aber zeitverzögert, damit nicht eine kurzzeitige Lücke z. B. in der Nebelwand sofort die Rückstellung bewirkt und bereits nach kürzester Zeit erneut eine Meldung erfolgt.

Bei Gebäuden ist zu sehen, dass beispielsweise Nebelschwaden diese nicht erreichen, weil die von der Außenhaut abgegebene Wärme dies verhindert. Schnee und starker Regen können durch einen Dachüberstand abgehalten werden. Werden LS nahe am Gebäude installiert, ist die Disqualifikation trotzdem erforderlich, denn zusätzlicher Wind kann auch an diesen Stellen für eine Unterbrechung sorgen, die ohne die Zusatzeinrichtung zum Alarm führen würde.

Ein plötzlich einsetzender starker Regen- oder Hagelschauer wird i. d. R. nicht die Disqualifikation, sondern direkt einen Alarm auslösen.

Verstecken

Die flächenmäßige Überwachung mit Lichtschrankenstrecken in Profilsäulen hat ja den Nachteil, dass die Überwachungsbereiche zu erkennen sind. Andererseits erlauben LS auch im Außenbereich zwischen Mauer/Zaun und zu sichernden Gebäuden eine sogenannte fallenmäßige Sicherung aufzubauen. Dazu werden LS-Paare in Einrichtungen, Geräten usw. so eingebaut, dass nur noch kleine Flächen für den Strahlengang sichtbar sind.

Während der Betriebszeit des Unternehmens können die LS abgeschaltet sein, damit ein freier Betriebsablauf zu gewährleisten ist. Nach Betriebsschluss werden die LS in Betrieb genommen und ergänzen die übrigen Perimetersicherungen.

Bei der verdeckten Montage von Lichtschranken ist aber darauf zu achten, dass die Montage in Bereichen erfolgt, in denen auch unbedachte Mitarbeiter während der Betriebszeiten kein Material, Gegenstände, Fahrzeuge usw. versehentlich abstellen, und so den Strahlengang unterbrechen und die Anlage nach Betriebsende nicht eingeschaltet werden kann.

Klimatisierung

Im Zusammenhang mit Lichtschranken wird i. d. R. nur vom Beheizen im Winter gesprochen. Das ist zwar ein wichtiger Aspekt, aber nicht der alleinige. LS in Einzelgehäusen bzw. Säulen sind beispielsweise für eine Betriebstemperatur von +55 °C zugelassen. Da in den Sommermonaten Temperaturen im Schatten von bis zu 40 °C und mehr einzukalkulieren sind, bedeutet das für die LS, dass in ihrem Inneren weitaus höhere Temperaturen herrschen können, zumal schwarze Alu-Gehäuse für die Wärmeaufnahme und -weitergabe sehr gut geeignet sind. Es kann folglich an heißen Sommertagen zu Ausfällen der Elektronik kommen, die vorübergehend, aber auch dauerhaft sein können. Das ist ein wichtiger Punkt bei der Gewährleistung. Sind regelmäßig hohe Temperaturen zu erwarten, ist für eine Kühlung zu sorgen.

6.2.5 Testmethoden

Lichtschranken sind u. U. zeitaufwendig, was das optimale Einstellen der einzelnen Strecken anbelangt. Es gibt dazu verschiedene Verfahren, von der Einstelllampe bis hin zum Einsatz eines Oszilloskopes. Allen ist eines gemeinsam: Das Gefühl für die annähernd richtige Richtung muss vorhanden sein. Letztlich kann jeder Errichter selber entscheiden, welche Methode er anwendet, es sei denn, die von ihm eingesetzten LS bedingen herstellerseitig ein bestimmtes Verfahren. An dieser Stelle werden nur der Einsatz einer Einstelllampe beschrieben und anschließend vereinfachte Prüfverfahren zur Funktionskontrolle.

Einstelllampe

Hierbei wird (beispielsweise zuerst am Sender) eine Einstelllampe am dafür vorgesehenen Punkt des Senders eingehangen, auf den Empfänger ausgerichtet und dort unmittelbar vor der Empfangsdiode festgestellt, an welcher Stelle der über den Umlenkspiegel und die Linse gebündelte Strahl zu sehen ist. Über eine Lageveränderung des Spiegels wird der leuchtende Punkt so justiert, dass er mittig auf die Empfangsdiode auftrifft. Anschließend erfolgt die gleiche Vorgehensweise am Sender, während die Lampe jetzt am Empfänger eingehangen ist. Anschließend sind beide Einstellungen nochmals zu prüfen.

Die Möglichkeit des Einhängens der Lampe am jeweils gegenüberliegenden LS-Element deutet zwar darauf hin, dass für die Einstellarbeiten nur ein Techniker notwendig ist. Beim Einsatz von LS in der Perimetersicherung, bei der Strecken von 100 m und mehr zu überbrücken sind und die Säulen mit mehreren LS-Paaren bestückt sind, sollte bei der Planung genau überlegt werden, ob

- nur ein Mitarbeiter eingesetzt werden soll, der kontinuierlich seine 100-m-Läufe absolviert oder
- zwei Mitarbeiter mit jeweils eigener Lampe an einer LS-Säule stehen bleiben, bis alle Einstellungen je LS-Einheit erledigt sind.

Im Zwei-Mann-Betrieb kann prinzipiell jede beliebige Lampe Verwendung finden, sie muss nur so hell sein, dass eine Einstellung auch bei hellem Sonnenlicht möglich ist. Eine Blinkfunktion erleichtert zudem die Erkennbarkeit des ankommenden Lichtes bei heller Umgebungsbeleuchtung.

Theoretisch ließen sich auch Laserpointer einsetzen, deren farbiges Licht gut zu erkennen und zu unterscheiden und mit denen zielgenau das gegenüberliegende LS-Element anzuvisieren ist, aber:

ACHTUNG!

Aus Sicherheitsgründen zum Schutz der Mitarbeiter vor Augenschäden ist auf den Einsatz von Laserpointern zu verzichten.

Justierkontrolle (cut-off tool)

Sowohl bei der Installation bzw. Abnahme als auch bei der späteren Überprüfung im Rahmen von Störungen und Wartungen möchte man zuerst einmal den Aufwand mit einer Einstelllampe vermeiden und stattdessen eine schnelle Kontrolle durchführen. Dazu gibt es zwei Möglichkeiten:

1. Der Spiegel beim Empfänger wird im rechten Winkel zum ankommenden IR-Licht mit einer kleinen Karte o. Ä. (z. B. Visitenkarte) nacheinander von rechts und links jeweils von außen nach innen abgedeckt und dann beobachtet, bei welcher abgedeckten Fläche das Alarmrelais anspricht. Anschließend erfolgt der gleiche Vorgang von oben und unten.

   Aus allen vier Richtungen müssen mehr als 3/4 der Fläche abgedeckt werden, um einen Alarm auszulösen. Wird dagegen beispielsweise von rechts der Alarm erst bei fast völliger Abdeckung ausgelöst, während von links bereits ein kleiner abgedeckter Bereich zum Alarm führt, so ist das ein Zeichen für einen nicht optimal eingestellten Lichtstrahl. Eine Justierung ist unbedingt erforderlich.

2. Eine Justierkontrolle in Form eines gelochten Kartons gibt Aufschluss darüber, ob ausreichend IR-Licht am Empfänger ankommt, um eine sichere Funktion der Lichtschranke zu gewährleisten. Wird beim Einsatz dieser Lochschablone Alarm ausgelöst, so kann das auf einen nicht optimal eingestellten Lichtstrahl ebenso hindeuten, wie auf einen Mangel des Senders (nachlassende Leistung der Sendediode).

Abb. 6.2.5: Justierkontrolle für 80 % Abdeckung

Es gibt Justierkontrollen für unterschiedliche Abdeckungen, z. B. für 75 % oder für 80 %. Hierzu ist der Hersteller des eingesetzten LS-Systems zu befragen, bei wie viel Prozent Restlicht noch kein Alarm ausgelöst werden darf.

Da es eher unwahrscheinlich ist, dass eine Justierkontrolle aus dünner Pappe längere Zeit in einem einwandfreien Zustand bleibt, ist die Alternative eine Eigenanfertigung. Dazu wird ein viereckiges Stück Kunststoff oder Metall (z. B. Alu) genommen und entsprechend der nachfolgenden Zeichnung geschnitten und gebohrt. Schon ist auf die Schnelle ein haltbares Testgerät entstanden.

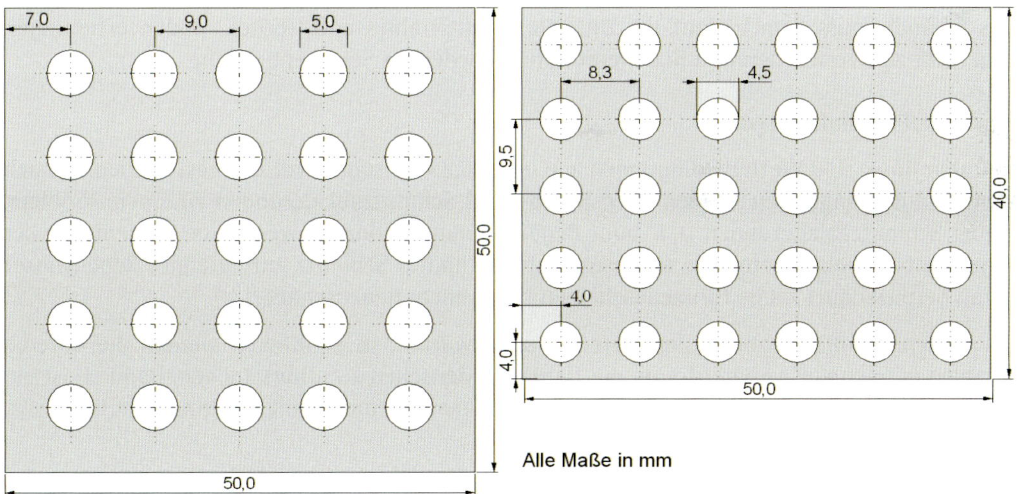

Abb. 6.2.6: Maßzeichnung Justierkontrolle (links 80 %, rechts 75 %)

6.2.6 Anwendung

Eignung

Lichtschranken sind keine Barriere mit Widerstandswert. Daher ist ihr Einsatz nur im Freigelände hinter einem äußeren Perimeterschutz (Mauer/Zaun) sinnvoll. Allerdings bedeutet das für den Ernstfall, der/die Täter ist/sind bereits auf dem Gelände und können mit dieser Absicherung in ihrem weiteren Vorgehen nicht verzögert werden. LS eignen sich auch für die Absicherung von Einzelobjekten, die aufgrund der Betriebsabläufe nicht mit einem Zaun umschlossen werden können. In Bereichen von Toren/Türen sind LS weniger geeignet, da sie für jede berechtigte Bewegung in diesem Bereich abgeschaltet bzw. überbrückt werden müssten.

Lichtschranken auf Funkbasis sind eine Möglichkeit der vorübergehenden Absicherung von Einzelobjekten, wobei aber auf die notwendige Stromversorgung zu achten ist.

LS anstatt in Säulen in Einzelgehäusen untergebracht sind im freien Gelände, wo Sender und Empfänger genau zu sehen sind, nicht einzusetzen, da sie am leichtesten zu umgehen sind.

Detektion

Die klassische Detektion erfolgt bei den Kriterien Durchdringen und Durchbrechen. Ohne entsprechende Zusatzmaßnahmen ist der Detektionsbereich unterkriech- bzw. untergrabbar und, je nach Säulenhöhe, auch übersteigbar.

Überwachungsbereiche

Die Detektionstiefe entspricht der Breite der Profilsäulen. Die Detektionshöhe ist abhängig von der Höhe der Säulen. Damit ist aber die max. Detektionshöhe von außerhalb erkennbar. Die Reichweiten können 200 bis 300 m betragen, wobei die Einflussfaktoren sich mit zunehmender Entfernung deutlicher bemerkbar machen.

Das Gelände muss dem Verlauf des untersten Lichtstrahles entsprechen. Bodenvertiefungen sind nicht zu überwachen und Bodenerhöhungen bedeuten Schattenbereiche.

Einflüsse/Falschalarmrisiko

Haupteinflüsse sind Wetterbedingungen wie unter 6.2.4 „Disqualifikation" beschrieben. Je nach Umgebungsbedingungen werden auch Staub- und Schmutzablagerungen zu einem Problem, wobei Schmutzablagerungen u. a. vom Regen stammen können, wenn eine Säulenfront der sogenannten Schlagwetterseite ausgesetzt ist und häufig Schmutz enthaltendes Regenwasser daran herunterläuft (siehe Fahrzeugscheiben nach einem Regenschauer).

Ein weiteres großes Problem sind Tiere. Bei zu erwartenden Kleintieren werden die unteren Strahlen miteinander verknüpft, um die Tiere von Menschen zu unterscheiden. Dadurch ist ein Unterkriechen möglich. Bei größeren Tieren ohne einen entsprechenden Wildzaun ist das Risiko falscher Alarme hoch.

Aber auch Vögel können Alarme auslösen, sowohl einzeln als auch insbesondere im Schwarm. Bei der Planung sollte man daher erfragen, ob in der Nähe Vogelbrutgebiete sind. Aber auch der Nutzer kann selber eine Ursache darstellen. Insbesondere bei Neueinsaaten des Freigeländes ist mit dem Auftauchen von Vogelschwärmen zu rechnen. Der Nutzer ist auf diesen Umstand hinzuweisen.

Detektionsbereiche sind von Pflanzen freizuhalten. Selbst Grasflächen, die frei wachsen können, treffen auf einen dicht über dem Boden verlaufenden Lichtstrahl und unterbrechen ihn.

Insbesondere hohe LS-Säulen müssen ein sehr stabiles Fundament aufweisen, denn die kleinste Lageveränderung (siehe Abschnitt 4.1.3) kann auf größere Entfernung die Lichtstrahlen so weit auslenken, dass eine einwandfreie Funktion nicht mehr gegeben ist.

Wartung/Reparatur

Wartungsarbeiten sind prinzipiell einfach möglich, da die meisten Arbeiten innerhalb des Handbereiches (Boden bis 2,5 m) durchzuführen sind. Allerdings sind bei Einstellarbeiten oft zwei Mitarbeiter erforderlich bzw. der Zeitaufwand für einen MA wird dadurch höher, dass er ggf. permanent zwischen zwei Säulen hin und her gehen muss (200 bis 300 m). Bei höheren Säulen im Rasenbereich ist zudem schwerlich mit Stehleitern sicher zu arbeiten. Zusätzlich ist hier ein zweiter MA erforderlich.

Da die meisten LS-Anlagen aus Säulen mit einer entsprechenden Gerätebestückung bestehen, bedeutet Reparatur prinzipiell einen schnellen Teiletausch.

Kosten

Freilandüberwachung mittels Lichtschranken bedeuten sowohl von den Geräten her eine höhere Investition als auch von der notwendigen Kabelinfrastruktur und einer ausreichend dimensionierten USV. Hinzu kommen deutliche Folgekosten durch hohen Stromverbrauch und regelmäßige Reinigung der Säulenfronten.

6.3 Laserscanner

Laserscanner sind aktive Melder. Sie senden einen Laserstrahl aus und messen die Laufzeit eines reflektierten Signals. Je nach eingesetztem System können so von einer halbkreisförmigen bis zur vollständig kreisförmigen Fläche die verschiedensten Formen abgedeckt werden.

Eine Sendeeinheit sendet einen gepulsten Strahl aus, z. B. im Bereich von 905 nm. Dieser wird über einen sich kontinuierlich drehenden Spiegel nach außen abgelenkt. Trifft er auf ein Objekt, wird er reflektiert und zum Scanner zurückgeworfen und trifft dort auf die Empfangseinheit. Ausgewertet wird dann von jedem Puls die Zeit, die der Lichtstrahl vom Aussenden bis zum Empfangen benötigt.

Trifft im Normalfall der Laserstrahl auf ein dauerhaftes Hindernis, z. B. ein Gebäudeteil, wird dieses in der Auswerteeinheit dauerhaft gespeichert, sodass erst dann ein Alarm ausgelöst wird, wenn der Laserstrahl beim nächsten Abtasten dieses Bereiches mit einer kürzeren Laufzeit als der abgespeicherten (z. B. wegen einer Person dazwischen) wieder zurückkommt.

Das zeigt, dass für eine einwandfreie Funktion ein Hintergrund notwendig ist, der den Laserstrahl zurückwerfen kann. Sonst laufen alle Strahlen ins Leere. Je besser die Reflexion des Hintergrundes ist, umso größer kann der Überwachungsbereich sein.

Über die internen Einstellungen lassen sich Objekte definierter Größe ausblenden. Die dann für eine Alarmauslösung erforderliche Mindestgröße wird vom System in Bezug auf die Entfernung errechnet, damit eine Person in 10 m Entfernung die gleichen Proportionen hat wie in 100 m Entfernung.

Da der Laserscanner nur den Bereich abtasten kann, den er theoretisch sieht, bedeuten Hindernisse im Überwachungsbereich entsprechend mehr oder weniger große Abschattungen hinter den Hindernissen, die nicht detektiert werden können.

Andererseits lassen sich Objekte, die der Scanner dauerhaft erfasst, dann detektieren, wenn sie entfernt werden. So sind Diebstähle und Sabotagen erkennbar und in entsprechende Meldungen umzusetzen.

Einsetzbar ist ein Laserscanner dort, wo eine größere, ebene Fläche zu überwachen ist. Dazu zählen u. a. Flachdächer und Gebäudefassaden. Da die Überwachungsfläche aber möglichst dicht am Objekt sein muss, damit ein Hinter- oder Unterkriechen verhindert wird, ergeben sich vielfältige Falschalarmmöglichkeiten bzw. schattenbildende Hindernisse (s. u.).

Abb. 6.3.1: Überwachungszonen

Unter den allgemeinen Wetterbedingungen sind zwei Probleme zu berücksichtigen:

1. Der Einfluss direkter Sonneneinstrahlung ist, soweit das Gehäuse dies nicht bereits verhindert, möglichst zu verhindern, um Störungen auszuschließen.
2. Insbesondere bei der vertikalen Ausrichtung ist eine wetterbedingte Verschmutzung kaum auszuschließen.

Bei tiefen Temperaturen muss das Gerät wegen der bewegten Teile temperiert werden. Bei verschiedenen Geräten sorgt eine gezielte Linsenheizung dafür, dass das Austrittsfenster nicht beschlagen oder vereisen kann. Das wiederum beinhaltet eine geeignete Strom- und Notstromversorgung.

Ein Laserscanner sollte nur nach einer entsprechenden Planung und ggf. einem Test unter realen, vor allem aber unter entsprechenden Wetterbedingungen, eingesetzt werden.

Abb. 6.3.2: Laser Detection System (LDS)

6.3.1 Anwendung

Eignung

Laserscanner sind vertikal am Perimeter und an Objekten einsetzbar, horizontal über dem Boden und auf Dächern. Dabei muss der „Sichtbereich" ständig frei sein.

Wird der Laserscanner zur reinen Detektion eingesetzt, erfolgt eine Auslösung, der zu einem Alarm führt. Wird er zur Positionsbestimmung eingesetzt, werden die aufgenommenen Messwerte dazu genutzt, Kameras exakt zu positionieren.

Detektion

Am Perimeter oder an einem im Gelände befindlichen Objekt als vertikale Überwachung eingesetzt, sind folgende Überwindungsarten zu detektieren: Übersteigen, Durchdringen, Durchbrechen und Unterkriechen. Das Untergraben kann nur detektiert werden, wenn dort, wo der Laserstrahl auf dem Boden auftrifft, ein deutlicher Graben entsteht. Wird jedoch während dem Untergraben eine Abdeckung vorangetrieben, die im Scanbereich die Erdoberfläche simuliert, ist eine Detektion eher unwahrscheinlich.

Über dem Gelände bzw. über Dächern und Objekten horizontal ausgerichtet, sind Bewegungen unterschiedlicher Geschwindigkeit und Durchdringen zu detektieren.

Überwachungsbereiche

Von qualitativ hochwertigen Systemen ausgehend, sind der Gesamt- sowie Einzelüberwachungsbereiche programmierbar. Damit sind Bereiche, in denen beispielsweise eine Personenbewegung (Mitarbeiter) erlaubt ist, auszuschließen.

Je nach System sind Radien von mehreren 100 m möglich. Dazu kommt die Möglichkeit der Aufteilung der Überwachungsfläche in mehrere Zonen.

Einflüsse/Falschalarmrisiko

Da die Detektion mit (fast) unsichtbarem Licht erfolgt, ist der Laserscanner allen Einflüssen unterworfen, die in diesem Bereich auftreten können (siehe Abschnitt 6.2). Hierzu gehören Tiere, Laub, Schnee, Nebel, starker Regen und Hagel. Zwar lassen sich Veränderungen durch Wetterbedingungen registrieren und wie bei der Lichtschranke auswerten. Wenn aber die Dichte zunimmt, erkennt der Scanner eine durchgängige Wand.

Bei einem horizontalen Überwachungsbereich sind Unebenheiten unterhalb des Scanbereiches (ohne Bewuchs) nicht relevant. Nach einem Hagelschauer oder starkem Schneefall ist der Scanbereich durch angesammeltes Material aber nicht mehr vorhanden. Das bedeutet, er muss so hoch über dem Boden/Dach ausgerichtet sein, dass dies verhindert wird, gleichzeitig eine Person ihn nicht unterkriechen kann. Daraus folgt, dass ein Einsatz in Gebieten mit regelmäßigem starkem Schneefall mit entsprechenden Schneehöhen horizontal nicht möglich ist.

Bewuchs unterhalb des horizontalen Scanbereiches sollte nicht vorhanden sein. Selbst ein schnell wachsender Rasen kann zum Problem werden. Das gleiche trifft auch für die Begrünung eines überwachten Daches zu. Hier kann noch ein weiteres Problem hinzukommen, und zwar automatisch öffnende Dachfenster (Rauchabzüge).

Bei einer vertikalen Überwachung von Fassaden sind ein paar mögliche Besonderheiten zu berücksichtigen. Dazu zählen u. a. Schwingfenster, automatische Markisen. Aber auch auf den Fensterbänken „residierende" Vögel sind ein Problem. Bei Standardobjekten muss der Nutzer vor der Installation für die Abwehr der Vögel sorgen. Wird aber ein Scanner zur Überwachung der Fassade eines Hafthauses einer JVA eingesetzt, um einen Ausbruch zu detektieren, ist davon auszugehen, dass die Inhaftierten regelmäßig die Vögel füttern werden.

Wartung/Reparatur

Zur Inspektion/Wartung gehört u. a. die Überprüfung der gesamten Überwachungsfläche auf bauliche Veränderungen oder zu erwartende Störeinflüsse (z. B. Bewuchs) und das Reinigen des Austrittsbereiches des Laserstrahls.

Da Laserscanner i. d. R. mit einer Visualisierung verknüpft werden, sind alle Auslösepunkte des Scanners zu überprüfen und mit den Kamerabildern zu vergleichen.

Aufgrund schnell rotierender Teile ist auf den mechanischen Verschleiß zu achten, da hierdurch ein plötzlicher Ausfall einer großflächigen Überwachung möglich wird.

Ein Defekt am Laserscanner führt i. d. R. zu einem Austausch. Reparaturen vor Ort sind ohne Weiteres nicht möglich.

Kosten

Für ein einzelnes Gerät erscheint die Anschaffung teuer. Hier muss aber der Kosten-Nutzen-Faktor berücksichtigt werden. Je nach Aufgabenstellung und Überwachungsbereich können ansonsten umfangreiche Systeme auf ein einzelnes Gerät reduziert werden. Hinzu kommt ein geringer Verkabelungsaufwand.

Bei den Folgekosten ist zwar auch das einzelne Gerät zu sehen. Allerdings ist regelmäßig die Überwachungsfläche zu kontrollieren, was u. U. zu einem deutlichen Personalaufwand führen kann. Je nach Ausrichtung des Gerätes ist eine regelmäßige Reinigung erforderlich. Dabei spielt es keine Rolle, ob der Errichter dies als Dienstleistung ausführt oder der Nutzer eigenes Personal dafür einsetzt.

6.3.2 Arbeitsschutz

Bei den Laserscannern darf der Arbeits- bzw. Personenschutz nicht außer Acht gelassen werden. Die Geräte sind so aufgebaut, dass bei sachgemäßem Umgang keine Schädigung der Augen entstehen kann. Trotzdem ist eine Gefährdung theoretisch möglich. Daher gilt:

- Der Errichter muss in seiner Gefährdungsbeurteilung für den Arbeitsplatz des Monteurs bzw. des Wartungs- und Servicetechnikers die mögliche Gefährdung durch den zur Anwendung kommenden Laserstrahl berücksichtigen.
- Der Kunde/Nutzer muss darauf hingewiesen werden, dass eine Gefährdung seiner Mitarbeiter, insbesondere bei einer Kontrolle bzw. Gehäusereinigung, entstehen kann. Dies muss er in seiner Gefährdungsbeurteilung für seine Mitarbeiter berücksichtigen.
- Neben einer Gefährdung durch den Laserstrahl besteht eine weitere beim Einsatz auf Gebäuden. Auch hier ist eine Gefährdungsbeurteilung durch den Errichter zu erstellen bzw. eine vorhandene entsprechend anzupassen.

Insbesondere der letzte Punkt ist bereits bei der Planung mit zu berücksichtigen, da hierfür eine persönliche Schutzausrüstung (PSA) erforderlich ist und die notwendigen Sicherungsmaßnahmen auf dem Dach notwendig sind, wie z. B. Anschlagpunkte.

6.4 Infrarot-, Radar- und Mikrowellenmelder

Dem einen oder anderen sind diese Bewegungsmelder aus dem Bereich der Einbruchmeldetechnik (EMT) bekannt. Auch wenn die Funktionsprinzipien gleich sind, ist eine Verwendung in dem jeweils anderen Bereich nicht zulässig.

6.4.1 Infrarotmelder (IRM)

Infrarot-Bewegungsmelder für den Außenbereich sind passive Melder, die je nach verwendetem Linsentyp

- einen weitwinkligen Überwachungsbereich haben, z. B. für den Einsatz im Bereich einer Gelände-Innenecke,
- einen lang gestreckten Überwachungsbereich mit nur einer geringen Breite haben, z. B. für den Einsatz entlang eines größeren Geländebereiches parallel zu einer Mauer, einem Zaun oder einem Objekt,
- einen vorhangähnlichen Überwachungsbereich mit einer minimalen Breite bei entsprechender Höhe haben, z. B. für den Einsatz entlang einer Tür- oder Fensterfront zur äußeren Gebäudeabsicherung oder zur Objektsicherung im Gelände.

WICHTIG!

Ein Infrarot-Bewegungsmelder aus der Einbruchmeldetechnik ist nicht als preiswerter Ersatz im Außenbereich einzusetzen!

Das Grundelement eines Infrarotmelders ist ein pyroelektrischer Sensor, welcher Infrarotstrahlung (Wärmestrahlung) empfangen und in elektrische Signale umwandeln kann. Über die vorgenannten Linsen vor dem Sensor wird das „Sichtfeld" in mehrere Zonen eingeteilt. Im Ruhezustand erkennt der Melder die am Ende jeder Zone vorhandene IR-Strahlung, egal in welcher Intensität, und speichert intern ein Hintergrundbild (Referenzbild) des Überwachungsbereiches.

Die beispielsweise von einem menschlichen Körper beim Durchqueren des Überwachungsbereiches ausgehende Wärmestrahlung bedeutet einen Unterschied zum gespeicherten bzw. zum kontinuierlich zu erkennenden Hintergrundbild. Überschreitet diese Differenz einen Schwellenwert, so führt dies zur Schaltung eines Kontaktes, der zur Alarmauslösung über eine GMZ genutzt werden kann.

Dabei sind drei Varianten möglich:

- Ein Mensch tritt plötzlich in den Überwachungsbereich, was zu einem massiven Anstieg der Wärmestrahlung führt.
- Die Person bewegt sich zwischen den einzelnen Zonen, wodurch der Sensor einen schnellen Wechsel der Temperatur zwischen einzelnen Zonen erkennt.
- Eine Person bewegt sich schnell auf den Melder zu, wodurch ein rascher Temperaturanstieg und gleichzeitig eine Temperaturdifferenz zwischen mehreren Zonen messbar wird.

Das bedeutet gleichzeitig, dass auch Tiere mit einer entsprechenden Körpermasse und Wärmeabstrahlung wie ein Mensch gewertet werden.

Abb. 6.4.1: Überwachungsbereiche eines IRM

Aufgrund des passiven Verfahrens in Verbindung mit den unterschiedlichen Linsentypen ist der Überwachungsbereich für einen Eindringling nicht erkennbar. Allerdings gibt es zwei Risiken, und zwar:

- Da der Überwachungsbereich i. d. R. vom Melder pyramidenförmig zum Boden hin verläuft, entsteht darüber eine tote Zone. Bereiche unmittelbar unterhalb des Melders sind bei verschiedenen Typen detektierbar, sodass hier keine tote Zone entsteht.
- Wenn nicht ein IRM den Standort des folgenden IRM mit überwacht, entsteht hinter einem IRM ein toter Bereich.

IRM sind, da sie eine interne Auswertung besitzen und das Ergebnis dieser Auswertung z. B. über potentialfreie Kontakte zur Verfügung stellen, keine Sensoren, sondern Melder.

6.4.2 Anwendung

Eignung

Mit IRM lassen sich Teilflächen linienförmig und damit fallenmäßig überwachen. Eine flächendeckende Überwachung ist aufgrund des Aufwandes nicht sinnvoll, denn in einem Industriegelände beispielsweise können zu viele Einzelobjekte stehen, die Schatten bilden und deren Lage zudem jederzeit verändert werden kann.

Die günstigste Auslöserichtung ist quer zum Überwachungsbereich, sodass die Melder entsprechend den voraussichtlichen Wegen eines Eindringlings auszurichten sind.

Detektion

Eine Detektion am Perimeter selbst wird nicht geschehen, sondern die Folge daraus, wenn ein Täter den Perimeter überwunden hat und sich im Freigelände fortbewegt. Das Kriterium Übersteigen des Melderbereiches ist aufgrund des nicht sichtbaren Überwachungsbereiches unwahrscheinlich. Ein Unterkriechen und Untergraben ist ebenfalls nicht zu erwarten.

Durchdringen und Durchbrechen sind zwei Kriterien, die mit großer Wahrscheinlichkeit zur Auslösung führen werden. Dabei ist die vom Hersteller angegebene „Objekt-Geschwindigkeit" zu berücksichtigen (siehe Abschnitt 1.3.3).

Überwachungsbereiche

Die Überwachungsbereiche von Infrarotmeldern können, wie eingangs bereits beschrieben, verschiedenste Formen annehmen. Da die Melder auf Temperaturänderungen bzw. die von einem Körper abgegebene Infrarotstrahlung reagieren, wird bei zunehmender Entfernung die Intensität der Infrarotstrahlung immer mehr abnehmen, bis ein Objekt nicht mehr erkennbar ist. Daher ist bei Ausnutzung der maximalen Entfernung nach Herstellerangaben der Endbereich genau zu testen.

Da Infrarotmelder zu den passiven Meldern gehören, kann der Verlauf der Überwachungszonen nicht erkannt werden, ohne dabei einen Alarm auszulösen.

Einflüsse/Falschalarmrisiko

Neben einem Eindringling gibt es aber auch einige Kriterien, die zu unerwünschten Falschalarmen führen. Dazu zählen u. a. extreme Temperaturbereiche, Kleintiere und Vögel, sich bewegendes Laub oder Büsche, in Richtung des Melders reflektiertes Licht, z. B. Sonnenlicht oder Licht von bestimmten Fahrzeugscheinwerfern. (Fernlicht von Glühlampen hat einen hohen IR-Anteil, Halogenscheinwerfer ebenfalls, das neuere Xenon-Licht strahlt mehr in Richtung blaues Licht.)

Durch den erforderlichen Unterschied zwischen der Wärmestrahlung z. B. eines Menschen und den Referenzflächen ergibt sich automatisch ein Risiko bei hohen Außentemperaturen. Dann ist für den Melder kein Unterschied erkennbar.

Die in der Literatur gelegentlich dargestellten Umrisse von Menschen mit den unterschiedlichen Wärmebereichen des Körpers sind irrelevant. Ein Täter müsste schon unbekleidet seine Tat ausführen, damit diese Werte zum Tragen kommen. Tatsächlich ist es aber so, dass die Kleidung eines Täters Wärmeabstrahlung mehr oder weniger verhindert. Das geht so weit, dass ein Täter mit gut isolierender Bekleidung (Winter- oder Sportbekleidung), nach unten geneigtem Kopf und übergezogener Kapuze von einem IM durchaus nicht erkannt werden kann.

Wartung/Reparatur

Aufgrund des relativ geringen Preises erfolgt keine Reparatur durch den Errichter. Einzuplanen ist aber bei ausgetauschten Meldern eine eingehende Überprüfung, ob der neue Überwachungsbereich exakt dem bisherigen entspricht. Bei neuen Meldern ist auf den gleichen Linsentyp zu achten, da sich sonst der Überwachungsbereich deutlich verändert.

Kosten

Da es sich bei Infrarotmeldern um ein Massenprodukt handelt, das vom Prinzip her von IRM für den Innenbereich abgeleitet ist, sind kostengünstige Überwachungsmaßnahmen durchzuführen.

Zu den mit zu berücksichtigenden Folgekosten zählen u. a.:

- Stromversorgung mit ggf. hoher Verlustleistung durch lange Zuleitungen,
- durch große Überwachungsbereiche zeitaufwendige Funktionsprüfung.

6.4.3 Radar- und Mikrowellenmelder (RM und MWM)

Im allgemeinen Sprachgebrauch werden Mikrowellenmelder auch als Radarmelder bezeichnet. Beiden ist gemeinsam, dass sie hochfrequente Signale – elektromagnetische Wellen – im GHz-Bereich (X-Band = 8,2 bis 12,4 GHz) aussenden. Der prinzipielle Unterschied ist bei der Empfängerseite zu sehen.

Radar-/Mikrowellenmelder

Das ausgesendete Signal wird von einem Körper (z. B. Hintergrund) reflektiert, zurückgeschickt und vom Empfänger – im gleichen Gehäuse wie der Sender – aufgenommen (monostatischer

Sensor). Dabei wird vom Empfänger gemessen, ob die Laufzeit von der Aussendung bis zum Empfang über die Zeit unverändert bleibt (Dopplereffekt).

Eine den Überwachungsbereich durchquerende Person verkürzt die Laufzeit des Signals und der Melder interpretiert dies als alarmrelevantes Ereignis.

Diese Laufzeitmessung in dem o. a. Frequenzbereich nennt man auch das Radarprinzip. Schaut man sich das Wellenlängenspektrum an, so ist festzustellen, dass i. d. R. der gesamte Bereich nur mit „Mikrowellen" bezeichnet wird.

Mikrowellenstrecke/Mikrowellen-Richtstrecke

Hier ist das Funktionsprinzip ähnlich dem einer Lichtschranke. Auch hier wird von einem Sender ein moduliertes hochfrequentes Signal im Mikrowellenbereich ausgesendet. Allerdings sind Sender und Empfänger – anders als beim Mikrowellenmelder – in je einem eigenen Gehäuse untergebracht (bistatischer Sensor).

Das ausgesendete Signal wird hierbei vom Empfänger ausgewertet, aber nicht auf Laufzeitunterschiede, sondern auf Veränderungen in der Signalstärke. Diese wird durch eine sich durch das Feld bewegende Person verändert, was der Empfänger wiederum als alarmrelevantes Ereignis interpretiert und in der Folge meistens einen potentialfreien Kontakt schaltet, damit dies an anderer Stelle zu einem Alarm führt.

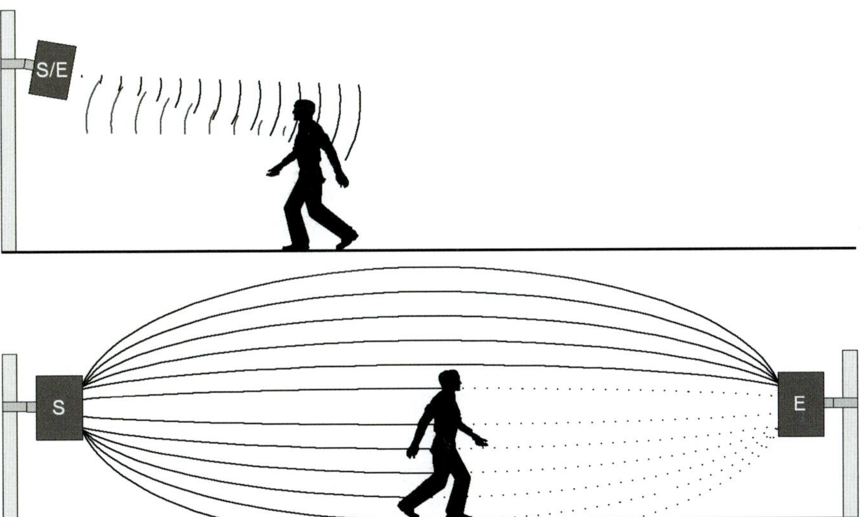

Abb. 6.4.2: Unterscheidung der Systeme

MERKE!

Die Bezeichnung Radarmelder und Mikrowellenmelder können bei Geräten, die das Radarprinzip anwenden und bei denen sich Sender und Empfänger im gleichen Gehäuse befinden, gleichermaßen verwendet werden.

MWM und RM sind, da sie eine interne Auswertung besitzen und das Ergebnis dieser Auswertung z. B. über potentialfreie Kontakte zur Verfügung stellen, keine Sensoren, sondern Melder.

6.4.4 Mikrowellenmelder (MWM)

Mikrowellen-Bewegungsmelder sind im Gegensatz zu Infrarotmeldern aktive Melder. Mikrowellenmelder haben einheitlich einen volumetrischen Überwachungsbereich, der, anders als beim IRM, nicht auf entsprechende Bereiche gezielt eingestellt werden kann.

Hinsichtlich des toten Bereichs gibt es ebenfalls Unterschiede zum IRM. Wird der Mikrowellenmelder in einer entsprechenden Höhe installiert, entsteht unterhalb des Melders ein Bereich, der von dem keulenförmig ausgesendeten Signal nicht erfasst wird. Aus diesem Grund ist es zwingend erforderlich, hier weitere Maßnahmen zu ergreifen. Das können sein:

- sich gegenseitig überschneidende Überwachungsbereiche zweier Melder,
- ein nach unten gerichteter IRM zur Überwachung des toten Bereiches,
- Kombimelder, die eine separate Überwachung des toten Bereiches integriert haben.

Bei dem ersten Punkt ist darauf zu achten, dass die Sendefrequenz einander gegenüber befindlicher Melder nicht die gleiche sein darf. Es könnten Interferenzen auftreten. Da bei den Meldern i. d. R. mehrere Frequenzen (z. B. 16) zur Auswahl stehen, sollten nicht direkt benachbarte Frequenzen eingestellt werden, sondern mindestens eine Frequenz in der Reihenfolge übersprungen werden.

6.4.5 Anwendung

Eignung

Mit MWM lassen sich nur Teilbereiche fallenmäßig überwachen. Eine flächendeckende Überwachung ist aufgrund des Aufwandes nicht sinnvoll, denn beispielsweise befinden sich in einem Industriegelände zu viele Einzelobjekte, die nicht nur Schatten bilden und jederzeit verändert werden können, sondern auch Reflexionsflächen bilden.

Aufgrund der Laufzeitmessung des Signals ergibt eine Längsbewegung des Täters im Überwachungsbereich die größte Wahrscheinlichkeit der Detektion. Folglich sind die Melder so zu installieren, dass die wahrscheinlichste Bewegungsrichtung eines Täters auf den Melder zu bzw. von ihm weg sein wird.

Da Mikrowellen Körper durchdringen können (z. B. Glas, Kunststoff), ergibt sich für sie ein Vorteil bei der Installation. Während allgemein die Melder an Pfosten oder Masten montiert werden und somit für einen Eindringling sichtbar sind, können MWM auch hinter unauffälligen Verkleidungen aus geeignetem Material, hinter undurchsichtigen Glasscheiben usw. montiert werden und sind somit von außen nicht sichtbar.

Das bedeutet im Umkehrschluss, dass im Freigelände eingesetzte MWM, die in Richtung eines Gebäudes ausgerichtet sind, ggf. durch die Außenfront hindurch dringen können und im Innenbereich Bewegungen detektieren, obwohl dort der Aufenthalt von Personen zulässig ist.

Es gibt Prüfgeräte, die ursprünglich für Mikrowellenschranken entwickelt wurden, mit deren Hilfe das Detektionsfeld ermittelt werden kann, da es sich um einen aktiven Melder handelt.

Somit ist auch feststellbar, wo sich ggf. tote Bereiche befinden bzw. welche Form und Größe das Überwachungsfeld hat.

WICHTIG!

Mikrowellenmelder sind, selbst wenn für das Auge der Überwachungsbereich nicht sichtbar ist, nicht zu den unsichtbaren Überwachungseinrichtungen zu zählen.

Detektion

Die Kriterien Übersteigen, Durchdringen, Durchbrechen, Unterkriechen und Untergraben werden am Perimeter selbst nicht detektiert (sofern nicht nur Freigeländeüberwachung stattfindet), sondern die Folge daraus, wenn ein Täter das Perimeter überwunden hat und sich im Freigelände fortbewegt.

Überwachungsbereiche

Der Überwachungsbereich entspricht dem jeweils vom Hersteller angegebenen Bereich. Die maximal erreichbaren Entfernungen liegen bei etwa 30 m, wobei die Herstellerangaben von den günstigsten Umgebungsbedingungen ohne Beeinflussung ausgehen. In der Planung sollten diese Maximalwerte nicht ausgereizt werden. Außerdem ist auf die Montagehöhe zu achten, denn dann entsprechen die 30 m nicht dem Maß am Boden (Winkelberechnung).

Einflüsse/Falschalarmrisiko

Grundsätzlich können alle Körper, die sich im Überwachungsbereich befinden, die Funktion der Melder beeinflussen, sei es durch Schattenbildung, Reflexionen, periodische Bewegungen oder sonstige Veränderungen, wie beispielsweise Pflanzenwuchs. Insbesondere Reflexionen können zu einem größeren Problem werden. Das können metallene Flächen von Fahrzeugen ebenso sein wie Wasser- bzw. Eisflächen. Das bedeutet, dass bereits bei der Planung auf uneingeschränkt freie Überwachungsflächen zu achten ist. Aber auch Kleintiere und Vögel können zur Auslösung führen, wobei insbesondere bei Vögeln zu berücksichtigen ist, dass die das Signal beeinflussende Körperfläche umso größer wird, je näher sie sich am Melder vorbei bewegen.

Somit hängt das Falschalarmrisiko im Wesentlichen von einer korrekten und vorausschauenden Planung ab. Ferner von der regelmäßigen Überprüfung des Überwachungsbereiches im Rahmen von Inspektionen.

Wartung/Reparatur

Defekte Geräte werden i. d. R. ausgetauscht. Einzuplanen ist bei den neuen Meldern eine eingehende Überprüfung dahingehend, dass der neue Überwachungsbereich exakt dem bisherigen entspricht. Werden neue Melder mit geändertem Überwachungsbereich eingesetzt, ist die Dokumentation entsprechend anzupassen.

Kosten

Die Anschaffungs- und Installationskosten sind ins Verhältnis zur tatsächlich überwachten Fläche zu setzen, um einen Kosten-Nutzen-Vergleich zu erzielen. Dabei ist zu berücksichtigen, dass mit MWM Überwachungen möglich sind, die mit anderen Systemen nur mit erhöhtem Kostenaufwand zu realisieren sind.

Zu den mit zu berücksichtigenden Folgekosten zählen u. a.:

- Stromversorgung mit ggf. hoher Verlustleistung durch lange Zuleitungen,
- wegen großer Überwachungsbereiche zeitaufwendige Funktionsprüfung,
- je nach Sendeleistung Gebühren für „Funksender".

6.4.6 Mikrowellenschranken (MWS)

Sie funktionieren genauso wie die Mikrowellen-Bewegungsmelder, nur dass bei ihnen Sender und Empfänger in räumlich getrennten Gehäusen untergebracht sind. Sender und Empfänger werden über eine Kabelverbindung miteinander synchronisiert, um gegenseitige Beeinflussungen mehrerer Systeme zu vermeiden.

Das vom Sender ausgestrahlte Signal wird ebenso vom Empfänger aufgenommen wie das vom Gelände und von Gegenständen im Überwachungsbereich reflektierte Signal. Das sich daraus ergebende Summensignal wird vom System als Ruhezustand angesehen. Ein Durchqueren des Überwachungsbereiches bedeutet eine Veränderung der Reflexionen bzw. eine Abschattung des direkten Signals, entsprechend auch eine Veränderung des Summensignals, was zu einem Alarm führt.

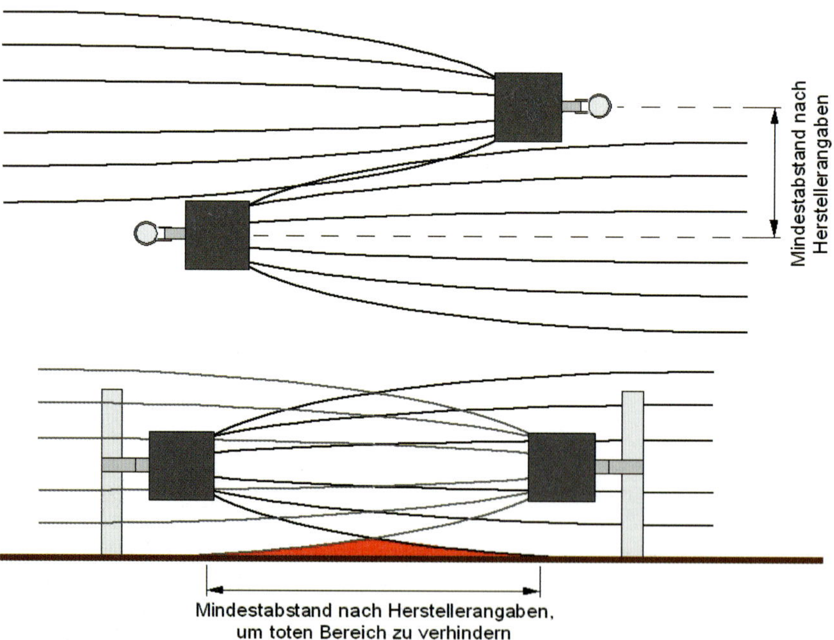

Abb. 6.4.3: Überwachungsbereiche (oben = Draufsicht, unten = Seitenansicht)

Auch bei der MWS gilt, ebenso wie beim Mikrowellenmelder, dass der Nahbereich der Geräte aufgrund des keulenförmigen Überwachungsbereiches tote Zonen enthält, die zusätzlich zu detektieren sind. Die elipsoide Form des Überwachungsfeldes bedeutet in einem großen Teilbereich eine Berührung mit dem Boden. Daher ist bei der Planung auch auf die unterschiedlichen Bodenformen und deren Auswirkungen auf das Reflexionsverhalten zu achten.

Da Sender und Empfänger deutlich sichtbare und zueinander ausgerichtete Gehäuse besitzen, ist der detektierte Bereich von außerhalb zumindest grob nachvollziehbar. Weiterhin gibt es Prüfgeräte, mit deren Hilfe das Detektionsfeld ermittelt werden kann. Somit ist auch feststellbar, wo sich ggf. tote Bereiche befinden bzw. welche Form und Größe das Überwachungsfeld hat.

WICHTIG!

Mikrowellenschranken sind, selbst wenn der Überwachungsbereich für das Auge nicht sichtbar ist, nicht zu den unsichtbaren Überwachungseinrichtungen zu zählen.

Abb. 6.4.4: Mikrowellenschranke

Ist die Höhe des Detektionsbereiches nicht ausreichend, kann durch die Montage einer weiteren Strecke über der ersten der Bereich vergrößert werden. Es gibt Systeme, die diese doppelte MWS als feste Kombination enthalten. Es sind aber auch zwei beliebige Systeme übereinander zu montieren. Dabei ist auf die gegenseitige Beeinflussung zu achten, die durch unterschiedliche Frequenzen, Synchronisation von Sender und Empfänger und durch Kombination der Geräte verhindert wird. Die Gerätekombination bedeutet dabei, S/E auf der einen Seite und E/S auf der anderen Seite zu montieren.

Auch die Montagehöhe der Geräte sagt einem Täter mit wenigen Kenntnissen über MWS etwas aus. Um eine möglichst hohe Detektionsfläche zu erreichen, wird eine Höhe gewählt, bei der nicht zu viel dieser Detektionsfläche „im Erdboden" verläuft. Das bedeutet, je niedriger die Montagehöhe, umso niedriger ist dann aber auch das Feld oberhalb der Sichtlinie.

6.4.7 Anwendung

Eignung

Mikrowellenschranken eignen sich sowohl für die Errichtung einer Barriere zwischen zwei Grenzen (z. B. Gebäuden) als auch für die geschlossene Absicherung um ein Objekt herum. Für die Absicherung von Dächern bzw. Dachflächen sind diese Systeme ebenfalls geeignet. Dabei dürfen allerdings keine Lücken entstehen, da bereits mit geringen Kenntnissen der Überwachungsbereich zu erahnen ist. Insbesondere ist auf Bodenvertiefungen und -erhebungen zu achten, die zu Schattenbildungen führen können.

Detektion

Ein Übersteigen dieser Barriere ist nur dann detektierbar, wenn der Nahbereich unterhalb der Melder weiträumig mit überwacht wird. Ansonsten ist mit geeigneten Hilfsmitteln ein Übersteigen im unmittelbaren Bereich der Melder möglich.

Das Durchdringen bzw. Durchbrechen des Überwachungsbereiches wird mit hoher Wahrscheinlichkeit detektiert. Untergraben ist ein Szenario, das eher unwahrscheinlich ist, aber auch dabei besteht die Möglichkeit einer Detektion.

Überwachungsbereiche

Die Überwachungsbereiche von Mikrowellenschranken sind den Herstellerunterlagen zu entnehmen. Reichweiten zwischen Sender und Empfänger von bis zu 200 m und mehr sind möglich, Entfernungen bis ca. 100 m dagegen sind eher sinnvoll. Dabei ist aber zu berücksichtigen, dass sich durch überlappende Bereiche (Vermeidung toter Zonen) insbesondere bei Systemen mit geringer maximaler Reichweite deutlich kleinere tatsächliche Überwachungsbereiche ergeben.

Beispiel

Eine längere Strecke soll überwacht werden. Der Abstand zwischen Sender und Empfänger beträgt jeweils 50 m. Die Überwachungsfelder treffen nach ca. 4 m auf den Boden, sodass eine Mindestüberlappung von 5 m einzuplanen ist. Das bedeutet auf einer Länge von 1000 m durch die Reduzierung aufgrund der Überlappung, dass anstatt 20 Strecken insgesamt 23 Strecken eingesetzt werden müssen, um den gesamten Bereich abzusichern.

Einflüsse/Falschalarmrisiko

Hier gilt prinzipiell das Gleiche wie bei Einzelmeldern (Abschnitt 6.4.5). Außerdem ist darauf zu achten, was im Überwachungsbereich ggf. unmittelbar unter der Erdoberfläche verlegt ist. Wasserführende Rohre, elektrische Leitungen usw. sind Einflussfaktoren. Sie sollten zwar „frostsicher" tief verlegt sein, befinden sich aber auch in geringerer Tiefe.

Oberhalb des Bodens sollte der Bereich möglichst freigehalten werden, damit sich bewegende Objekte (z. B. Bäume, Büsche) keine Falschalarme erzeugen können. Das wiederum zeigt u. U., je nach allgemeiner Geländebeschaffenheit, in welchem „Korridor" die Überwachung stattfindet.

Es gibt ein Testszenario, das eigentlich eine Funktionsprüfung der Systeme darstellen soll, andererseits auch eine Möglichkeit zur Überwindung von Mikrowellenschranken bietet: Ein Metallgitter (mindestens 2 m x 1 m) wird auf dem Boden in das Detektionsfeld geschoben und dann langsam im rechten Winkel zur Sichtlinie des Systems aufgerichtet. Wird dabei kein Alarm ausgelöst, ist es möglich, entlang des Gitters, wie hinter einer Wand versteckt, das Detektionsfeld zu überwinden.

Wartung/Reparatur

Auch hier gilt prinzipiell das Gleiche wie bei Einzelmeldern (Abschnitt 6.4.5). Da einzelne Systeme baukastenähnlich aufgebaut sind, ist den Herstellerunterlagen zu entnehmen, inwieweit Reparaturen und ein Elementetausch möglich und zulässig sind.

Kosten

Gegenüber anderen Überwachungssystemen für die Freigeländesicherung handelt es sich bereits bei der Anschaffung um ein kostenintensiveres System. Daher wird es auch eher in Bereichen mit hohen Sicherheitsanforderungen eingesetzt (z. B. militärische Einrichtungen und Kernkraftwerke).

Bei mobilen Einsätzen überwiegt jedoch der Vorteil dieser Systeme gegenüber den Kosten. Dabei müssen allerdings teils hohe Kosten für die notwendige Strom- und Notstromversorgung hinzugerechnet werden.

Zu den zu berücksichtigenden Folgekosten zählen u. a.:

- Stromversorgung mit ggf. hoher Verlustleistung durch lange Zuleitungen,
- hoher Stromverbrauch durch Schutzmaßnahmen gegen Vereisung,
- wegen großer Überwachungsbereiche zeitaufwendige Funktionsprüfung,
- je nach Sendeleistung Gebühren für „Funksender".

Insbesondere bei Funktionsprüfungen im Rahmen von Abnahmen, Inspektionen, Fehlersuche usw. bedeutet die Überprüfung des gesamten Überwachungsfeldes einen deutlichen personellen Aufwand, der sich natürlich weiter erhöht, wenn entsprechend große Strecken abgesichert werden.

6.4.8 Arbeitsschutz

Bei den Infrarotmeldern bezieht sich der Arbeitsschutz i. d. R. auf die Montagen in größeren Höhen, beispielsweise an Masten. Gerade dabei sind immer wieder die dubiosesten Arbeitsgeräte zu sehen. Der Errichter hat für diese Arbeiten eine entsprechende Gefährdungsbeurteilung zu erstellen. Insbesondere ist beispielsweise die GUV-I 694 „Handlungsanleitung für den Umgang mit Leitern und Tritten" zu berücksichtigen, aber auch entsprechende Vorschriften zu Hubsteigern usw. Leitern lassen sich zudem schlecht standsicher aufstellen, wenn die Bereiche um die Masten Rasenflächen sind.

Bei den Mikrowellenmeldern und -schranken gilt hinsichtlich des Arbeitsschutzes prinzipiell das Gleiche wie bei den Infrarotmeldern. Da sie aber auch zur Überwachung von Dachflächen eingesetzt werden, ist der Arbeitsschutz bereits bei der Planung mit zu berücksichtigen, weil hierfür eine persönliche Schutzausrüstung (PSA) erforderlich ist und die notwendigen Sicherungsmaßnahmen auf dem Dach vorhanden sein müssen, z. B. Anschlagpunkte.

Der Errichter muss in seiner Gefährdungsbeurteilung für den Arbeitsplatz des Monteurs bzw. des Wartungs- und Servicetechnikers die mögliche Gefährdung aufgrund der Absturzgefahr berücksichtigen.

Ein weiterer Unterschied zu den Infrarotmeldern ist das aktive Verfahren. Es wird eine hochfrequente Strahlung abgegeben, die u. U. gesundheitliche Einflüsse oder sogar Schäden hervorrufen kann. Das bedeutet für den Errichter:

1. Er muss in seiner Gefährdungsbeurteilung für den Arbeitsplatz des Monteurs bzw. des Wartungs- und Servicetechnikers eine mögliche Gefährdung durch den Aufenthalt im Bereich der Hochfrequenzsender berücksichtigen.
2. Der Kunde/Nutzer sollte darauf hingewiesen werden, dass eine Gefährdung seiner Mitarbeiter beim Aufenthalt in diesem Bereich entstehen kann. Dies muss er in seiner eigenen Gefährdungsbeurteilung für seine Mitarbeiter berücksichtigen.

Der Arbeits- und Gesundheitsschutz bezieht sich aber nicht nur auf die Installation, sondern auch auf die Betriebszeit der Überwachungsanlage, also auch auf Inspektionen, Wartungen und Instandsetzungen.

6.5 Videosensorik

Die Videosensorik ist ein Teilbereich der Video-Überwachungstechnik (VÜT) und wird speziell in der Überwachung von Freigeländen in Verbindung mit der Perimetersicherung bzw. autark verwendet.

Da der Ursprung aber die VÜT ist, werden im Rahmen dieses Buches nur kurz die Technik und deren Einsatz beschrieben. Obwohl es beim Einsatz von Videosensoren (einer räumlich zu betrachtenden Technik/Software) immer wieder zu Problemen und Verständnisschwierigkeiten kommt, kann an dieser Stelle aus Platzgründen nicht mit der notwendigen Intensität darauf eingegangen werden.

Nicht für die Überwachung im Freigelände geeignet ist die einfachste Form der Videosensorik, die sogenannte Bewegungserkennung. In zumeist analog arbeitenden Systemen wird das Videobild lediglich auf Veränderungen hin überwacht. Da eine derartige Veränderung bereits durch deutliche Hell-Dunkel-Unterschiede hervorgerufen werden können, wie sie bei Sonnenschein und vorbeiziehenden Wolken entstehen, ist der Einsatz dieser Technik im Außenbereich nicht sinnvoll. Es ist von vornherein mit einer Häufung von Falschalarmen zu rechnen.

6.5.1 Videosensorik mit Videoanalyse

Entlang des Perimeters befinden sich in regelmäßigen Abständen Videokameras, deren Überwachungsbereiche so ausgerichtet sein sollten, dass der Bereich lückenlos überwacht wird, was das Überwachungsgelände anbelangt, und gleichzeitig jede Kamera die folgende Kamera mit im Blick hat, um Sabotagen an der Videotechnik erfassen zu können.

Das Auslösekriterium ist dann die Änderung des Bildinhaltes bzw. daran anschließend die entsprechenden Änderungen im Videosignal, wenn sich z. B. eine Person in den Überwachungsbereich einer Kamera begibt bzw. sich darin bewegt. Die Darstellung der Alarmauslösung kann verschieden erfolgen. Es besteht die Möglichkeit, dass nur die betreffende Person im Videobild markiert wird oder zusätzlich zur Person auch der zurückgelegte Weg dargestellt wird.

Bewegungsrichtungen sind auch ein Kriterium. Es kann festgelegt werden, dass nur detektierte Personen, die sich vom Perimeter her einem Objekt nähern, als Eindringlinge definiert werden, während die umgekehrte Richtung nicht relevant ist, da von Mitarbeitern ausgegangen wird, die das Gelände offiziell verlassen. Das hat aber einen Haken, denn ein Täter, der sich bereits auf dem Gelände befindet und sich z. B. hat einschließen lassen, würde auf seinem Rückweg nicht als Alarmereignis angesehen, sondern wie ein berechtigter Mitarbeiter.

Derartige Systeme sollten aber grundsätzlich nur im Zusammenhang mit und nur hinter einer mechanischen Barriere als äußere Grenze eingesetzt werden. Die Verwendung als Detektionssystem im Bereich eines frei zugänglichen Feldes zwischen dem öffentlichen Bereich und einem zu sichernden Objekt führt zwar zu einer frühzeitigen Alarmierung, aber bringt u. U. auch eine Häufung von Falschalarmen mit sich und führt nicht zu einer Zeitverzögerung im Ablauf des Angriffs auf ein Objekt.

6.5.2 Anwendung

Eignung

Hochwertige Videosensorik ermöglicht nicht nur die Überwachung von Flächen und volumetrischen Räumen, sondern auch die Bewegung und bestimmte Aktionen. Sie kann als reine Freigeländeüberwachung ebenso eingesetzt werden wie zur Überwachung des Perimeters.

Eine Alarmvorprüfung ist nicht mehr zeitaufwendig am jeweiligen Ort notwendig, sondern kann sofort per Videobild erfolgen.

Detektion

Für die Betrachtung der Detektionsmöglichkeiten ist entscheidend, wo die Kameras installiert wurden und welche Überwachungsaufgaben ihnen zugedacht wurden. Kameras, die das Freigelände bzw. die im Gelände befindlichen Objekte überwachen, detektieren lediglich das Robben, Gehen und Laufen von Tätern bzw. Bewegungen von Fahrzeugen.

Kameras, die dagegen das Perimeter mit im Blickfeld haben, detektieren dort die Überwindungsarten Übersteigen, Durchdringen, Durchbrechen, Unterkriechen und Untergraben. Wie frühzeitig dabei ein Angriff auf einen Zaun erkannt wird, hängt von dem Winkel der Kameras zum Zaun ab. Je größer der Winkel zum Zaun, um so früher ist das möglich. Allerdings ist darauf zu achten, dass ein Blick der Kameras durch den Zaun nur dann erlaubt ist, wenn der außen vor dem Zaun befindliche Geländebereich zum Grundstück gehört und kein öffentlicher Bereich ist.

Überwachungsbereiche

Die durch die Videosensorik erfassten Überwachungsbereiche sind einerseits davon abhängig, welcher Blickwinkel bei der Objektivauswahl festgelegt wurde und andererseits innerhalb des Videobildes individuell festzulegen. Dadurch ist außer einer optimalen Anpassung an die örtlichen Gegebenheiten auch eine jederzeitige Anpassung bzw. Änderung der Bereiche entsprechend den Änderungen der Sicherheitslage und damit des Sicherheitskonzeptes möglich.

Einflüsse/Falschalarmrisiko

Da eine freie Sicht der Kameras notwendig ist, bedeuten alle Flächen hinter Objekten im Sichtbereich nicht zu überwachende Bereiche. Ferner können durch Objekte im Überwachungsbereich verursachte Schatten die Auswertung der Videobilder beeinflussen. Dies betrifft sowohl den Tagesbetrieb mit hellem Sonnenlicht als auch den Nachtbetrieb mit sehr hellen Leuchten.

Die Videosensorik ist abhängig von der eingesetzten Kameratechnik, was bedeutet, dass deren Probleme mit Umwelteinflüssen direkte Auswirkungen auf die Videosensorik haben. Wenn eine Kamera nichts mehr sieht (starker Regen, Hagel, Schnee usw.), kann auch die Videosensorik nichts mehr auswerten.

Das Falschalarmrisiko beispielsweise durch kleine Tiere kann durch entsprechende Systemeinstellungen weitgehend reduziert werden. Dabei ist aber zu beachten, dass Größen von Personen anhand der Entfernung von der Kamera analysiert werden können, Vögel dagegen haben zwar eine annähernd bekannte Größe, können aber den Nahbereich der Kamera durchfliegen und wirken dann wie ein Mensch in großer Entfernung.

Gleiches gilt für größere Insekten unmittelbar vor der Kamera. Dieses Falschalarmrisiko kann reduziert werden, indem

- der Errichter keine Wärme abgebenden Leuchtmittel unterhalb der Kamera installiert,
- der Errichter im Wartungs- bzw. Servicefall und ansonsten ggf. der Kunde für die Sauberkeit der Kamerafronten sorgt.

Wartung/Reparatur

Da es sich bei den heute üblichen Videosensoren überwiegend um softwarebasierte Systeme handelt, beschränken sich notwendige Arbeiten auf die Softwareaktualisierung und die vorgenommenen Einstellungen in Software, Menüs, Bildschirmdarstellungen usw. Dabei darf allerdings nicht vergessen werden, dass „mal eben" vorzunehmende Änderungen durchaus zu einem erheblichen Zeitaufwand führen können, wenn Anpassungen vorzunehmen sind, die z. B. andere Einstellungen dadurch gleich mit beeinflussen, weil sie zwar nicht zu verändern, aber in ihrer Reihenfolge, ihren Prioritäten usw. neu einzugeben sind.

Kosten

Die Hauptkriterien für Beschaffung und Einrichtung richten sich nach der Anzahl der einzubindenden Kameras und der geforderten Anzahl an zu hinterlegenden Darstellungen und Maßnahmen.

ACHTUNG!

Die Einrichtung von Maßnahmenplänen, Grafiken usw. wird immer wieder unterschätzt. Dies ist eine Arbeit mit hohen Personalkosten. Diese laufen immer dann aus dem Ruder, wenn im Vorfeld mit dem Kunden nicht klar definiert wurde, welche Arbeiten im Detail auszuführen sind. Das verleitet die Kunden dazu, immer wieder Änderungswünsche vorzutragen, die „mal eben" mit einzupflegen sind. Je größer das Gesamtprojekt, umso größer ist das Risiko, erheblich mehr Arbeitsleistung zu investieren, als anschließend abgerechnet werden kann.

Ist eine Videoüberwachung bereits im Objekt vorhanden, sind nur die Kosten der reinen Sensorik zu betrachten. Ist nichts vorhanden, ist die Einrichtung der Videotechnik ein wesentlicher und durchaus größerer Kostenfaktor als die eigentliche Sensorik. Als weiterer Kostenfaktor ist die Einrichtung oder zumindest die Anpassung einer Szenenbeleuchtung einzuplanen, damit überhaupt erst der Einsatz der Videosensorik ermöglicht wird.

Dem gegenüber steht die Möglichkeit der Optimierung der personellen Ausstattung. Durch schnelle Alarmvorprüfung müssen die Mitarbeiter des Kunden oder Dienstleisters im Falle eines Alarmes nicht sofort ausrücken und können so ihre Arbeitszeit anderweitig nutzen, was dem Kunden finanzielle Vorteile bringt.

6.5.3 Arbeitsschutz

Bei der Videosensorik darf der Arbeitsschutz nicht außer Acht gelassen werden. Eine Gefährdung ergibt sich u. a. durch die erhöhte Montage der Kameras und des zusätzlichen Equipments. Daher gilt:

1. Der Errichter muss in seiner Gefährdungsbeurteilung für den Arbeitsplatz des Monteurs bzw. des Wartungs- und Servicetechnikers die mögliche Gefährdung durch den Einsatz von Leitern und Hubgeräten sowie dem Arbeiten auf Gerüsten berücksichtigen.
2. Der Kunde/Nutzer sollte darauf hingewiesen werden, dass eine Gefährdung seiner Mitarbeiter entstehen kann, insbesondere bei einer Gehäusereinigung von Kameras und Strahlern und ggf. beim Tausch von Leuchtmitteln. Dies muss er in seiner Gefährdungsbeurteilung für seine Mitarbeiter berücksichtigen.
3. Mastmontagen führen dann zu einer noch weitergehenden Gefährdung der Mitarbeiter, wenn Kippmasten verwendet werden. Deren bewegliche Massen können bei falscher und unsachgemäßer Behandlung dazu führen, dass Personen, die im Bewegungsbereich des Mastoberteils stehen, verletzt oder sogar erschlagen werden.
4. Eine weitere Gefährdung besteht beim Einsatz auf Gebäuden. Auch hier ist eine Gefährdungsbeurteilung durch den Errichter zu erstellen bzw. eine vorhandene entsprechend anzupassen.

Insbesondere der letzte Punkt ist bereits bei der Planung mit zu berücksichtigen, da hierfür eine persönliche Schutzausrüstung (PSA) erforderlich ist und die notwendigen Sicherungsmaßnahmen auf dem Dach vorhanden sein müssen, z. B. Anschlagpunkte.

7 Anlagenbetrieb

7.1 Auswertung

Die Auswertung eines alarmrelevanten Ereignisses kann auf unterschiedliche Weise erfolgen, je nachdem, ob es sich am Ereignisort um Sensoren oder Melder handelt (siehe Abschnitt 4.1.2).

Melder

Im einfachsten Fall handelt es sich um Melder (z. B. Lichtschranken), die intern eine Auswertung vornehmen und die verschiedenen möglichen Meldungen über Relaiskontakte oder Schaltausgänge zur weiteren Bearbeitung zur Verfügung stellen.

In diesen Fällen werden die von den Meldern generierten Alarme und Meldungen an eine Einbruch- oder Gefahrenmeldeanlage (EMA/GMA) weitergeleitet, die dann aufgrund ihrer Programmierung die Entscheidung trifft, ob eine Meldung ausgegeben wird und mit welcher Priorität. Dass nur Meldungen ausgegeben werden, liegt daran, dass selbst Alarme aus dem Perimeterbereich nicht auf Einbruchmeldegruppen aufzuschalten sind, sondern nur auf solche Meldegruppen, die als Technischer Alarm zu programmieren sind.

Beispielsweise dient eine EMA dem Schutz eines Gebäudes an der Außenhaut und im Innern, während das Detektionssystem einen völlig anderen Bereich sichert und gleichzeitig verhindert werden soll, dass die unvermeidbaren Alarme aufgrund von Einflüssen auf das Detektionssystem zu den gleichen Interventionsmaßnahmen (auch Polizeieinsätze) führen, wie ein echter Einbruch in ein Gebäude.

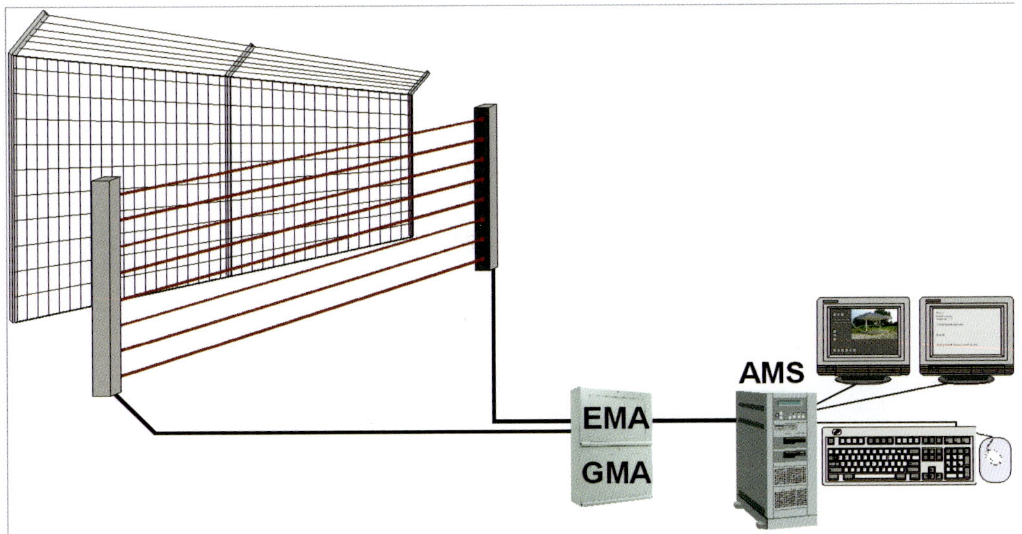

Abb. 7.1.1: Auswertung von Meldern

Bei einem weiteren Aspekt bezüglich der ausschließlichen Aufschaltung von Perimeteralarmen auf Technische Meldegruppen, und zwar, dass ein nicht im Ruhezustand befindliches Detektionssystem nicht in die Zwangsläufigkeit einer EMA eingreifen darf, sind weitergehende Überlegungen über die Objektsicherheit anzustellen. Das reine Umsetzen einer Richtlinie ist dabei nicht ausreichend.

Wird ein Objekt ganzheitlich gesichert, mit einer Perimetersicherung und einer EMA, lässt sich so die EMA in den scharfen Zustand versetzen, ohne dass die Perimetersicherung in Funktion ist. Das bedeutet, dass der Nutzer in die Lage versetzt wird, die gesamtheitliche Sicherungsmaßnahme nur teilweise umzusetzen, was u. U. seinen Versicherungsschutz einschränkt. Es spricht nichts dagegen, über die Zwangsläufigkeit sicherzustellen, dass auch die Perimetersicherheit gewährleistet ist. Das ist in zwei Fällen so:

- Das Gebäude mit der Absicherung durch eine EMA befindet sich im Verlauf des äußeren Perimeters und der Nutzer schaltet die EMA an der Gebäudeaußenseite, ohne anschließend das Freigelände nochmals betreten zu müssen. Die gesamte Perimetersicherung kann so nicht vergessen werden.
- Das Gebäude mit der Absicherung durch eine EMA befindet sich innerhalb eines abgesicherten Freigeländes. Dann muss der Nutzer nach der Scharfschaltung der EMA über das Freigelände hinweg z. B. zu einem Tor im Außenzaun gehen. In diesem Fall könnte die gesamte Perimetersicherung über die Zwangsläufigkeit bereits vorher in den meldebereiten Zustand versetzt worden sein, mit Ausnahme der Sicherung des Weges zum Tor und des Tores selbst. Beide (Teil-)Sicherungen lassen sich dann über eine Zeitverzögerung oder über eine separate Schalteinrichtung am Tor mit in die Überwachung des Gesamtobjektes einbeziehen. Auch hierbei kann die Perimetersicherung nicht vergessen werden und das gesamte Areal ist entsprechend den Versicherungsauflagen gesichert.

Sensoren

Viele der in den vorangegangenen Kapiteln vorgestellten Detektionssysteme verfügen über eine eigene komplexe Zentralentechnik, die prinzipiell einer Gefahrenmeldeanlage gleichwertig ist. Alle Alarme und Meldungen werden hier generiert und können entsprechend direkt an einem Überwachungsplatz angezeigt oder zu einer ständig besetzten Stelle übertragen werden.

Sie können aber auch, wenn eine EMA oder GMA im Objekt vorhanden ist, auf diese aufgeschaltet werden. Die Weiterleitung der Alarme/Meldungen aus dem Detektionssystem erfolgt dann über diese Zentralen zur externen Empfangsstelle. Dabei kann die Zentrale des Detektionssystems davon unabhängig die generierten Alarme der internen Empfangsstelle zuführen.

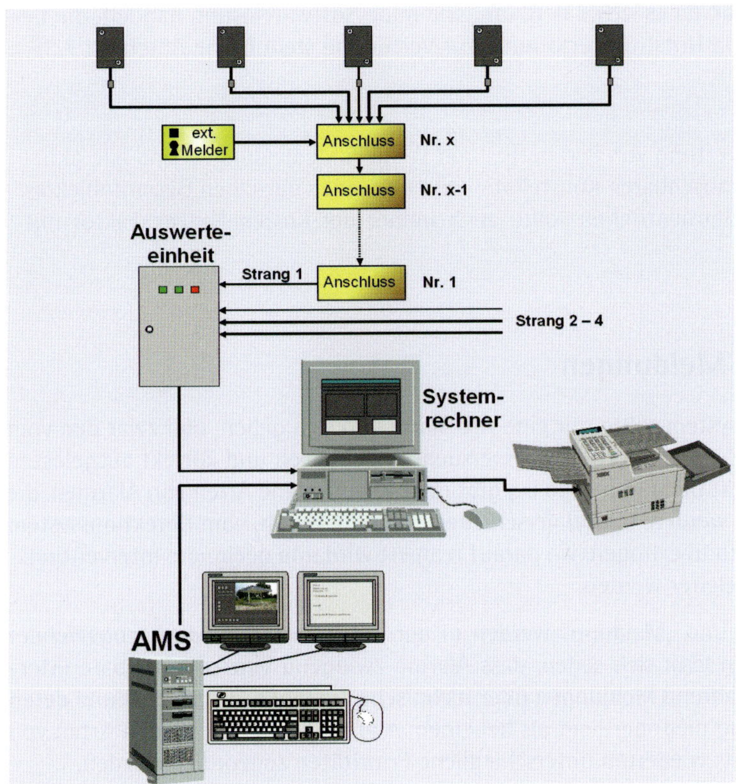

Abb. 7.1.2: Auswertung von Sensoren

Richtlinienaufbau

Da einzelne Melder, wie Infrarot- und Mikrowellenmelder sowie Lichtschranken, nicht alleine vollumfänglich funktionsfähig sind – vor allem fehlt ihnen die Strom- und Notstromversorgung –, ist für diese Melder eine GMA (ggf. EMA) zu installieren, die die Überwachung der einzelnen Melder und die Weiterleitung eingehender Meldungen vornimmt. Dies ist vergleichbar mit einer Standard-EMA, deren Meldungsgeber sich aber nicht im Objekt befinden, sondern außen am Perimeter bzw. im Freigelände.

Betrachten wir dazu erneut die VdS 3143:2012-09 (01). Dort wird verlangt, dass alle Meldungen, egal welcher Art, auf eine GMA oder ein Gefahrenmanagementsystem (GMS) aufgeschaltet werden müssen. Das fördert zwar den Umsatz, dürfte aber in Wettbewerbssituationen zu Problemen führen. Insbesondere dann, wenn eine Perimetersicherung im Einsatz ist, handelt es sich i. d. R. um solche Objekte, die selber eine ständig besetzte Stelle haben, und zwar den Pförtner oder die eigene Sicherheitszentrale. Dort kann die Zentrale des Detektionssystems die erzeugten Meldungen optisch (z. B. Lageplantableau) und akustisch (Sirene usw.) anzeigen. Dazu wird weder eine GMA/EMA benötigt noch ein GMS, wobei in der VdS 3143 das GMS als Alternative (oder) genannt ist. Ein Gefahrenmanagementsystem ist aber nicht mit einer Gefahrenmeldeanlage vergleichbar, da es sich i. d. R. um eine reine Softwarelösung handelt, die beispielsweise keine Strom- und Notstromversorgung zur Verfügung stellt (siehe Abschnitt 7.3).

HINWEIS!

Für die Planung der Auswertung von Perimeter- und Freigeländemeldungen sind alle aktuellen und für die Zukunft absehbaren Konstellationen eines jeden einzelnen Gesamtobjektes zu betrachten. In diese Betrachtungen sollte auch immer der Kosten-Nutzen-Faktor mit einfließen.

7.2 Alarme und Meldungen

Ein „optimales" Detektionssystem sollte nur eine Art Alarm von sich geben, und zwar den vom Detektionssystem aufgrund eines Überwindungsversuches tatsächlich und korrekt ausgelösten Alarm. Da dem in der Realität nicht immer so ist, gibt es a) verschiedene Arten von Alarmen, die nachfolgend kurz erläutert werden, und b) verschiedene Möglichkeiten, vom Detektionssystem generierte Alarme dorthin zu übertragen, wo darauf reagiert wird und geeignete Interventionsmaßnahmen in die Wege geleitet werden.

Auch die Begriffe „Alarm" und „Meldung" werden in der Praxis unterschiedlich angewendet und interpretiert. Allgemein lässt sich sagen, dass Alarme zwingend eine unmittelbare Intervention zur Folge haben, während Meldungen über technische Zustände informieren und deren Priorität bei der Bearbeitung niedriger liegt als bei einem Alarm. Den verschiedenen Arten von Meldungen können ihrerseits wiederum unterschiedliche Prioritäten zugeordnet werden.

7.2.1 Alarmarten

Bei den Alarmarten ist zu unterscheiden zwischen den von Institutionen verwendeten, den in der Branche als allgemein verwendeten bzw. umgangssprachlich zu bezeichnenden und den von den Kunden/Nutzern verwendeten Begrifflichkeiten. Diese können deutlich voneinander abweichen.

Perimeteralarm

Aufgrund eines tatsächlichen Ereignisses im Perimeterbereich (z. B. Überwindung) erfolgt vom Detektionssystem eine Auswertung der von den Sensoren weitergeleiteten Daten dahingehend, dass die Sensordaten den Vergleichsdaten entsprechen, die bei einem solchen Ereignis zu erwarten sind. Es handelt sich also um einen vom Normalzustand abweichenden Zustand des Detektionssystems.

Es erfolgt ein Alarm, der von der Systemzentrale generiert wird und zu folgenden Funktionen führen kann:

- optischer und/oder akustischer Alarm (örtliche Alarmierung),
- Fernalarmierung an eine hilfeleistende Stelle zur Einleitung von Interventionsmaßnahmen,

- optische Darstellung der auslösenden Melder oder des auslösenden Meldebereiches,
- Ansteuerung von anderen Systemen, wie beispielsweise ein Video-Überwachungssystem.

Beispiel

Ein Perimeteralarm wird ausgelöst, wenn ein Täter versucht, einen Zaun zu überwinden und das installierte Detektionssystem diesen Überwindungsversuch erkennt.

Perimeteralarme müssen nach Beseitigung oder nach dem Nichtmehrvorhandensein des Auslösekriteriums am System zurückgesetzt werden.

Falschalarm

Bei Falschalarmen handelt es sich um diejenigen Alarme, die ausgelöst wurden, obwohl ihnen kein relevantes Ereignis zugrunde liegt. Zu unterscheiden sind zwei Gruppen, und zwar Alarme aufgrund einer technischen Störung im Detektionssystem (Störungsalarm) und Alarme, denen ein Ereignis zugrunde liegt, das aber kein Überwindungsversuch eines Täters darstellt (Täuschungsalarm).

Beispiele

1. Ein Störungsalarm kann z. B. durch einen Bauteiledefekt im System ausgelöst werden. Ein Täuschungsalarm wird z. B. ausgelöst, wenn ein sehr heftiger Hagelschauer (oder ein Gewitter) derart auf den Zaun einwirkt, dass das Detektionssystem von einem Sensor ein mit einem tatsächlichen Überwindungsversuch gleichartiges Signal erhält. Oftmals ist es der Kontakt mit einem Tier, Erschütterungen von Fahrzeugen u. Ä.
2. Falschalarme können nicht nur aus dem System heraus ausgelöst werden, auch der Nutzer kann eine Ursache (Falschbedienung) sein. Dann zeigt sich, wie wichtig es nach einem Ereignis ist, bei einer Überprüfung der Anlage genau festzustellen, nachzuweisen und zu dokumentieren, welches Ereignis ursächlich dafür verantwortlich war, dass ein Alarm ausgelöst wurde.

Nachlässigkeiten an diesen Stellen führen immer wieder dazu, dass Nutzer behaupten, die Ursache läge in der fehlerhaften Funktion begründet und somit sei der Errichter dafür verantwortlich. Zu einem späteren Zeitpunkt wird es meist schwierig, dies nachzuweisen, sodass der Errichter bzw. das Serviceunternehmen die Kosten derartiger Einsätze selber trägt.

Eine weitere Möglichkeit für Falschalarme besteht darin, dass Tätergruppen sich aufteilen. Während ein Täter an einer beliebigen Stelle immer wieder einen Alarm auslöst, um die Interventionskräfte an dieser Stelle zu binden, nutzen die übrigen Täter den dadurch bestehenden Zeitvorteil, um an der entgegengesetzten Stelle den Perimeter zu überwinden (siehe Abbildung 7.2.3/Abbildung 7.2.4).

Auch bei dieser Alarmauslösung ist die Ursache nicht beim Errichter angesiedelt. Es ist Aufgabe des Nutzers bzw. des von ihm beauftragten Dienstleisters, je nach Objektgröße personelle Reserven vorzuhalten. Für den Errichter ist nur wichtig, die Abläufe und die Auslösekriterien zu dokumentieren.

Falschalarme müssen ebenfalls nach Beseitigung oder Nichtmehrvorhandensein des Auslösekriteriums am System zurückgesetzt werden.

WICHTIG!

Eine 100 %ige Falschalarmfreiheit ist bei keinem System zu garantieren, es sei denn, es ist nicht eingeschaltet. Daher ist es von der Inbetriebnahme der Anlage an wichtig, mit Falschalarmen richtig umzugehen, sie zu analysieren und ihnen, soweit möglich, entgegenzuwirken.

Wird die objekt- und systembedingte Falschalarmrate durch entsprechende Einstellungen und Programmierungen so weit verändert, dass dem Nutzer eine Falschalarmfreiheit garantiert werden kann, bedeutet das nichts anderes, als eine so gravierende Reduzierung der Empfindlichkeit, dass bei einem tatsächlichen Überwindungsversuch nicht mit einem Perimeteralarm zu rechnen ist.

Umgekehrt bedeutet das aber nicht, dass die Falschalarmrate beliebig hoch sein darf. Durch optimale Einstellungen und Beseitigung von Störeinflüssen müssen die Systeme weitestgehend fehlalarmreduziert sein. Die restlichen noch verbleibenden Falschalarme sind dann so minimal, dass sie vom Nutzer akzeptiert werden sollten.

Eine dem Nutzer garantierte maximale Falschalarmrate z. B. von x Alarmen je Sensor und Zeiteinheit ist ein Risiko für den Planer/Errichter, denn sie können vorausschauend nicht erkennen, welche Einflüsse künftig auf das Detektionssystem einwirken werden (siehe Abschnitt 4.1.3).

Negativer Falschalarm

Das Gegenteil eines Falschalarmes ist der negative Falschalarm bzw. das Ausbleiben eines Alarmes trotz eines alarmrelevanten Ereignisses. Ursache können Planungsfehler sein, aufgrund derer eine Überwindung eines Zaunes möglich ist, und Mängel in Ausführung, Service, Wartung usw., also typische Errichterfehler.

Beispiele

Ein Planungsfehler liegt vor, wenn eine Perimetersicherung zwar einwandfrei geplant und installiert wird, ein Baum an der Mauer aber das Überwinden derselben ermöglicht, ohne zu einem Alarm zu führen. Ein Ausführungsfehler liegt vor, wenn beispielsweise eine Mikrowellenstrecke installiert wurde, eine Prüfung auf nicht erfasste Zonen aber unterblieben ist.

Fehlalarm

Hierbei handelt es sich um einen allgemein gebräuchlichen Begriff, der vor allem auch von Nutzern verwendet wird, da sie i. d. R. nicht das Wissen haben, um eine Unterscheidung treffen zu können. Unter diesem Begriff werden alle Alarme zusammengefasst, die nicht zu den von einem korrekt arbeitenden System aufgrund eines Überwindungsversuches oder einer Sabotage ausgelösten Alarmen zählen.

Teilweise wird Fehlalarm interpretiert als **Fehl**endes echtes Auslösekriterium und andererseits lässt sich dieser Begriff definieren als **Fehl**ende Alarmierung trotz eines eingetretenen Ereignisses. Die Anwendung dieses Begriffes ist jedoch jedem freigestellt. Insbesondere ist es nicht ratsam, mit einem Nutzer über spezielle Definitionen von Alarmen und Meldungen zu diskutieren.

ANMERKUNG

Im deutschen Sprachgebrauch bedeutet die Vorsilbe „fehl" falsch bzw. fehlerhaft (z. B. Fehlinformation = falsche Information). Daher ist „Fehlalarm" als Sammelbegriff für alle Alarme außer den Perimeter- bzw. Sabotagealarmen ein gängiger und geeigneter Begriff.

Sabotagealarm

Zu jeder qualitativ hochwertigen elektronischen Perimetersicherung gehört eine Absicherung der einzelnen Systemkomponenten dahingehend, dass das Öffnen von Geräten, die Veränderungen der Montagen, die Manipulation an den Kabel- und Leitungsnetzen usw. zu einer Meldung führen. Der Ort der Sabotage sollte dabei möglichst eindeutig zu ermitteln sein, denn je länger eine Suche dauert, umso größer ist die Gefahr, dass aufgrund einer Sabotage weitere Schäden verursacht werden.

Bei einem Sabotagealarm ist in erster Linie der Errichter gefragt. Allerdings bedeutet ein solcher Alarm u. U., dass Bewachungspersonal am Sabotageort einzusetzen ist. Zwar ist ein Sabotagealarm in seiner Priorität niedriger einzustufen als ein Perimeteralarm, der notwendige Einsatz des Errichters zur Beseitigung der Ursache sollte aber trotzdem schnellstmöglich erfolgen, denn ein Personaleinsatz an der Sabotagestelle führt sonst zu vermeidbaren Kosten.

Ist die Ursache des Alarms bekannt, beispielsweise die Beschädigung eines Verteilers im regulären Betriebsablauf, liegt die Entscheidung beim Nutzer, ob er innerhalb der nächsten Stunde, zum Betriebsende oder erst am nächsten Tag die Störungsbeseitigung haben will. Dies ist entsprechend zu dokumentieren, denn in der Zwischenzeit könnten weitere Sabotagealarme aufgrund von gezielten Manipulationen auftreten, die nicht erkannt werden.

Störungsmeldungen

Aufgrund verschiedenster Ursachen können von den Detektionssystemen Meldungen generiert werden, die den Nutzer darüber informieren, dass im Betrieb der Anlage eine Abweichung vom normalen Betriebszustand aufgetreten ist, die entsprechend der jeweiligen Priorität zu beseitigen ist, da ansonsten

- tatsächliche Alarme aufgrund von Überwindungsversuchen nicht gemeldet werden können,
- die Funktionsfähigkeit des entsprechenden Systems nicht gegeben ist,
- in kurzer Zeit mit einem Ausfall des entsprechenden Systems zu rechnen ist.

Im Gegensatz zu Alarmen, die nach Beseitigung der Ursache zurückzusetzen sind, ist dies bei Störungsmeldungen nicht erforderlich. Ist die Ursache für die Meldung nicht mehr vorhanden, erfolgt eine automatische Rückstellung. Allerdings reicht dies nicht aus. Auch einer bereits wieder zurückgestellten Meldung ist nachzugehen, um feststellen zu können, ob in der Zwischenzeit keine relevanten Ereignisse unbemerkt geblieben sind bzw. nicht in Kürze mit weiteren Meldungen zu rechnen ist.

Zu unterscheiden ist zwischen Meldungen, die im Detektionssystem ihren Ursprung haben und solchen, die externer Natur sind.

Zu den Störungsmeldungen, die einen externen Ursprung haben, gehört die Disqualifikationsmeldung beispielsweise einer Lichtschranke (siehe Abschnitt 6.2.4). Obwohl „lediglich" eine Meldung erfolgt, ist der Disqualifikation eine hohe Priorität zuzuordnen, denn ab dieser Meldung ist eine Alarmierung bei einer Überwindung nicht mehr möglich. Je nach Sicherungskonzept sind dann sofortige personelle Maßnahmen einzuleiten.

Systembedingte Disqualifikationsmeldungen erfolgen beispielsweise dann, wenn bei Geräten, die aufgrund niedriger Temperaturen beheizt werden müssen, die Heizung ausfällt. Der zulässige Arbeitsbereich des Gerätes oder von Sensoren wird verlassen, woraufhin eine sichere Alarmverifikation nicht mehr gewährleistet ist oder überhaupt keine mehr erfolgt.

Systembedingte Störungsmeldungen können sein:

- Netzausfall,
- Akkustörung/Ausfall der Notstromversorgung,
- von einem Sensor oder einem signalverarbeitenden Gerät ausgelöste Störungsmeldungen.

Insbesondere der Notstromversorgung ist größte Aufmerksamkeit zu widmen. Gerade bei weit verteilten Geräten ist die Notstromversorgung unabdingbar, um bei einem Netzausfall keine Überwachungslücken oder sogar einen Ausfall weiter Detektionsbereiche zu riskieren.

Während in der Einbruchmeldetechnik (EMT) Überbrückungszeiten von bis zu 60 h (2 $^{1}/_{2}$ Tage) möglich sind, müssten dafür bei verschiedenen Detektionssystemen aufgrund des hohen Stromverbrauchs (Heizung) überdimensionale Notstromversorgungen installiert werden. Da dies aus Kostengründen eher nicht der Fall ist, wird den Meldungen „Netz-/Akkustörung" eine entsprechend hohe Priorität zugewiesen.

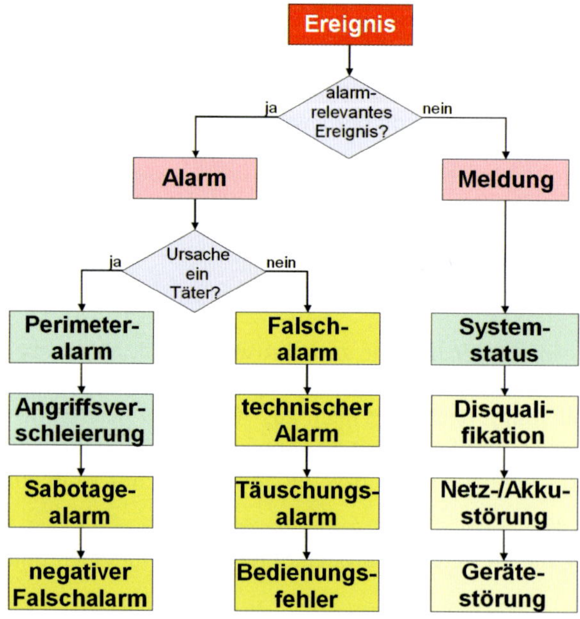

Abb. 7.2.1: Alarme und Meldungen

Störungsmeldungen, die ihren Ursprung außerhalb eines Detektionssystems haben, sind auf Ereignisse zurückzuführen, die von den jeweiligen Sensoren nicht mehr erfasst werden können oder nicht mehr als alarmrelevantes Ereignis zu verifizieren sind.

WICHTIG!

Für alle Alarme und Meldungen ist eine nachprüfbare Prioritätenliste zu erstellen, die jeweils die Priorität und den Zeitfaktor angibt. Unabhängig davon wird ein Maßnahmenplan erstellt, in dem die zu ergreifenden Maßnahmen aufgeführt sind.

7.2.2 Alarmierung

Wird ein Ereignis von einem Sensor bzw. Melder als Alarm erkannt, so muss dieser Alarm zu einer entsprechenden Aktion führen bzw. an eine dafür geeignete Empfangsstelle weitergeleitet und dort nach entsprechenden Vorgaben bearbeitet werden.

Örtliche Alarmierung

Theoretisch kann eine Perimetersicherung ausschließlich mit einer örtlichen Alarmierung versehen werden. Stellt man jedoch das für ein Objekt anzunehmende Risiko, das festgelegte Schutzziel, die örtliche Lage und andere Kriterien gegenüber, so wird schnell erkennbar, dass eine Perimetersicherung und eine örtliche Alarmierung nicht zusammenpassen.

Eine örtliche Alarmierung beinhaltet akustische (Sirenen) und optische (Blitzleuchte) Elemente. Bei einem schutzbedürftigen Objekt in einem weitläufigen Industriegebiet oder im freien Gelände mit umliegenden Feldern ist nicht damit zu rechnen, dass ein Alarm bewusst wahrgenommen wird:

- Die Akustik wird durch eine große Entfernung oder eine nahe verkehrsreiche Straße unterdrückt.
- Die Optik kann auf größere Entfernungen mit der gelben Rundumleuchte an einem Lkw oder Gabelstapler verwechselt werden.

Bei einer örtlichen Alarmierung muss zusätzlich sichergestellt sein, dass von den Sicherungssystemen kommende Störungsmeldungen angenommen und bearbeitet werden. Insbesondere auf Netz-/Akkustörungen muss selbst bei einem langen Wochenende eine Reaktion erfolgen. Dies kann zwar im einfachsten Fall eine Information an ein Kommunikationsgerät des Haustechnikers sein, jedoch ist auf diesem Wege nicht sichergestellt, dass die Nachricht tatsächlich ankommt und dann auch noch bearbeitet wird (Handy-Akku ist leer, Handy leise gestellt, kein Netzempfang usw.).

WICHTIG!

Eine rein örtliche Alarmierung ist zu vermeiden, da sie, je nach Objektlage, mit einer nicht vorhandenen Alarmierung gleichzustellen ist.

Interne Alarmierung

Bei größeren Objekten mit umfangreichen Perimetersicherungen ist davon auszugehen, dass sich in einem der Gebäude eine ständig besetzte Stelle befindet. Das kann der Pförtner an der Geländezufahrt sein, aber auch weitergehende Einrichtungen bis hin zu einer eigenen Leitstelle. Diese muss sich aber nicht im zu sichernden Objekt befinden, sondern kann auch eine Leitstelle sein, die über das firmeninterne Netzwerk (Intranet) angebunden ist und sich in einer entfernten Niederlassung des Unternehmens befindet.

Besetzt sein können diese Arbeitsplätze durch Mitarbeiter (MA) des Nutzers oder über eine Fremdvergabe durch Mitarbeiter eines Dienstleisters. Wichtig ist dabei, dass mindestens ein MA ständig Alarme und Meldungen entgegennehmen kann. Das bedeutet, mindestens einen weiteren MA im Hintergrund bereit zu haben, damit der Hauptmitarbeiter auch seine Pausen wahrnehmen oder zum WC gehen kann. Bei der internen Alarmierung sind mehrere Konstellationen möglich, die bei der technischen Ausstattung mit zu berücksichtigen sind:

- Der Arbeitsplatz ist alleine für den Empfang und die Bearbeitung von Alarmen/Meldungen ausgestattet und zuständig.
- Es gibt mehrere Arbeitsplätze zum Empfang und zur Bearbeitung von Alarmen/Meldungen, zwischen denen je nach Erfordernis oder Tageszeit umgeschaltet wird.
- Es gibt zwar einen oder mehrere dieser Arbeitsplätze, aber nach Arbeitsende wird auf eine externe Empfangsstelle umgeschaltet.

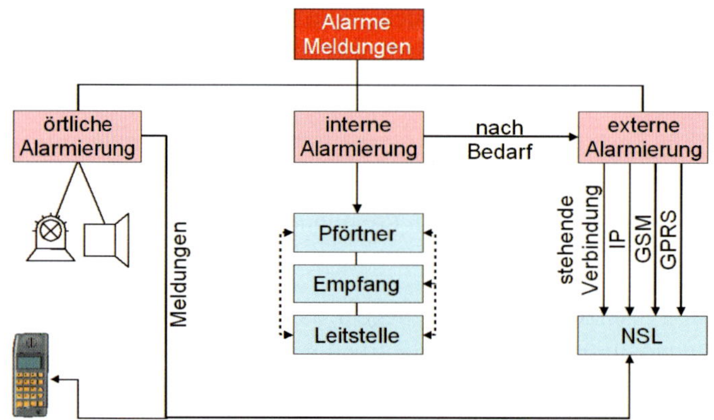

Abb. 7.2.2: Varianten der Empfangsstellen

Externe Alarmierung

Eine geeignete Empfangsstelle kann im einfachsten Falle der ständig besetzte Pförtner oder eine ständig besetzte Sicherheitszentrale im Objekt selbst sein. Stehen diese nicht zur Verfügung, so wird ein Alarm über das Leitungsnetz der Telekom, über ein GSM-Netz o.Ä. zu einer ständig besetzten und hierfür geeigneten externen Empfangszentrale weitergeleitet.

Wichtig ist in jedem Fall, dass mit der Einrichtung der Alarmübertragung geeignete Maßnahmen festgelegt wurden, die vorgeben, was im Alarmfall auszuführen ist: der Maßnahmenkatalog. Nur so kann die Interventionszeit (siehe Abbildung 1.4.1 bis 1.4.3) entsprechend kurz gehalten werden.

Eine undefinierte Alarmmeldung alleine reicht nicht aus, um geeignete Maßnahmen zu treffen. Das Detektionssystem muss den Alarm verifizieren können. Das ist ein Punkt, in dem sich die einzelnen Systeme z. T. stark voneinander unterscheiden.

Wichtig ist eine freie Aufteilung der zu einer Alarmzone zusammengefassten Sensoren oder Melder. Ein Alarm, der besagt, dass eine Auslösung innerhalb eines 100 bis 200 m großen Zaunabschnittes erfolgt ist, kann für einen gezielten Einsatz von externen Interventionskräften nicht ausreichend sein.

Auch die Unterscheidung, ob die Auslösung vom Zaun herrührt oder von einem Tor innerhalb dieses Zaunbereiches, ist wichtig, um eine Aussage über die Art des Ereignisses treffen zu können.

Die ausschließliche Alarmierung reicht nicht aus, um effektiv agieren zu können, denn es müsste Sicherheitspersonal zum auslösenden Bereich geschickt werden, um den Auslösegrund feststellen zu können und danach geeignete Schritte einzuleiten. Unverzichtbar ist im Zusammenhang mit Freigeländesicherungen daher der Einsatz von Videotechnik. Nur in dieser Kombination kann ein gemeldeter Alarm sofort verifiziert und unmittelbar geeignete Maßnahmen eingeleitet werden, ohne sich vorher zu der betreffenden Stelle hinbegeben zu müssen.

Insbesondere bei einer Alarmierung zu einem externen Wachdienst wird Zeit gespart, indem der Wachmann nicht zuerst zum Objekt fahren muss, um erst nach der Besichtigung des Schadensereignisses die Polizei zu verständigen. Dies kann von der Zentrale aus, beim Erkennen eindringender Personen, sofort erfolgen, während der Wachmann sich noch auf dem Weg zum Objekt befindet.

Allerdings bedeutet eine Visualisierung der Ereignisse an einem einzelnen Videomonitor nicht, dass damit die Gesamtsituation erfasst wird. Zum Videobild der ausgelösten Alarmzone gehören mindestens zwei weitere Videobilder, und zwar die der beiden angrenzenden Bereiche. Dies wird anhand der Abbildung 7.2.3 und 7.2.4 verdeutlicht.

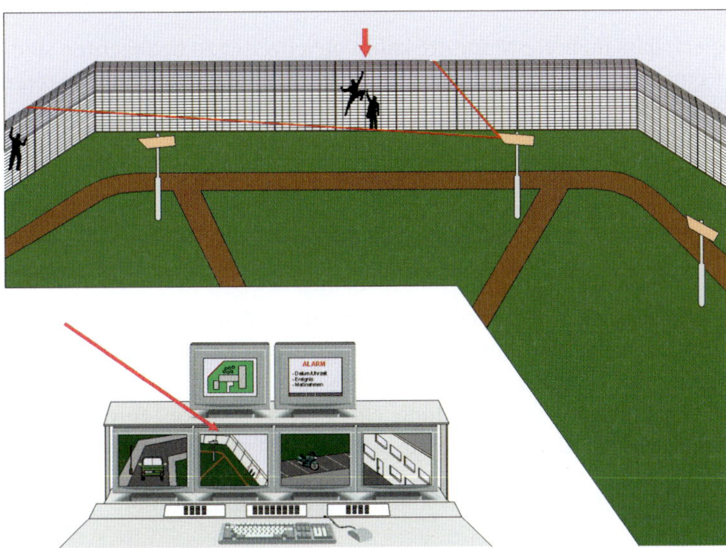

Abb. 7.2.3: Nur 1 Alarmmonitor

In Abbildung 7.2.3 wird das Ereignis (zwei Personen) nach der Alarmauslösung mit einer Kamera erfasst und auf nur einem Monitor angezeigt. Die Person links, die evtl. dazugehört und den seitlichen Grundstücksbereich beobachten soll, wird nicht erfasst.

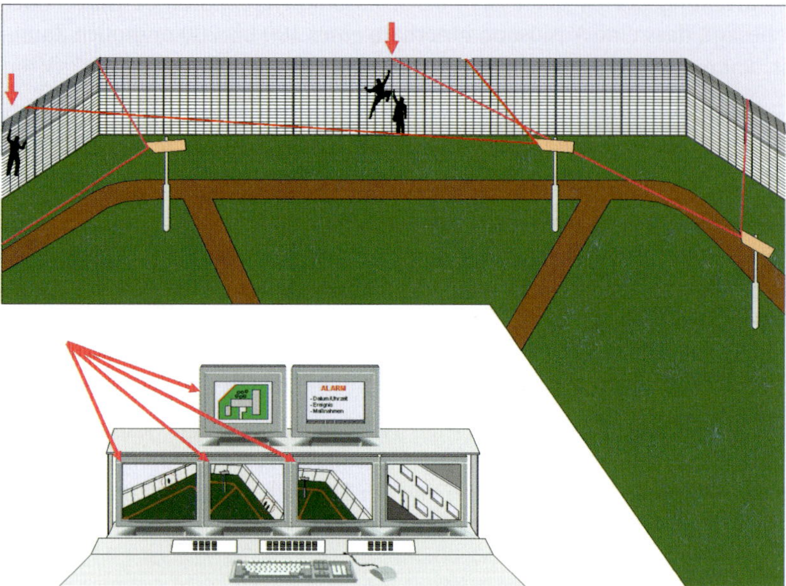

Abb. 7.2.4: Mindestens 3 Alarmmonitore

Bei einer Anzeige über drei Monitore (Abbildung 7.2.4) können auch andere, mit dem Alarm evtl. zusammenhängende Ereignisse, erkannt und auf sie reagiert werden. Das muss nicht zwangsläufig eine weitere Person sein. Das könnte z. B. auch ein seitlich abgestelltes (Flucht-)Fahrzeug sein.

Es wird immer wieder propagiert, dass mehrere Monitore kaum gleichzeitig zu beobachten sind. Eine Reduzierung auf einen einzelnen Monitor ist aber nicht sinnvoll, da während mehrerer Umschaltungen zwischen den einzelnen Kamerabildern wertvolle Informationen verloren gehen können.

7.3 Visualisierung

Um die von Perimetersicherungssystemen generierten Alarme und Meldungen demjenigen optisch wiederzugeben, der für deren Bearbeitung, die Alarmvorprüfung und ggf. Intervention zuständig ist, sind mehrere Varianten möglich. Dabei kommt es nicht immer auf den Einsatz von Hightech an. Bereits ganz am Anfang der Erstellung eines Sicherungskonzeptes müssen verschiedene Aspekte untersucht werden. Dazu gehören u. a. folgende Fragestellungen:

- Wer soll Meldungen entgegennehmen und bearbeiten? Welche Qualifikation ist dabei zugrunde zu legen?
- In welchem Umfeld sind Meldungen entgegenzunehmen und zu bearbeiten?

- Wie viele Mitarbeiter müssen gleichzeitig und von welchen Standorten aus eintreffende Meldungen erkennen können?

Insbesondere bei Kleinanlagen und einem geringen zur Verfügung stehenden Budget lässt sich eine Systemzentrale, die im Nahbereich z. B. des Pförtners untergebracht ist, zur Anzeige von Meldungen nutzen. Dies sollte aber nur in Ausnahmefällen geschehen, denn die Anzeigen befinden sich i. d. R. nicht im direkten Arbeitsbereich des Mitarbeiters und könnten übersehen werden.

Umgekehrt kommt es immer wieder vor, dass im Pfortenbereich die Systeme und deren Anzeigen so deutlich zu erkennen sind, dass auch Unbefugte im Vorbeigehen die eingesetzten Systeme und deren aktuellen Zustand erkennen können.

7.3.1 Lageplantableau

Die einfachste Form der Visualisierung in Verbindung mit einer Freigeländesicherung ist ein Lageplantableau mit dem Grundriss des Sicherungsbereiches und Leuchtanzeigen der auslösenden Zonen. Ferner lassen sich die wichtigsten Bedienfunktionen mit integrieren, um nicht ständig zur jeweiligen Systemzentrale gehen zu müssen.

Auch wenn im zu sichernden Objekt ein Alarmmanagementsystem bereits vorhanden und das Detektionssystem daran anzubinden ist, sollte ein Lageplantableau nicht als nicht mehr zeitgemäß abgetan werden. Bei einem Ausfall des Managementsystems ist das Tableau immer noch die Notfallebene, mit deren Hilfe sicher weitergearbeitet werden kann (siehe Abschnitt 7.3.3).

Bei größeren Objekten mit einer Sicherheitszentrale, die mit mehreren Personen besetzt ist, und bei der nicht jeder Mitarbeiter an seinem Arbeitsplatz die gleichen Alarmmeldungen angezeigt bekommt, oder bei Einzelplätzen, bei denen der Mitarbeiter für eine bestimmte Arbeit seinen Bildschirmplatz verlassen hat, dient ein an der Wand montiertes Lageplantableau der sofortigen Übersicht über die Situation und bei Mehrfacharbeitsplätzen zusätzlich der Information aller anwesenden Mitarbeiter.

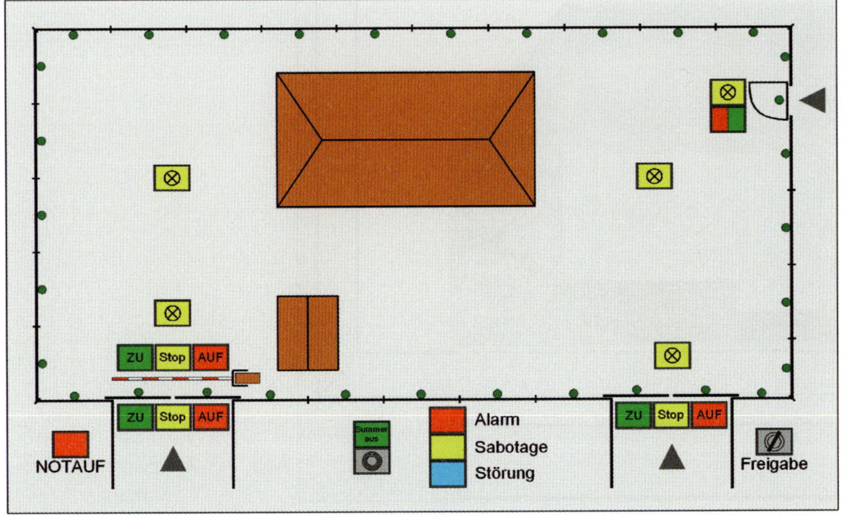

Abb. 7.3.1: Lageplantableau

Diese Konstellation mit mehreren Arbeitsplätzen geht noch eine Stufe weiter. In besonders zu sichernden Einrichtungen, wie beispielsweise Justizvollzugsanstalten, kommt es in einem Krisenfall vor, dass die Überwachungsplätze zwar besetzt sind, weitere interne Einsatzkräfte oder die Polizei quasi in der zweiten Reihe einen Gesamtüberblick über die Lage haben müssen. Das ist mit einem Lageplantableau aus allen Blickrichtungen und aus beliebiger Entfernung jederzeit möglich.

Lageplantableaus erlauben es zudem, auch Mitarbeiter einzusetzen, deren Qualifikation für komplexere Systeme nicht ausreicht, denen intuitives Arbeiten einfach mehr liegt oder die aufgrund ihrer anderen Tätigkeiten keinen weiteren Monitor für ein Visualisierungssystem an ihrem Arbeitsplatz aufgestellt bekommen können.

MERKE!

Auch wenn Alarmmanagementsysteme als Stand der Technik (SdT) angesehen werden können, heißt das nicht, dass ein Lageplantableau nicht mehr dem Stand der Technik entspricht und daher als Mangel der Werkleistung anzusehen ist.

7.3.2 Alarmmanagement

Bei der Perimetersicherung sind unter Alarmmanagementsystem (AMS) zwei grundlegende Varianten zu verstehen. In der einfacheren Form ist das AMS Teil zum Beispiel der Zaundetektion. Hier werden alle Vorgänge dieses einen Systems visualisiert und Steuerungen sind möglich. Je nach AMS besteht die Möglichkeit, weitere Systeme, wie beispielsweise die Videoüberwachung, zu integrieren.

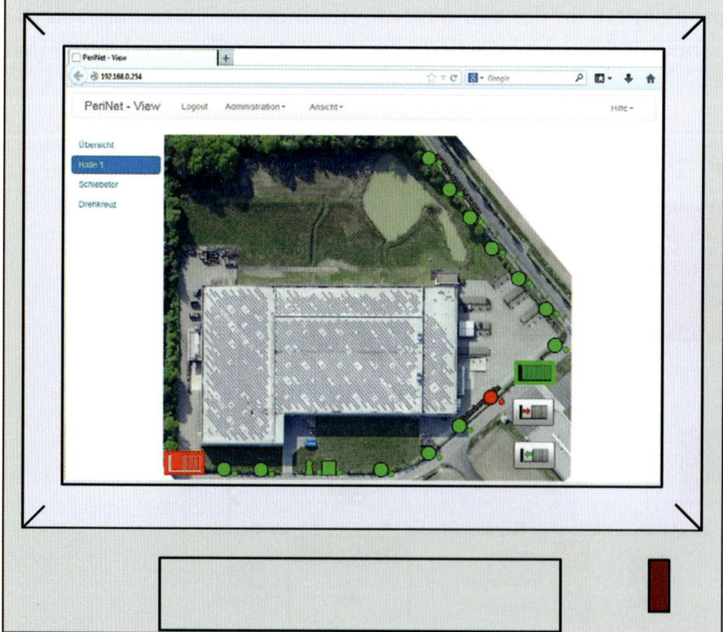

Abb. 7.3.2: Beispiel PeriNet Manager

Die zweite Variante geht den umgekehrten Weg. Das AMS ist ein eigenständiges System, das es ermöglicht, verschiedenste Systeme (Perimetersicherung, Videoüberwachung, Zutrittskontrolle usw.) über entsprechende Schnittstellen zu verbinden.

Das AMS soll dem Mitarbeiter neben der Visualisierung der Alarmsituation die Bearbeitung von Alarmen oder evtl. Störungsmeldungen vereinfachen. Neben der Anzeige der Ist-Situation erhält er Anweisungen z. B. über zu alarmierende weitere Personen und er ist vom System her angehalten zu protokollieren, was er getan hat und was er festgestellt hat.

Besonders bei bereits vorhandenen Alarmmanagementsystemen gehört zur Planung der Freigeländesicherung die Auswahl eines Detektionssystems mit einer passenden und bereits vorhandenen bzw. mit einer kostengünstig zu realisierenden Schnittstelle, denn gerade die Schnittstellen sind es, die zu unüberschaubaren Mehrkosten führen können.

Immer wieder werden Managementsysteme für sicherheitsrelevante Anlagen mit Managementsystemen der Gebäudeleittechnik (GLT) verknüpft. Dies soll Kosten sparen, weil die Anlagen beider Kategorien über dasselbe Netzwerk miteinander zu verbinden sind. Dabei sind aber verschiedene mögliche Szenarien durchzuspielen:

- Meistens sind bei derart großen Anlagen verschiedene Mitarbeiter für die Sicherheitstechnik und für die Gebäudetechnik zuständig. Verschiedene Mitarbeiter bedeuten aber auch die unterschiedlichsten Qualifikationen, die zusammenkommen und an einem Gesamtsystem aktiv sind, von dem die Sicherheitstechnik nur noch ein untergeordneter Teilbereich ist.
- Während die sicherheitstechnischen Anlagen möglichst störungsfrei laufen sollten, ist im Bereich der GLT eher ständige Bewegung zu verzeichnen. Das heißt, dass in dem Gesamtsystem immer wieder Mitarbeiter aus der Haustechnik (Elektrotechniker, Klimatechniker, Installateure usw.) aktiv sind und das Risiko besteht, dass sie durch ihre Aktivitäten in die Sicherheit des Objektes eingreifen.
- Alle Einflüsse und Störungen, die aus der GLT kommen, können sich auch negativ auf das AMS auswirken.

Empfehlenswert ist daher, die Sicherheitstechnik in einem eigenen Netzwerk miteinander zu verbinden und ein übergeordnetes AMS einzurichten. An einer Stelle kann eine vom EDV-Verantwortlichen kontrollierte Verbindung zum Unternehmensnetzwerk hergestellt werden für die Verteilung von Informationen oder für die Datenspeicherung (Backup) auf einem Unternehmensserver. So ist sichergestellt, dass im Bereich der Sicherheitstechnik auch nur die festgelegten Mitarbeiter des Unternehmens und der Errichter Zugriff erhalten und Änderungen vornehmen können.

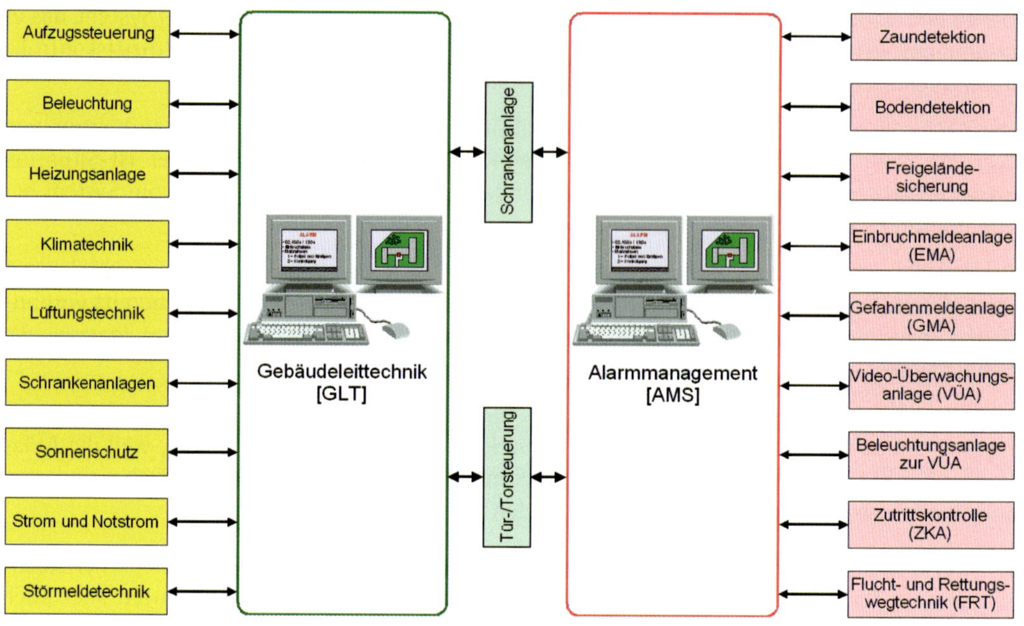

Abb. 7.3.3: Sichere Trennung von Gebäudeleittechnik und Sicherheitstechnik

7.3.3 Systemaufbau

Alarmmanagementsysteme lassen sich unterteilen in kombinierte Hard-/Software-Systeme und in reine Softwaresysteme. Bei der ersten Variante ist eine Zentrale (Hardware) notwendig, die alle Schnittstellen beinhaltet und die angeschlossenen Systeme ansteuern kann. Daran angeschlossen wird der Arbeitsplatzrechner zur Visualisierung.

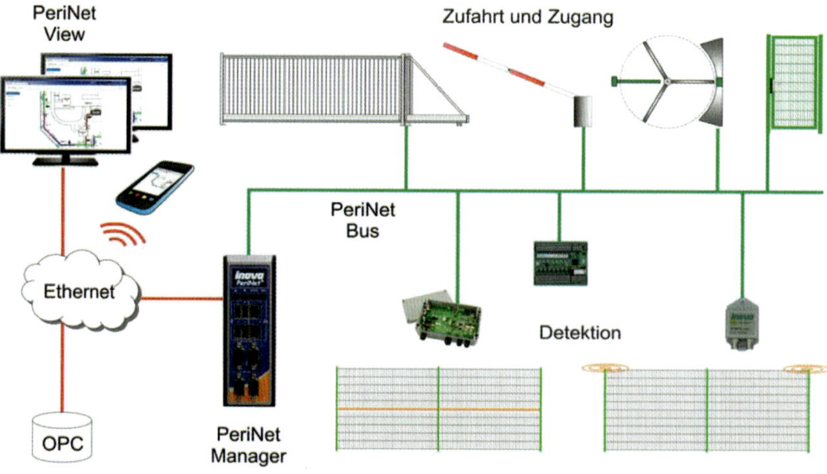

Abb. 7.3.4: Aufbau eines Alarmmanagementsystems

Bei der heutzutage überwiegend aufgebauten Variante werden die zu bedienenden Systeme über ein Netzwerk (z. B. LAN) miteinander verbunden. Über die Software des AMS werden die Meldungen der einzelnen Systeme aufgenommen und weiterverarbeitet bzw. in umgekehrter Richtung die angeschlossenen Systeme gesteuert.

7.3.4 Notfallebene

Da das AMS und die Detektionsanlagen über entsprechende Schnittstellen miteinander kommunizieren, zeigt sich das Problem eines Teil- oder Totalausfalls des AMS. Es können in diesem Fall an den Überwachungsplätzen keine Alarme und Meldungen entgegengenommen, bearbeitet und gespeichert werden. Folglich entsteht eine Sicherheitslücke, die bis zum Totalausfall der gesamten Überwachung führen kann.

Es ist üblich, die Zentralgeräte der Perimetersicherung beispielsweise in einem separaten Technikraum unterzubringen, also weitab vom Bediener des AMS. Daher ist es notwendig, das AMS redundant aufzubauen. Das heißt, wenn ein System ausfällt, muss gewährleistet sein, dass über ein zweites System die volle Betriebsbereitschaft der Perimetersicherung gewährleistet ist.

Dass beide AMS über eine ausreichende Notstromversorgung verfügen müssen, versteht sich von selbst.

Eine optische Anzeige in Form eines Lageplantableaus (siehe Abschnitt 7.3.1) ist in entsprechender Ausführung ebenfalls eine Notfallebene, da Meldungen optisch/akustisch angezeigt werden und die wichtigsten Funktionen über Taster/Schalter gewährleistet sind.

Bei kleineren Anlagen wird aus Kostengründen meist keine Redundanz aufgebaut. Trotzdem darf ein Ausfall des AMS nicht zu einer Sicherheitslücke führen. In der Planung ist deshalb zu berücksichtigen, dass die Bedieneinrichtungen der Perimeterüberwachung dann möglichst in der Nähe des Bedieners unterzubringen sind, damit die optische/akustische Alarmierung der Einzelsysteme vom Bediener wahrgenommen wird und notwendige Bedienfunktionen möglich sind. Es ist aber darauf zu achten, dass der Bediener im „Normalzustand" des AMS keine Veränderungen an den Systemen vornehmen kann.

8 Fremdgewerke

8.1 Erdarbeiten

Nicht zu den klassischen Arbeiten bzw. Aufgaben der Sicherheitstechnik gehören alle Arbeiten, die beispielsweise für die Verlegung von Kabeln und Leitungen im Erdreich notwendig sind. Das befreit Planer und Errichter aber nicht davon, sich mit diesem Thema näher zu befassen, denn wenn diese Erdarbeiten zum Auftragsumfang gehören, reicht eine Weitergabe dieses Teilauftrags an einen Subunternehmer nicht aus, um sich selber aus der Verantwortung zu ziehen.

Im Zusammenhang mit allen Systemen und Anlagen, die zur Perimetersicherheit gehören, sind vielfältige Erdarbeiten durchzuführen. Das sind u. a.:

- Versorgungs- und Verbindungsleitungen zwischen den Detektionssystemen am Perimeter oder im Bereich des Freigeländes und den in einem Gebäude untergebrachten Auswerte- und Steuereinheiten,
- Versorgungs- und Verbindungsleitungen entlang des Perimeters zwischen den einzelnen Anschlusspunkten bzw. Auswerteeinheiten,
- Strom- und Notstromverbindungen zwischen Gebäuden und diversen Standorten technischer Geräte,
- Blitzschutz- und Erdungsleitungen im Zwischenbereich zwischen Perimeter und den einzelnen Gebäuden (siehe Abschnitt 8.3).

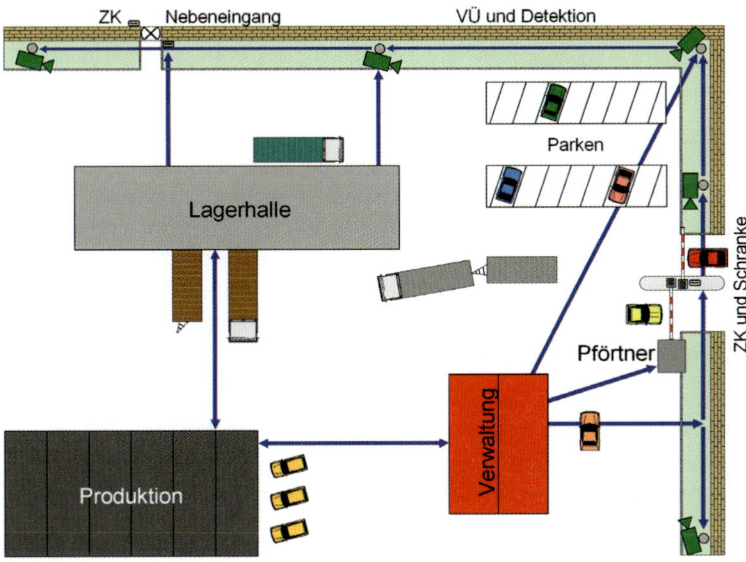

Abb. 8.1.1: Verschiedene Leitungswege

8.1.1 Erdraketen

Um den zuvor genannten Problemen und Risiken zu begegnen, gibt es eine Technik, die ursprünglich nichts mit der Sicherheitstechnik zu tun hatte, die aber bei vielen Projekten eine optimale Lösung darstellen kann, und zwar die gesteuerte Bohrtechnik.

Anhand von Beispielen eines Herstellers dieser Technik werden Lösungsansätze für in der Sicherheitstechnik immer wieder vorkommende Verlegearbeiten im Freigelände aufgezeigt.

Das Grundodrill-Bohrsystem

Bei diesem System handelt es sich um ein gesteuertes Horizontalbohrverfahren mittels Spülbohrungen (HDD). Damit sind im Kabel- und Rohrleitungsbau grabenlose und umweltschonende Verlegungen, Unterquerungen von Straßen, Autobahnen, Gleisanlagen mit Durchmessern von DN 40 bis DN 600 möglich. Das reicht für die Verlegung von Kabelschutzrohren für Stromversorgungs- und Fernmeldekabel, wie sie in der Sicherheitstechnik verwendet werden.

Die Bohrlängen, die hiermit erreichbar sind, betragen bis über 500 Meter; abhängig von der jeweiligen Bodenbeschaffenheit. Aufgrund der eingesetzten Steuerungstechnik müssen dabei Gebäudekomplexe oder Fabrikhallen nicht einmal umgangen werden, sondern können auf dem kürzesten Weg „unterbohrt" werden.

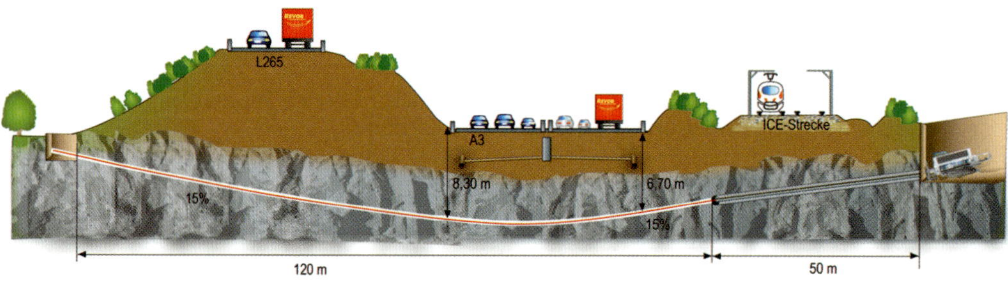

Abb. 8.1.2: Möglichkeiten der Horizontalbohrtechnik

Besonders die Unterbohrung von Gebäuden und die Querungsmöglichkeiten erlauben in der Sicherheitstechnik direkte Punkt-zu-Punkt-Verbindungen. In größeren Objekten besteht zum Beispiel das Problem, Gleisanlagen queren zu müssen, um zu den Standorten der Sicherungssysteme zu gelangen. Gerade hier ist Vorsicht geboten, insbesondere wenn es sich um Gleise mit Oberleitung handelt. Eine mit einem ausreichenden Sicherheitsabstand geführte Bohrung erlaubt die Kabelverlegung, ohne in die Gleisanlage einzugreifen.

Immer wieder werden Kabelverlegearbeiten unendlich hinausgezögert (Kostenfaktor für den Errichter), da beim Kunden keine ausreichende Dokumentation vorhandener Rohre und Schächte vorhanden oder diese schon komplett belegt sind. Hinzu kommt, dass Fernmeldekabel mit Versorgungskabeln zusammengelegt werden, weil sonst nichts mehr frei ist, obwohl das nicht erlaubt ist.

Die gezeigte Verlegetechnik ist äußerst umweltschonend, da sie keine ökologischen Schäden verursacht. Minimale Flurschäden werden nur im unmittelbaren Bereich der eingesetzten Anlage verursacht. Gegenüber der offenen Grabenbauweise zählen hier vor allem die geringen

Baukosten, die geringen Bauzeiten, die Vermeidung von Erdaushub, Erdtransporten, Verkehrsstaus, Umleitungen, Bagger, Lkw und andere Geräteeinsätze sowie die Oberflächenwiederherstellung.

Der Arbeitsablauf bei einer solchen Bohrung sieht i. d. R. wie folgt aus:

1. Planung, Vorerkundung
2. Bohrgeräte- und Bohrwerkzeugauswahl
3. Pilotbohrung mit Ortung
4. Räumbohrung beziehungsweise Aufweitbohrung
5. Rohreinzug

Zu einer guten Planung dieser Technik gehören Vorerkundungsmaßnahmen des Arbeitsbereiches in Bezug auf die Beschaffenheit des Bodens, evtl. vorhandene Fremdleitungen und sonstige Hindernisse. Hier ist vor allem der Auftraggeber in der Pflicht. Er hat die sogenannte Bringschuld und muss notwendige Informationen liefern, da er ansonsten für Schäden, die durch das Bohren verursacht werden, selber haftet.

Die Bohrgerätewahl richtet sich nach der Bohrlänge, dem zu verlegenden Rohrdurchmesser und der Bodenbeschaffenheit. Bei der Pilotbohrung liegt die Herausforderung in der Einhaltung eines bestimmten Trassen- und Gradientenverlaufs. Zur Überwindung bodenmechanischer Widerstände sind die Rotationskraft sowie die Schub- und Zugkraft der Bohranlage ausschlaggebend.

Abb. 8.1.3: Einsatz der Horizontalbohrtechnik

HDD-Bohrungen treffen jedoch nicht immer auf vorhersehbare Baugrundverhältnisse. Bodenschichten aus Ton, Sand und Kies, gelegentlich mit eingelagertem grobem Schotter und Steinen, mit Abschnitten aus festen Sedimenten oder Festgestein kommen oft in wechselnder Reihenfolge und Erstreckung vor. Dafür gibt es eine spezielle Felsbohranlage.

Neben der Unterbohrung großer Flächen, z. B. Parkplätze, besteht bei diesem Verfahren auch ein Vorteil dadurch, dass entlang von Außengrenzen (Mauer/Zaun) die Kabel über größere Strecken parallel zum Perimeter verlegt werden können, ohne dass bei jedem kleinen Richtungswechsel eine neue Bohrung angesetzt werden muss.

Kabelverlegung

Für die Kabelverbindungen zu den einzelnen Gerätestandorten werden i. d. R. Versorgungs- und Fernmeldekabel benötigt. Beide Kabelsysteme sind getrennt voneinander zu verlegen. Mit der Horizontalbohrtechnik ist dies problemlos möglich.

Abb. 8.1.4: Gleichzeitiges Einziehen von zwei Rohren

Ganz wichtig ist bereits in der Planungsphase, dass bei einer weitverzweigten Kabelinfrastruktur sowohl der Potentialausgleich zwischen den einzelnen Standorten als auch der Blitzschutz mit berücksichtigt wird (siehe Abschnitt 8.2). Insbesondere letzterer wird immer wieder vergessen, wenn am Perimeter Sicherungsmaßnahmen erfolgen oder Verbindungen zwischen verschiedenen Gebäuden hergestellt werden.

Müssen beispielsweise Leitungen zu einem Kameramast und von dort aus zum nächsten usw. verlegt werden, so wird am Ausgangspunkt ein Loch gegraben, in dem die Bohrtechnik anzusetzen ist. Am ersten Maststandort geschieht das gleiche. Die Verbindung wird gebohrt und beim Zurückziehen des Bohrers das entsprechende Rohr mit eingezogen. So werden Rohre und Leitungen von einem Maststandort zum nächsten eingezogen. Die Ausgrabungen an den Maststandorten werden zum Schluss für die Errichtung der Mastfundamente genommen.

Dieses Verfahren ist auch unmittelbar an einem Gebäude anwendbar, und zwar dort, wo die Leitungen aus dem Freigelände ins Gebäude eingeführt werden müssen. An dieser Stelle kann später das Problem der Undichtigkeit in der Hauseinführung auftreten, wenn nicht sauber gearbeitet wurde. Auch gibt es ein Problem, wenn die Hauseinführung unter einer ans Gebäude heranreichenden Fahrbahn zu erfolgen hat.

An dieser Stelle lassen sich gleich beide Probleme und damit das Haftungsrisiko beseitigen, da diese Bohrtechnik ohne Grube in einem Arbeitsgang durch die Gebäudewand hindurch kommt und beim Zurückziehen des Bohrers nicht nur das notwendige Schutzrohr mit eingezogen wird, sondern die Hauseinführung in einem Arbeitsgang mit verschlossen wird, was die Installationskosten hier deutlich senkt.

Fazit

Mit der geeigneten Technik sind einerseits kostspielige Erdarbeiten vermeidbar und andererseits können sicherheitstechnische Einrichtungen (z. B. Kameras) genau dort platziert werden, wo sie erlaubt sind bzw. wo sie ihre Aufgabe zur Absicherung von Geländen und Gebäuden optimal erfüllen können.

Die Horizontalbohrtechnik eignet sich damit für die verschiedenen Bereiche in der Perimetersicherheit, u. a.:

- Allgemein = Verbindung der Systeme unterschiedlicher Gebäude
- Detektion = Überwachung von Mauern und Zäunen
- Detektion = Freigeländesicherung
- Videotechnik = Kameramasten

Insbesondere beim Einsatz von Subunternehmern für die Erdarbeiten besteht nicht mehr das Risiko, dass nach einiger Zeit die Erde nachgibt und unterquerte Fahrbahnen durch den Lkw-Verkehr und durch Frost absacken

Wichtigste Arbeit nach Fertigstellung der Kabelverlegung ist natürlich eine genaue und detaillierte Dokumentation aller neuen Verbindungen. Werden die Verbindungen später von anderen Gewerken „übersehen", sollte der eindeutige Nachweis zu führen sein, dass eine entsprechende Dokumentation abgeliefert wurde. Dies gilt insbesondere, wenn Gebäude unterbohrt wurden und diese Gebäude später abgerissen werden.

8.1.2 Untergrund

Bei im Boden verlegten Detektionssystemen wird immer wieder angegeben, dass die Kabel, Leitungen und Rohre in Sand oder ähnlichem Material zu betten sind.

Abb. 8.1.5: Vorgegebenes Bettungsmaterial

Dieses „Füllmaterial" hat einerseits den Vorteil, die verlegte Technik bei einer Druckbelastung von oben vor Beschädigungen zu schützen, aber andererseits auch einen gravierenden Nachteil. Jeder, der schon einmal die kleinen Sandhaufen auf Gartenwegen und Terrassen gesehen hat, kennt das Problem. Werden die vorgenannten Sensoren nicht im freien Gelände unter einer Grasnarbe, sondern unter Wegen mit Beton- oder Steinplatten verlegt, ist nach einiger Zeit damit zu rechnen, dass Ameisen sich dort ansiedeln und bei ihrem Nestbau das Gefüge zwischen Gehwegplatten und Sensoren verändern.

Sand hat den Nachteil, dass die einzelnen Körner von den Ameisen gut zu transportieren sind. Im privaten Garten gibt es das bewährte Mittel, anstatt Sand feinen Split zu verwenden, da dieser ein deutlich höheres Gewicht aufweist und ein so festes Gefüge ergibt, dass die einzelnen Split-Steinchen von den Ameisen nicht transportiert werden können. Allerdings sollte der Split nicht um die Sensoren verlegt werden, da diese bei entsprechendem Druck beschädigt werden können. Folglich sind die Sensoren im Erdreich nur soweit mit Sand zu bedecken, dass keine Schäden entstehen können und darüber Split zu verwenden.

WICHTIG!

In erster Linie sind die Vorgaben der Hersteller maßgeblich für die Auswahl des Bettungsmaterials.

Auch wenn ein Errichter von Beruf kein Plattenleger ist, so sollte er, falls er für die Erdarbeiten zur Einbringung der Sensoren in den Untergrund einen Subunternehmer beauftragt hat, zumindest wissen, was auf ihn zukommen kann, wenn Gehweguntergrund und Sensoren nicht miteinander harmonieren.

Erdverlegung

Insbesondere bei Detektionssystemen, deren Sensoren im Erdreich verlegt werden müssen, aber auch bei allen Zu- und Datenleitungen, ist für die Planung beim Kunden zu erfragen, wie es sich im Bereich des Objektes mit dem Aufkommen von Nagetieren verhält. Im Erdreich verlegte Sensoren stellen aufgrund geringer Tiefe und dem „leichten Zugang" durch Sandeinbettung ideale Ziele für Nager, wie Erdhörnchen, Feldhamster, Feldhasen, Mäuse und Ratten, dar.

Sind aufgrund der Verlegung von Sensorleitungen in gefährdeten Regionen keine geeigneten Materialien vorhanden, sind zusätzliche Schutzmaßnahmen einzuplanen, um ständigen Störungen und Ausfällen vorzubeugen. Insbesondere sind für die Zuleitungen und Verbindungsleitungen zwischen den einzelnen Geräten Schutzrohre aus Metall anstatt dem preislich günstigeren Kunststoff zu verwenden.

Im Durchmesser zu große Schutzrohre können zum Problem werden, wenn sie nicht vollständig geschlossen verlegt werden. Eine typische Verlegeart von Leitungen entlang von Mauern und Zäunen ist die Verwendung von metallenen Kabelkanälen. Das Metall hat eine Schutzfunktion, aber nur dann, wenn kein offenes Ende gelassen wurde.

Je spezieller Sensoren und Leitungen sind, umso wichtiger ist die Schadensverhinderung, bevor ein entsprechendes Flickwerk an Reparaturstellen entsteht.

8.2 Blitz- und Überspannungsschutz

Dieser Abschnitt zeigt deutlich, wie ansonsten eigenständige Berufe plötzlich ineinander übergehen. Es gibt sowohl eigenständige Unternehmen, die sich ausschließlich mit der Thematik des Blitzschutzes (in Verbindung mit dem Überspannungsschutz) befassen und dieses Handwerk auch extra gelernt haben, als auch Elektrounternehmen, die diesen Bereich mit abdecken. Aber auch diese Unternehmen planen und führen keine Anlagen aus, ohne diesen Beruf erlernt zu haben.

Wer im Bereich der Perimetersicherung arbeitet, hat das Blitzschutzbauer-Handwerk naturgemäß nicht erlernt, muss sich aber intensiv mit dieser Thematik befassen, weil eine Perimetersicherung ohne Berücksichtigung des Blitzschutzes regelmäßig zu einem mangelhaften Werk führt und der Personen- und Sachschutz, der mit den mechanischen und elektronischen Maßnahmen erreicht werden soll, nicht zu gewährleisten ist.

Abb. 8.2.1: Erde-Wolke-Blitz (Aufwärtsblitz)

Um tiefer in die Materie einzusteigen, sind weitreichende Fachkenntnisse erforderlich. Wichtig ist, sich mit der Normenreihe DIN EN 62305 (VDE 0185) mit all ihren Teilen zu befassen und ein paar grundlegende Informationen zur Hand zu haben, wenn eine Perimetersicherung geplant wird:

Es ist zu klären, ob es bei dem Planungsprojekt bereits Blitzschutzmaßnahmen gibt und wie diese aufgebaut wurden. Diese Informationen muss der Kunde zur Verfügung stellen, und zwar anhand der von dem verantwortlichen Blitzschutz-Fachmann erstellten Dokumentation. Dabei ist vor allem wichtig, in welche Blitzschutzklasse das Objekt bzw. die unterschiedlichen Objekte auf dem zu sichernden Gelände eingestuft wurden.

Die mechanischen Einrichtungen, wie Zäune und Tore, sind entsprechend den einschlägigen Regelwerken zu erden. Das reicht bei der Installation von Detektionssystemen aber nicht aus. Diese sind in das vorhandene oder das neu zu erstellende Blitzschutzkonzept zu integrieren.

Insbesondere bei im Freigelände geplanten oberirdischen Einrichtungen gibt es zwei Möglichkeiten:

1. Kamera-, Beleuchtungs- und Masten mit Meldern werden vollständig gesichert. Das ist eine kostspielige Angelegenheit, da mit besonderen Ableitern die am Mast befindlichen Geräte geschützt werden müssen. Das bedeutet aber nicht, dass im weiteren Verlauf der Anschlussleitungen keine Maßnahmen mehr zu treffen sind. Datenleitungen aus dem Außen- in den Innenbereich sollten möglichst als Lichtwellenleiter (LWL) ausgeführt werden.
2. Es wird vom Kunden entschieden, dass dieser Aufwand nicht betrieben werden soll. Es wird in Kauf genommen, dass bei einem direkten Einschlag beispielsweise eine Kamera zerstört wird und zu ersetzen ist. Wichtiger sind alle Maßnahmen, die verhindern, dass die Blitzenergie über die Leitungen zu den Objekten und damit in die Anlagen übertragen wird.

Im zweiten Fall ist aber zu überlegen, dass es sich um sicherheitsrelevante Anlagen handelt, deren, wenn auch nur vorübergehender, Ausfall für das zu schützende Objekt ein erhöhtes Risiko darstellt. Ggf. ist hierfür die zuständige Versicherung der Entscheider, nicht der Kunde.

Zaundetektionssysteme

Hier kann vorab keine pauschale Aussage getroffen werden. Der Hersteller eines entsprechenden Detektionssystems ist zu befragen, inwieweit Sensoren und Leitungen am Zaun bei Blitzeinschlag betroffen sein könnten. Dabei zeigt sich schon der Vorteil von LWL, die allgemein bei einem Blitzeinschlag gesichert sind, es sei denn, die unmittelbare Nähe zu einem Blitzkanal hätte thermische Auswirkungen auf den LWL.

Es ist schon vorgekommen, dass ein nachweislich entlang eines Torüberbaus bis zum nächsten Gebäude abgeleiteter Blitz am Detektionssystem nur minimalste Schäden hervorgerufen hatte.

Bodendetektionssysteme

Bei den Bodendetektionssystemen entsteht die Gefährdung nicht nur durch einen direkten Blitzeinschlag, sondern auch bei einem entfernten Einschlag. Dann ist es von Vorteil, wenn im Boden ausschließlich nichtleitende Teile verlegt wurden, z. B. LWL. Ist das nicht möglich, sollte versucht werden, zumindest alle Verbindungsleitungen von der Peripherie zu den Systemen im Innenbereich als LWL auszuführen. Das gilt auch für die Verbindungen zwischen entfernt im Freigelände untergebrachten Knotenpunkten.

Abbildung 8.2.2 zeigt einen Blitz (Wolke-Erde-Blitz) im Bereich einer Freileitung und dessen Auswirkung am Boden. Der Blitz tritt am unteren Mastende aus und zündet auf seinem Weg zum Boden die den Mast berührenden Sträucher an.

Abb. 8.2.2: Folgen eines Blitzeinschlages

Schrittspannung

Bei der Perimetersicherung geht es nicht nur um die Gefährdung der eingesetzten Elektronikkomponenten. Durch die Sicherungsmaßnahmen können zusätzliche Gefährdungen entstehen. Ein typisches Beispiel dafür ist eine JVA:

Alle Gebäude waren mit einem äußeren Blitzschutz versehen. Die Anstaltsmauern waren ursprünglich ausschließlich aus Mauerwerk bestehend. Nachträglich erhielt diese Mauer eine Mauerkronensicherung (siehe Abschnitt 2.2.5) aus Streckmetall. Diese wurde ordnungsgemäß in regelmäßigen Abständen über Blitzableiter mit dem Boden (Tiefenerder) und untereinander (Ringerder) verbunden. In Abbildung 2.2.1 ist eine derartige Ableitung an einer ähnlichen Mauerkronensicherung zu erkennen.

Durch diese Konstellation besteht das Risiko, dass bei einem direkten Blitzeinschlag in die Mauerkronensicherung der Blitzstrom zu einem großen Teil durch den Boden zur nächstgelegenen äußeren Blitzschutzanlage eines Gebäudes fließt. Personen, die sich in dem Zwischenbereich aufhalten, sind durch die dabei entstehende hohe Schrittspannung zwischen beiden Aufsetzpunkten der Füße und dem dadurch durch den Körper fließenden hohen Strom extrem gefährdet.

Zwar könnte man auf die Idee kommen, dass es bei Gewitter unwahrscheinlich ist, dass sich Strafgefangene beim Freigang in diesem Bereich aufhalten. Es treten aber immer wieder plötzliche Wetterlagen auf, bei denen es ohne die Vorzeichen am Himmel zu Gewittern kommt und bei denen auch schon Menschen getötet wurden. Weiterhin besteht die Möglichkeit, dass sich das Wachpersonal genau zu diesem Zeitpunkt hier aufhält oder sogar aufhalten muss.

Nicht nur Planer, sondern insbesondere auch Errichter, die „lediglich" die Sensorik montieren, sollten wissen, wie dies zu vermeiden ist. Zuerst einmal sind alle Teile miteinander zu verbinden. Dazu gehören die Mauerkronensicherung, alle Masten und (ungeschützten) Detektionseinrichtungen sowie die Blitzschutzanlagen der zugehörigen Gebäude. Zusätzlich ist der Bereich zwischen Außenmauer und Gebäude im Boden mit einem Metallgitter zu versehen, dessen Maschenweite vom Blitzschutzkonzept abhängig ist.

Fazit

Blitz- und Überspannungsschutz ist ein so weitreichendes Themengebiet, dass ein Fachplaner für Detektionssysteme bzw. ein Facherrichter nicht die Experten sein können, um ein Blitzschutzkonzept zu erstellen und diese Systeme darin einzubetten. Aufgrund der sich ergebenden großen Haftungsrisiken im Hinblick auf Sachschäden, vor allem aber auf Personenschäden, ist immer ein geeigneter Fachmann auf diesem Gebiet hinzuzuziehen. Das müsste auch einem Kunden, selbst einem „Alles-aus-einer-Hand-Kunden", zu verdeutlichen sein.

Blitzschutz und Wartung

Bei vielen Objekten zeigt ein vorhandener äußerer Blitzschutz, ob daran bzw. an den elektronischen Anlagen im Außenbereich korrekte Wartungen durchgeführt werden oder nicht. Zwischen Blitzableitern und Geräten der Außensicherung, die an Mauern und Gebäuden montiert wurden, muss je nach Blitzschutzklasse ein entsprechend großer Abstand bestehen, damit kein Überschlag erfolgen kann. Zu diesen Geräten zählen Außenbewegungsmelder, Laserscanner, Lichtschranken, aber insbesondere auch Videokameras.

Vor allem Kameras sind immer wieder unmittelbar neben Blitzableitern anzutreffen. Das bedeutet:

- Da der Blitzschutz im Normalfall zur Gebäudeerstellung bzw. -ausstattung gehört, ist er bereits installiert, bevor die Videotechnik an die Reihe kommt. Folglich haben die Planer/Errichter der Videotechnik vorsätzlich oder zumindest grob fahrlässig gehandelt, als sie den erforderlichen Mindestabstand nicht einhielten. Durch diesen Mangel kann es bei einem Blitzeinschlag zu Personengefährdungen und zu Sachschäden kommen, insbesondere durch die Entstehung eines Brandes, mit den entsprechenden Haftungsrisiken.
- Ist diese Konstellation bereits mehrere Jahre alt, können sowohl das Blitzschutzunternehmen als auch der Errichter der Videotechnik weder Inspektionen noch Wartungen durchgeführt haben, sonst wäre dies bereits aufgefallen. Sollten diese Arbeiten doch ausgeführt worden sein, so waren sie an diesen Stellen mangelhaft.

Induktive Einkopplungen

Nicht nur die direkten und indirekten Auswirkungen von Blitzen sind bei der Planung von Anlagen der Perimetersicherung zu berücksichtigen. Auch ähnlich gelagerte Einflüsse wirken sich ggf. auf die Sensoren, Auswerteeinheiten, Leitungen usw. aus.

In Abbildung 8.2.3 ist eine vielerorts anzutreffende Konstellation zu sehen. Aufgrund des geringen Abstandes der Überlandleitungen zum Zaun erfolgt eine induktive Einkopplung auf diesen. Zwar erfolgt durch die Erdung des Zaunes eine direkte Einleitung in den Boden, trotzdem fließt über den Zaun ein nicht zu unterschätzender Strom. Umgangssprachlich „steht der Zaun unter Strom" und zwar nicht wie beim Weidezaun impulsförmig, sondern kontinuierlich.

Bei einem Zaundetektionssystem ist unbedingt darauf zu achten, welche Einflüsse dies auf die Sensoren und die weitere Elektronik hat.

Abb. 8.2.3: Gefährdeter Zaun

WICHTIG!

Bei allen Arbeiten an derartigen Zaunanlagen ist auf die erhöhte Gefährdung der Mitarbeiter zu achten. Dies muss in die Gefährdungsbeurteilung zum Arbeitsschutz unbedingt mit eingehen.

Die Auswirkungen derartiger Einkopplungen hängen vor allem von der übertragenen Energie in den Hochspannungsleitungen ab. Dadurch können Zäune im Kraftwerksnahbereich ein so hohes Spannungspotential aufweisen, dass ein Arbeiten daran ggf. nur mit isolierender Schutzausrüstung möglich ist.

8.3 Verbindung zu anderen sicherheitstechnischen Anlagen

Allgemein betrachtet sind andere sicherheitstechnische Anlagen von der Grundthematik her keine Fremdgewerke. In diesem Fall geht es aber darum, dass es Unternehmen gibt, mehr im Errichter- als im Planerbereich, die sich auf die Perimetersicherung als ihre Kernkompetenz konzentrieren. Für diese Unternehmen sind die nachfolgend aufgeführten Systeme Fremdgewerke. Diese Systeme errichten sie nicht selbst, sie müssen zu ihnen aber entsprechende Verbindungen herstellen.

Dann ist es wichtig zu wissen, welche Verbindungen hergestellt werden können und dürfen und wie die entsprechenden Verantwortlichkeiten sind bzw. sein können.

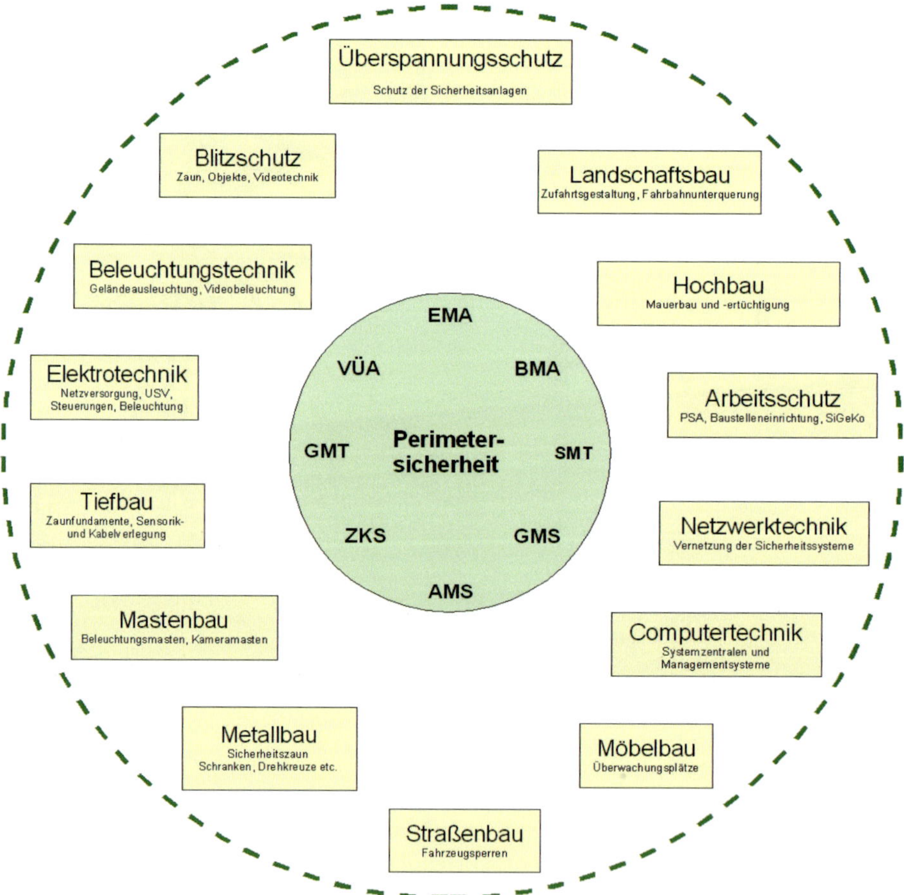

Abb. 8.3.1: Verbindung der Perimetersicherung zu Fremdgewerken

Die aufgezeigten Verbindungen in Abbildung 8.3.1 sind nur beispielhaft dargestellt und zeigen die Vielfältigkeit der bei der Perimetersicherheit ggf. in Frage kommenden fremden Systeme und Fremdgewerke.

8.3.1 Verbindung zur Einbruchmeldetechnik (EMT)

Auch wenn die Überwindung des Perimeters als Einbruch in ein befriedetes Besitztum angesehen werden kann, besteht doch ein deutlicher Unterschied zur EMT. Dementsprechend ist ein von einem Detektionssystem im Außenbereich ausgelöster Alarm nicht mit einem Alarm gleichzusetzen, den eine Einbruchmeldezentrale (EMZ) auslöst. Je nach eingesetzter EMT ist es aber möglich und auch sinnvoll, einen Perimeteralarm als einen sogenannten Voralarm zu behandeln, denn es besteht die Möglichkeit, dass der Täter nicht nur innerhalb des Freigeländes agiert, sondern anschließend die EMA auch auslöst. So können frühzeitig die richtigen Maßnahmen ergriffen werden.

Detektionssysteme im Perimeterbereich dürfen an eine EMZ angeschlossen werden, und zwar als technischer Alarm. Die Priorität eines solchen technischen Alarms liegt niedriger, als dies bei einem Überfall-, Einbruch- oder Brandalarm der Fall ist (siehe Kapitel 7).

Wichtig bei einer solchen Verbindung ist die Rückwirkungsfreiheit. Fehler und technische Störungen der Perimetersicherung dürfen die EMA in ihrer Funktion nicht beeinträchtigen oder sogar die EMA außer Funktion setzen.

8.3.2 Verbindung zur Störmeldetechnik (SMT)

Die Störmeldetechnik für den Sicherheitsbereich ist heutzutage als eigenständiges System eher rückläufig. Früher hatte man in größeren Objekte diese separate Technik, die vom Prinzip her der Sabotageüberwachung in der Einbruchmeldetechnik ähnelt, dafür eingesetzt, um aus allen Bereichen Störmeldungen zu verarbeiten, zu visualisieren und entsprechende Meldungen weiterzuleiten. Hierzu gehörten beispielsweise:

- Störungen im Bereich Strom-/Notstromversorgung,
- Meldungen von Wassermeldern,
- Störungen des Blitz- und Überspannungsschutzes,
- Ausfall wichtiger Gewerke usw.

Dabei handelt es sich niemals um Alarmmeldungen! Demzufolge können Störmeldungen eines Detektionssystems auf eine SMA geschaltet werden, wenn diese im Objekt bereits vorhanden ist. Alarmmeldungen von Detektionssystemen dürfen hier nicht aufgeschaltet werden, weil

- Alarm = sofortige Reaktion erforderlich,
- Störung = Reaktion innerhalb eines Zeitfensters erforderlich.

Heutzutage gibt es dafür prinzipiell zwei Möglichkeiten:

- Störmeldungen werden direkt bei einer besetzten Empfangsstelle angezeigt oder über ein Übertragungsgerät zu einer ständig besetzten Stelle übertragen.
- Störmeldungen werden auf vorhandene sicherheitstechnische Anlagen, z. B. EMA oder BMA, aufgeschaltet, wo sie als technische Alarme eingestuft und entsprechend weiterverarbeitet und weitergeleitet werden.

WICHTIG!

Störmeldungen haben immer eine niedrigere Priorität als Alarme oder Sabotagealarme.

8.3.3 Verbindung zur Brandmeldetechnik (BMT)

Grundsätzlich gilt für eine mögliche Verbindung zwischen Perimetersicherung und BMT das Gleiche, wie unter Abschnitt 8.3.1 zur EMT beschrieben, wobei eine derartige Verbindung eher selten der Fall sein dürfte.

Allerdings gibt es eine andere Kombination von BMT und Perimetersicherung. Bei einem Brandalarm wird zwangsläufig eine Lücke im Perimeter zu öffnen sein, und zwar die Durchfahrt für die Einsatzfahrzeuge. Diese bewegen sich anschließend im Freigelände. Sollte dies im Bereich einer Detektion im oder über dem Boden geschehen, muss damit gerechnet werden, dass es zu permanenten Falschalarmen kommt.

Bereits am Anfang ist diese Möglichkeit bei der Erstellung des Sicherheitskonzeptes mit zu berücksichtigen. In einem solchen Fall sollten die Detektionssysteme so aufgebaut sein, dass möglichst wenige Detektionszonen abgeschaltet werden müssen. Der Rest muss weiter in Betrieb bleiben, damit ein provozierter Brandalarm nicht dazu führt, dass vermeidbare Lücken in der Perimetersicherung entstehen.

9 Planung und Ausführung

9.1 Planung

Für die Planung der Perimetersicherheit gibt es verschiedene Varianten, ausgehend vom planenden Unternehmen. Dagegen sind die einzelnen Ausführungsschritte immer gleich, lediglich die Anzahl auszuführender Schritte ist davon abhängig, was der Auftraggeber (AG) bereit ist zu investieren.

Das bedeutet aber nicht, dass lediglich die „Wunschliste" des AG abzuarbeiten ist. Der AG bzw. der spätere Nutzer ist immer als vollständiger Laie anzusehen, der mit der Materie nicht vertraut ist. Folglich muss ihm aufgezeigt werden, welche Schritte notwendig sind, um die für das zu sichernde Objekt möglichst optimale Sicherheit zu erreichen und in welchem Zusammenhang diese untereinander stehen. Erst danach kann ggf., in Abstimmung mit dem AG, festgelegt werden, welche Planungsschritte für den AG tatsächlich in Frage kommen bzw. von ihm beauftragt werden.

Alle nicht beauftragten Planungsschritte sind als „vom AG abgelehnt" zu dokumentieren, damit der Planer bei einer möglichen späteren Auseinandersetzung nachweisen kann, dass er seiner Beratungspflicht nachgekommen ist und für daraus resultierende Fehler oder sogar in der Folge entstandene Schäden nicht verantwortlich ist.

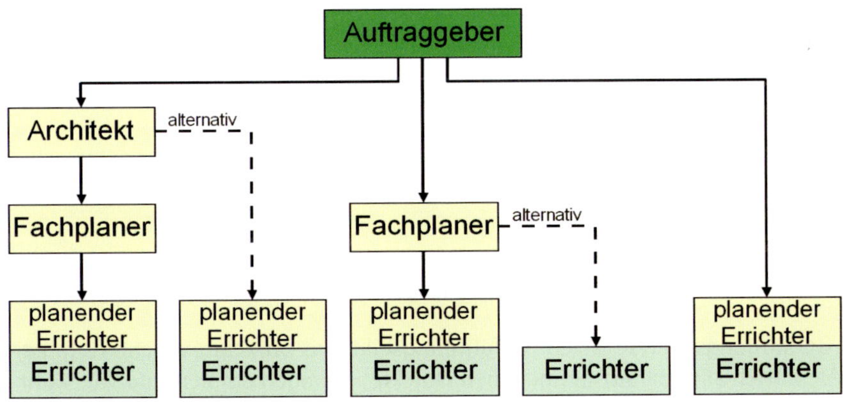

Abb. 9.1.1: Planende Unternehmen

9.1.1 Sicherheitskonzept

Bevor überhaupt eine eingehende Planung begonnen werden kann, ist ein auf das zu sichernde Objekt individuell ausgerichtetes Sicherheitskonzept zu erstellen. Wer dieses Sicherheitskonzept erstellt und unter Beteiligung welcher weiterer Personen und Institutionen, ist nachrangig. Die Erstellung sollte aber möglichst nicht ohne Beteiligung des Auftraggebers bzw. des Nutzers vonstattengehen, weil

- diesem Personenkreis ggf. wichtige Details bekannt sind, die ein Außenstehender nicht erkennen kann,
- nur sie die internen Betriebsabläufe kennen,
- für die späteren Schritte so das Verständnis für einzelne Maßnahmen geweckt wird.

Nutzer oder einzelne Abteilungen des Nutzers fühlen sich oft übergangen, wenn sie nicht in alle Schritte involviert sind, was sowohl die weitere Planung als auch die spätere Ausführung erheblich beeinträchtigen kann.

Das Sicherungskonzept gliedert sich in drei Hauptbestandteile:

- Gefahren- bzw. Gefährdungsanalyse,
- Risikoanalyse,
- Sicherungsmaßnahmen.

Gefahrenanalyse bzw. Gefährdungsanalyse

Die Gefährdungsanalyse besteht aus der Bedrohungsanalyse und der Täterprofilanalyse. Beide Teile sind aber nicht nur im Hinblick auf die Perimetersicherung zu beurteilen, sondern gesamtheitlich, denn Risiken, die innerhalb von Objekten oder im Unternehmen bzw. dessen Betriebsabläufen auftreten können, gehören mit in die Gefahrenanalyse zur Perimetersicherheit, weil die im Außenbereich später umzusetzenden Maßnahmen nach dem Zwiebelschalenprinzip die weiter innen liegenden Schutzbereiche umschließen.

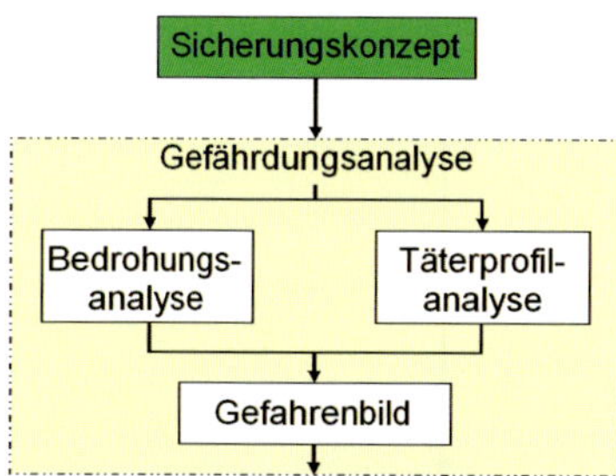

Abb. 9.1.2: Gefährdungsanalyse

Das Ergebnis der Gefährdungsanalyse ist ein Gefährdungsbild, das aufzeigt, welche Gefahren für das spezielle Areal inkl. aller darauf befindlichen Objekte in Frage kommen und wie wahrscheinlich diese Gefahren sind. Das Gefahrenbild ist keine feste Konstante, denn jede kleinste Veränderung in den beiden vorangegangenen Analysen hat auch eine Veränderung des Gefahrenbildes zur Folge. Das betrifft nicht nur die Planungsphase, sondern die gesamte Folgezeit.

Bedrohungsanalyse

Bei der Analyse der möglichen Bedrohungen geht es darum aufzulisten, welcher Art diese Bedrohungen sein können und welche Auswirkungen sie auf das zu sichernde Gelände bzw. die zu sichernden Objekte haben können. Teilweise sind diese Bedrohungen für einen Planer offensichtlich, teilweise muss der Nutzer darüber weitere Informationen zur Verfügung stellen:

- Die Objektlage (z. B. Nähe zu einer Landesgrenze), beispielsweise in Verbindung mit aus den Medien bekannten Ereignissen der Vergangenheit, sind für den Planer ein Anhaltspunkt, dass mit Hausfriedensbruch, o.Ä. Einbruch in vermehrtem Maße zu rechnen ist.
- Objekte im Freigelände (z. B. Edelmetalle, Fahrzeuge) sind ein Anhaltspunkt dafür, dass mit Diebstählen zu rechnen ist.
- Eine Personengefährdung, Sabotagen oder auch „nur" Vandalismus sind Bedrohungen, deren Ursprung im Unternehmen des Nutzers und seinen geschäftlichen Tätigkeiten begründet sein können. Dies kann der Planer alleine nicht analysieren bzw. diese Bedrohungen automatisch mit in die Gefahrenanalyse einfließen lassen.

Täterprofilanalyse

Aus den festgestellten Bedrohungen lassen sich teilweise bereits die zu erwartenden Täter ableiten. Ein Einbruch, um Wertgegenstände zu erbeuten, kann von einem Einzeltäter begangen werden. Dagegen ist ein umfangreicher Edelmetalldiebstahl nur von einer Tätergruppe unbekannter Größe zu bewerkstelligen. Ersterer kann ein Gelegenheitstäter aufgrund von Beschaffungskriminalität sein, während die Tätergruppe eher der organisierten Kriminalität zuzuordnen ist. Weiterhin könnte der Einzeltäter eher vorsichtig zu Werke gehen, während bei der Tätergruppe in Verbindung mit einem Blitzeinbruch die Risikobereitschaft deutlich höher ist.

Außerdem ist beim Täterprofil zu berücksichtigen, mit welchen anzunehmenden Werkzeugen eine Tat wahrscheinlich ausgeführt wird. Dabei ist, wie bereits in Abschnitt 1.3.3 und 1.3.4 aufgezeigt, weder beim Täter selbst noch beim verwendeten Werkzeug mit einer Kontinuität zu rechnen. Sinken die Rohstoffpreise drastisch, werden die Edelmetalldiebstähle zurückgehen. Vermehrt erscheinende Medienberichte über ein Unternehmen oder dessen Aktivitäten (Waffenproduzent, Pelztierfarm usw.) können dazu führen, dass anstatt mit gelegentlichen Einzeltätern plötzlich mit gewaltbereiten Gegnern zu rechnen ist.

Sowohl Bedrohungs- als auch Täterprofilanalyse sind Variablen, die einer ständigen Veränderung unterliegen. Das bedeutet, dass die Gefährdungsanalyse ggf. in entsprechenden Zeitabständen zu überprüfen und entsprechend anzupassen ist. Selbst bis zur endgültigen Umsetzung der Perimetersicherung können sich gravierende Änderungen ergeben, die auf die Ausführung der Sicherungsmaßnahmen einen Einfluss nehmen.

Risikoanalyse

Die Risikoanalyse besteht aus den Teilbereichen Schutzzieldefinition und Schwachstellenanalyse. Dabei sind zwei Wege möglich:

- Zuerst wird das Schutzziel definiert und dann anhand dieses Schutzzieles die Schwachstellenanalyse durchgeführt.
- Die Schwachstellenanalyse erfolgt gleichzeitig mit der Definition des Schutzzieles, da sich immer wieder zeigt, dass Überlegungen am „grünen Tisch" und die Realität im Objekt weit auseinanderliegen (s. u.).

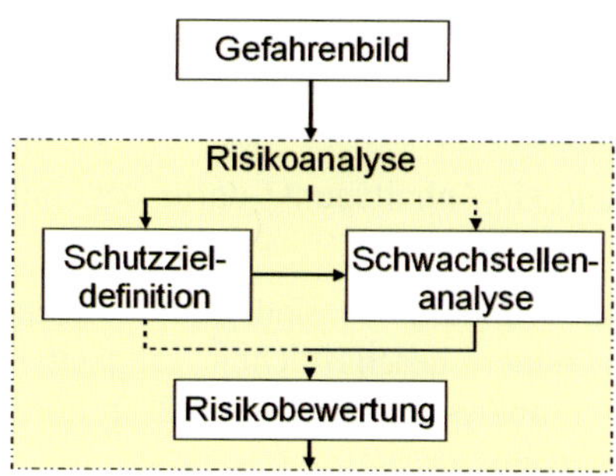

Abb. 9.1.3: Risikoanalyse

Bei der Schwachstellenanalyse lediglich auf der Schutzzieldefinition aufzubauen, bedeutet manchmal mit Scheuklappen einen vorgegebenen Weg zu verfolgen. Die Schwachstellenanalyse, da es sich um eine reale Detailbetrachtung von Perimeter, Freigelände und Objekten handelt, zeigt u. U. auch solche Schwachstellen auf, aufgrund derer das definierte Schutzziel überhaupt nicht erreichbar ist und eine neue Definition erforderlich wird. Andererseits kann die Schwachstellenanalyse auch zu Feststellungen führen, aufgrund derer das Schutzziel erweitert werden muss.

Schutzzieldefinition

Die Schutzzieldefinition beinhaltet die Festlegung der im vorangegangenen Gefahrenbild enthaltenen und für möglich erachteten Gefahren, denen vollständig oder angemessen, aber nur teilweise entgegengewirkt werden soll. Hier entscheidet letztlich der Nutzer, welche der Gefahren er berücksichtigt haben will und welche unberücksichtigt bleiben können. Auch solche Entscheidungen des Nutzers sind unbedingt zu dokumentieren.

Schwachstellenanalyse

Alle Faktoren, die die als möglich festgestellten Gefährdungen in negativer Weise beeinflussen können, sollten bei der Schwachstellenanalyse ermittelt werden. Je nach zu sicherndem Objekt handelt es sich bei diesem Abschnitt um einen mit einem erheblichen Arbeitsaufwand verbundenen Teilbereich, der im Vorfeld selten auch nur annähernd zu kalkulieren ist.

Bei weiträumigen Arealen sind lange Fußwege einzukalkulieren, bei im Freigelände befindlichen Produktions- und Lagerstätten muss ggf. der Betriebsablauf mit berücksichtigt werden. Ggf. sind vorhandene sicherheitstechnische Anlagen und Einrichtungen zu überprüfen, ob sie sich in das aktuelle Sicherheitskonzept mit einbinden lassen oder ob sich deren Weiterbetrieb in Zukunft zu einer neuen Schwachstelle entwickelt.

Was in jedem Fall mit zu berücksichtigen ist, sind die Mitarbeiter des Nutzers, die dabei zur Verfügung stehen müssen und für den Nutzer in dieser Zeit nur ein Kostenfaktor sind.

Risiko und Restrisiko

Das Ergebnis der Risikoanalyse ist die Risikobewertung, die aufzeigt, welche Maßnahmen (baulicher, technischer und organisatorischer Art) bzw. welcher Aufwand erforderlich sind, um das angestrebte Schutzziel zu erreichen. In dieser Risikobewertung sind die ermittelten Schwachstellen mit berücksichtigt.

Bei der zusammenfassenden Risikobewertung fällt auf Seiten des Nutzers die endgültige Entscheidung, welche Risiken unbedingt durch geeignete Maßnahmen zu minimieren sind, welche Risiken zumindest teilweise zu minimieren sind und welche Risiken generell oder nur aktuell unberücksichtigt bleiben können.

Alles, was dabei nicht berücksichtigt wird, bedeutet ein Restrisiko für den Nutzer, das er selber zu tragen und ggf. zu verantworten hat. Selbst bei vollständigem Anstreben des Schutzzieles bleibt immer noch ein Restrisiko vorhanden.

MERKE!

Eine 100 %ige Sicherheit ist niemals zu gewährleisten!

Ein Teil dieses Restrisikos kann der Nutzer durch eine geeignete Versicherung abdecken. Das bedeutet aber, dass bei den nachfolgenden Sicherungsmaßnahmen der entsprechende Versicherer ggf. seine eigenen Vorgaben mit einbringt.

Sicherungsmaßnahmen

Aufgrund der Risikobewertung werden im letzten Schritt die Sicherungsmaßnahmen festgelegt, die geeignet sind, die festgestellten Risiken weitestgehend zu minimieren. Das kann für ein bestimmtes Risiko eine einzelne Maßnahme sein, aber auch mehrere optional einsetzbare Maßnahmen. Grundlegend ist jedoch die in Abbildung 9.1.4 gezeigte Dreiteilung.

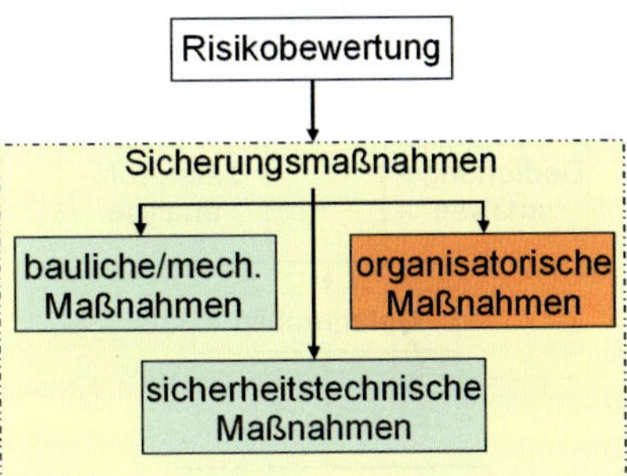

Abb. 9.1.4: Sicherungsmaßnahmen

An erster Stelle sollten immer die baulichen (z. B. landschaftsbaulichen) und die mechanischen Maßnahmen (Mauer, Zaun, Gitter usw.) stehen. In Ergänzung zu diesen Maßnahmen stehen die sicherheitstechnischen bzw. elektronischen Maßnahmen. Beide Teilbereiche gehören zum Aufgabengebiet des Planers.

Die immer mit zu berücksichtigenden organisatorischen Maßnahmen (Bewachung, Bestreifung, Überprüfung usw.) obliegen dem Nutzer. Allerdings ist es die Aufgabe des Planers, den Nutzer über die zu seinem eigenen Bereich gehörenden organisatorischen Maßnahmen zu informieren und notfalls eingehender zu beraten.

Ausführung

Für die Ausführung des Sicherheitskonzeptes gibt es keine formellen Vorgaben. Die einfachste Form ist die eines zusammenhängenden Berichtes. Da aber bei der Erarbeitung des Sicherheitskonzeptes sehr viele verschiedene Überlegungen und eigene Ansichten zu den Teilaspekten zusammengetragen werden, empfiehlt es sich, diese auch darzustellen, damit jederzeit nachvollziehbar ist, welchen Ursprung die Überlegungen haben. Abbildung 9.1.5 zeigt eine beispielhafte Darstellung.

Bedrohungsanalyse							
Bedrohung	Ziel	Ursache	Bedrohung	Folgen	Berücksicht.	Entscheider	Bemerkung
Brandstiftung	Außenlager	Edelhölzer (Urwald)	sehr hoch	existenziell	vollständig	Geschf.	
Diebstahl	Holztransporter	Sonderfahrzeuge	gering	Leihfahrzeuge notwendig	teilweise	Geschf.	als eher unwahrscheinlich angesehen
Einbruch	Sägewerk	Verarbeitung von Edelhölzern	mittel	Langzeitausfall	vollständig	Geschf.	
Spionage	in den Objekten	Konkurrenzkampf	gering	Verlust von Marktanteilen	keine	Leiter Sicherheit	fließt nicht in die Perimetersicherung ein

Abb. 9.1.5: Dokumentationsbeispiel

Zusammengefasst ergibt sich eine Grundlage, nach der jedes Sicherungskonzept erarbeitet und vor allem aufgebaut sein sollte.

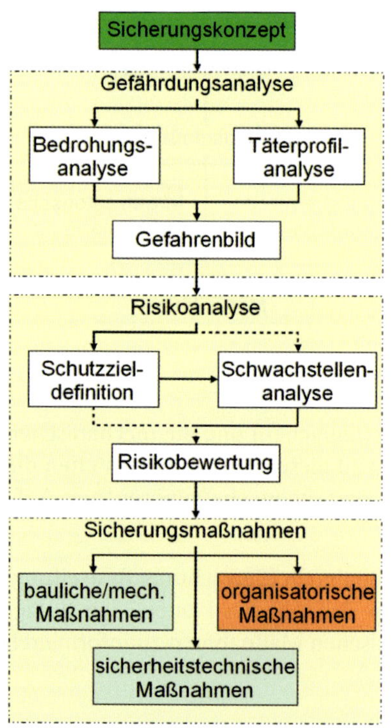

Abb. 9.1.6: Sicherheitskonzept gesamt

Auch wenn bei größeren Objekten das Sicherungskonzept eine am Anfang stehende eigenständige Maßnahme ist, sollte sie auch bei kleineren Objekten nicht außer Acht gelassen werden. Immer dann, wenn von Seiten des Auftraggebers keine vollständigen Vorgaben gemacht werden, was, wie und wo gesichert werden soll, ist der Ausgangspunkt für jede Planungsarbeit ein Sicherheitskonzept.

Dieses muss dann nicht den entsprechenden Umfang haben, sollte jedoch zu jedem Zeitpunkt nachvollziehbar und nachweisbar sein. Wenn in dem fiktiven Beispiel (siehe Abbildung 9.1.5) der Stellplatz der Holztransporter mit großem Aufwand abgesichert werden soll, obwohl die Fahrzeuge nur für den innerbetrieblichen Transport vorgesehen und nicht für den öffentlichen Straßenverkehr geeignet sind, muss auch bei einer vereinfachten Planung nachvollziehbar sein, warum dies geplant und von wem dies veranlasst wurde.

Zum Sicherungskonzept gehören letztendlich auch vorausschauende technische und organisatorische Maßnahmen. Dies können u.a. sein:

- Maßnahmen für den Fall, dass Lichtschrankenstrecken (aber auch andere Systeme) aufgrund der

Witterungsbedingungen keinen Alarm mehr abgeben können (siehe unter Abschnitt 6.2.4 „Disqualifikation"). Hier sind ggf. umfangreiche Ersatzmaßnahmen einzuleiten, wie eine zusätzliche Bestreifung.

- Sollte ein Sensor oder Melder, aus welchem Grund auch immer, einmal ausfallen, ist sowohl festzulegen, wie groß der Ausfallbereich der Detektion maximal sein darf und welche Ersatzmaßnahmen in dieser Zeit zu treffen sind.

9.1.2 Planungsphasen/Leistungsphasen

Die einzelnen Phasen einer Planung sind sehr gut beschrieben in der Honorarordnung für Architekten und Ingenieure (HOAI), wobei die HOAI nicht automatisch bindend ist für alle Planungsaufträge. Sie muss explizit mit dem AG vereinbart werden.

Die Inhalte der einzelnen Planungsphasen, welche Aufgaben zu den sogenannten Grundleistungen und welche zu den sogenannten Besonderen Leistungen zählen, sind der HOAI zu entnehmen (Technische Ausrüstung = §§ 51 bis 56). Sie sind ein für den Fachplaner probates Mittel, wenn es darum geht, dem Kunden darzulegen, was in einem Planungsauftrag enthalten sein sollte (Abbildung 9.1.7).

Gleichzeitig lässt sich von einem planenden Errichter gegenüber dem Kunden verdeutlichen, welche Arbeitsleistungen in einer vollständig ausgeführten Planung stecken und dass diese Leistungen nicht umsonst sein können.

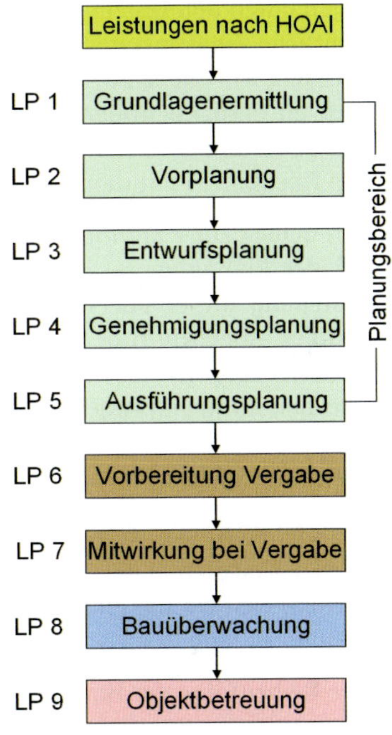

Abb. 9.1.7: Leistungsphasen

Vorplanung durch den Nutzer

Der künftige Nutzer einer Perimetersicherung kann sich selbst bereits im Vorfeld damit auseinandersetzen, wie er für sich das zu erreichende Schutzziel definiert. Er legt dabei auch fest, welche Bereiche oder welche Objekte zu sichern sind und vor allem bis zu welchem Umfang gesichert werden soll.

Zu dieser Vorplanung, die eigentlich ein Zusammentragen von wichtigen Daten für die anschließende eigentliche Planung ist, z. B. durch einen externen Fachplaner, gehört auch die Festlegung, welche Abteilungen an der Gesamtmaßnahme zu beteiligen sind, z. B. die Elektroabteilung für die Stromanschlüsse und die möglichen Kabelwege oder die EDV-Abteilung für die Mitbenutzung des hauseigenen EDV-Netzes.

Ziel einer solchen Vorplanung seitens des künftigen Nutzers soll es nicht sein, den an der eigentlichen Planung beteiligten Personen Arbeit abzunehmen, sondern

- einen Zeitgewinn zu ermöglichen, weil die Festlegungen von Zuständigkeiten mitten in der Planung immer wieder zu Verzögerungen der gesamten Maßnahme führen,
- die für eine Planung notwendigen Informationen bereits zu Beginn der Arbeit zur Verfügung zu stellen,
- aufzuzeigen, wo ggf. noch besondere Beratungsdefizite bestehen.

Vorplanungen durch den Nutzer müssen vom Fachplaner/Errichter vor der Übernahme auf Fehler und rechtliche Zulässigkeiten hin überprüft werden. Je nach Umfang dieser externen Vorleistung entsteht ein nicht zu unterschätzender zeitlicher und finanzieller Aufwand, der im Angebot mit zu berücksichtigen ist. Vorzugsweise ist dafür eine eigene Position zu wählen, damit es für den AG nachvollziehbar wird und weil ein später festzustellender deutlicher Mehraufwand im Nachhinein mit dem AG besprochen werden kann.

Letztendlich gehört zur Planung, noch bevor ein einziges Teil installiert wurde, die Zusammenstellung all der Maßnahmen, die während der Betriebszeit notwendig werden können. Die Zusammenstellung dieser überwiegend organisatorischen Maßnahmen dient dazu, dem AG einen Überblick über künftige Betriebskosten zu ermöglichen und umgekehrt werden so Zuständigkeiten festgeschrieben, z. B. für die Bereitstellung von Arbeitsmitteln und Personal sowie die Vorbereitung von Arbeitsschutzmaßnahmen.

9.1.3 Ausschreibung

Größere Maßnahmen, wie sie bei der Perimetersicherung die Regel sind, erfolgen über Ausschreibungen. Es hat sich in der Vergangenheit immer wieder gezeigt, dass anbietende Errichter Fehler begehen, weil sie die einzelnen Teile einer Ausschreibung nicht richtig zuordnen. Vortexte sind ihnen zu lang, sodass sie gar nicht erst gelesen werden.

Dabei ist die Reihenfolge der Hauptbestandteile festgelegt:

- Die zusätzlichen technischen Vertragsbedingungen (ZTV) enthalten eine allgemeine Beschreibung der Baumaßnahme und die Beschreibung bzw. Vorgaben der Ausführung. Hier wird auch das zu sichernde Areal/Objekt dargestellt, ggf. mit den baulichen Gegebenheiten und auch mit Informationen über wichtige Umgebungsbedingungen.
- Im Vortext stehen darüber hinaus anlagenspezifische technische Vorbemerkungen zur ausgeschriebenen Mechanik/Sicherheitstechnik, die eine Funktionsbeschreibung der Sicherungsmaßnahme darstellen.
- Besondere technische Beschreibungen sind i. d. R. am Anfang der einzelnen Titel (Abschnitte) zu finden. Sie spezifizieren die allgemeinen Beschreibungen des Vortextes in Bezug auf die im jeweiligen Titel ausgeschriebenen Anlagen und Systeme. Sie können aber auch als zusätzliche Hinweise unmittelbar vor einzelnen Leistungspositionen stehen.
- Zum Schluss kommen die Beschreibungen der einzelnen Leistungspositionen.

Diese Reihenfolge ist einzuhalten, selbst wenn Vortexte 20 Seiten lang sind und im eigentlichen Leistungsverzeichnis (LV) nur 10 Positionen stehen. Leistungspositionen enthalten i. d. R.

nur die technische Beschreibung der anzubietenden Teile. Was mit diesen Teilen geschehen soll, ist in den Vorbemerkungen bzw. den besonderen technischen Beschreibungen nachzulesen.

Immer wieder werden Leistungspositionen mit einer Unmenge an technischen Merkmalen versehen, von denen letztendlich nur ganz wenige tatsächlich benötigt werden. Das anzubietende Teil muss aber alle spezifischen Eigenschaften enthalten. Ein Teil anzubieten, das nur die tatsächlich benötigten Merkmale aufweist, ist riskant. Einerseits enthält das Angebot bzw. das zu unterschreibende LV falsche Angaben und andererseits können einzelne Leistungsmerkmale zu einem späteren Zeitpunkt, z. B. bei Erweiterungsmaßnahmen, erforderlich werden. Dann ist eine Ausführung mit eingeschränkten Merkmalen ein Mangel, der mit Vorsatz begangen wurde.

Für Planer gilt für die Erstellung eines LV, dass es zwar einfacher ist, zur Verfügung gestellte LV-Texte zu kopieren. Unmengen an Leistungsmerkmalen, die nicht benötigt werden, legen aber den Verdacht nahe, dass aus einer neutralen Ausschreibung eine auf bestimmte Fabrikate ausgelegte Ausschreibung werden soll oder bei der bestimmte Hersteller ausgeschlossen werden sollen.

Außerdem bedeutet dies einen Ausschluss derjenigen Anbieter, die die tatsächlich zu fordernden Merkmale mit ihren Produkten erfüllen können, nicht aber die ganzen zusätzlichen und nicht benötigten. Diese Wettbewerbsverzerrung geht i. d. R. zu Lasten des AG und ist folglich ein Mangel beim Planungsauftrag.

Ausschreibungen werden gerne 1 : 1 ausgefüllt, ohne deren Richtigkeit zu prüfen. Dabei sind mehrere Möglichkeiten zu beachten:

1. Der Ausschreibende, also derjenige, der ein LV samt Vortext erstellt (z. B. Fachplaner), muss dieses selber auf evtl. Fehler, die eine funktionsfähige Anlage verhindern, prüfen. Es ist nicht Aufgabe des anbietenden Errichters, die Arbeiten des Planers auf Funktionsfähigkeit zu prüfen. Fehler im LV sind ein Mangel des Planers.
2. Der anbietende Errichter muss aber, wenn er Mängel im LV, z. B. Unterschiede zwischen Vortext und LV-Positionen, feststellt, auf diesen Umstand hinweisen. Er kann Fehler nicht einfach stillschweigend akzeptieren, um später Nachforderungen stellen zu können.
3. Fehlen dem anbietenden Errichter detaillierte Unterlagen, um die Planungsarbeit nachvollziehen zu können, muss er bei Abgabe des LV bzw. des Angebotes darauf hinweisen, dass ihm nur eine eingeschränkte Prüfung möglich war. Solche Situationen ergeben sich dann, wenn aus Geheimhaltungsgründen nicht mit der Ausschreibung gleich die detaillierten Objektpläne an eine Vielzahl an Anbietern verteilt werden.

9.1.4 Angebot

Alternativ zu einer Ausschreibung gilt das Vorgenannte auch für eine einfache Anfrage durch den Kunden, auf deren Basis ein Angebot durch den planenden Errichter erstellt werden soll.

Ein ganz wichtiger Punkt ist hier, dass bei allgemein gehaltenen Anfragen ohne begleitende Unterlagen im Angebot vermerkt wird, dass keine Objektbesichtigung erlaubt bzw. möglich war. Ansonsten wird später jeder davon ausgehen, dass das Angebot in Kenntnis aller Örtlichkeiten und Räumlichkeiten erstellt wurde.

Die am Ende von Angeboten zu findende Generalklausel

„... sind bauseitige Leistungen" oder *„... ist durch den Auftraggeber zu liefern bzw. auszuführen"*

entbinden den Anbieter nicht davon, den AG in Bezug auf das eigene Gewerk über relevante Punkte zu informieren bzw. zu beraten. Sind später Vorleistungen des AG nicht geeignet, um die angebotenen Teile der Perimetersicherung zu installieren und in Betrieb zu nehmen, handelt es sich beim AN um eine Verletzung der Beratungspflicht.

9.1.5 Auftrag

Ein Auftrag ist einerseits die Möglichkeit, Umsatz zu generieren, andererseits aber auch die letzte Möglichkeit, Unstimmigkeiten und Unklarheiten der vorangegangenen Verfahren auszuräumen. Oft werden bei der Auftragserteilung noch spezielle Dinge geregelt oder es wird nochmals auf in der Vergangenheit „mal angesprochene" Details hingewiesen. Wichtig ist, dass jedem Auftrag eine Auftragsbestätigung zu folgen hat, in der alle Details und Absprachen enthalten sind. Danach ist der Auftrag endgültig festgeschrieben; mit Ausnahme von Erweiterungen, Nachträgen usw.

Da die Auftragsbestätigung von solcher Wichtigkeit ist, sollte niemals das Angebot nur kopiert und mit dem Wort „Auftragsbestätigung" versehen werden. Ferner ist darauf zu achten, dass der AG die Bestätigung ebenfalls unterzeichnet und zurücksendet.

Erfolgen Aufträge als Folge einer Vergabe, sollte man das Vergabeverfahren nicht generell als ordnungsgemäß durchgeführt betrachten. Die Vergangenheit hat gezeigt, dass der Vergleich von Angebotspositionen der verschiedenen Anbieter nicht immer ausreichend ist. Das liegt an fehlender fachlicher Qualifikation der Prüfer. Manchmal kann nur ein geeigneter Fachplaner erkennen, wenn Mängel im beauftragten Angebot eigentlich zum Ausschluss des Bieters führen müssten oder sogar Aufträge aufgrund von heimlichen Bieterabsprachen vergeben werden könnten.

Wer korrekte Angebote erstellt, sollte immer nach dem alten Grundsatz handeln: „Vertrauen ist gut, Kontrolle ist besser".

Bei Aufträgen von Generalunternehmern (GU) kommt es immer wieder vor, dass der GU seinerseits einen Vertrag mit seinem Kunden abgeschlossen hat inkl. aller Preise und danach beginnt, mit seinen Nachunternehmern (NU) neue Preisverhandlungen zu führen. Der NU wird damit unter Druck gesetzt, Nachlässe bzw. Rabatte einzuräumen, weil er sonst den Auftrag nicht bekommen werde. Das ist nicht erlaubt. Hat der GU seinen Vertrag abgeschlossen, muss er ihn vollinhaltlich an seine NU weitergeben. Sind die Preise mit dem Kunden festgelegt, darf er seinerseits nicht mehr mit dem NU nachverhandeln, da er ansonsten die seinen Preisen gegenüber dem Kunden zugrunde liegende Kalkulation ohne Wissen des Kunden und zu dessen Nachteil verändern würde.

9.1.6 Nachunternehmer

Werden Teilleistungen durch einen Sub ausgeführt (siehe Kapitel 10), bedeutet das in erster Linie, dass dem AG dieser Sub bekannt und von ihm genehmigt werden muss. Der stillschweigende Einsatz fremder Unternehmen ist nicht erlaubt. Auch das gerne praktizierte Verfahren, dass fremde Mitarbeiter in gleicher Weise gekleidet sind wie die eigenen, mit dem gleichen Firmenlogo auf den Fahrzeugen erscheinen usw., ist nicht erlaubt.

Beispielsweise ist im Bereich Arbeitsschutz (BauStellV) der AG dafür verantwortlich, dass bei der gleichzeitigen Arbeit von mindestens zwei Firmen bereits ein Koordinator zu bestellen ist. Dieser seiner Pflicht kann er aber nicht nachkommen, wenn ihm bewusst verschwiegen wird, dass mehrere Firmen an dem Projekt beteiligt sind und nicht nur der beauftragte Errichter.

9.2 Installation

Installation ist die exakte Umsetzung der beauftragten Maßnahme mit dem Ziel, am Ende eine mängelfreie Abnahme und damit die Vergütung für die erbrachte Leistung zu erlangen.

Dass bei der Installation, insbesondere der Mechanik, sauber und mängelfrei zu arbeiten ist, sollte eigentlich keiner Erwähnung bedürfen. Die Praxis zeigt jedoch, dass hier immer wieder teils sehr nachlässig und teils vorsätzlich unkorrekt gearbeitet wird. Hauptproblem bei der Mechanik ist der Korrosionsschutz. Dieser hat so zu erfolgen, wie es im Auftrag vorgegeben ist.

Korrosionsschutz

Nicht alle Elemente von Zaunanlagen sind werkseitig so zu fertigen, dass sie anschließend am Objekt nur noch zu befestigen sind. Wie im Abschnitt 2.4 zu sehen ist, müssen auch vor Ort Anpassungen vorgenommen werden. Feuer- oder tauchverzinktes Material wird dabei häufig so bearbeitet, dass der Korrosionsschutz beschädigt oder entfernt wird. Dann ist es üblich, aus dem Baumarkt ein Zinkspray zu besorgen und die entsprechenden Stellen damit „mal eben" einzusprühen.

Abb. 9.2.1: Schlechte Nacharbeit

Ist im Auftrag die Materialqualität beispielsweise mit V2A, V4A oder anders vorgegeben, so ist die Verwendung von Sprühzink ein Mangel. Die Eigenschaften des Korrosionsschutzes entsprechen an diesen Stellen nicht den Vorgaben. Hinzu kommt, dass derartige Nacharbeiten u. U. nicht unmittelbar erfolgen, sondern erst nach einiger Zeit, sodass erste winzige Korrosionserscheinungen einfach übersprüht werden, was bereits nach kurzer Zeit deutlich sichtbar wird.

Da insbesondere größere Konstruktionsteile nach der Anpassung schlecht wieder ins Werk zurücktransportiert werden können, um den Korrosionsschutz zu vervollständigen, sollte bereits im Vorfeld mit dem Auftraggeber abgesprochen werden, was in einem solchen Fall tatsächlich gestattet wird. Ansonsten besteht die Gefahr, dass die korrodierten Teile bereits nach kurzer Betriebszeit wieder auszutauschen sind, und zwar auf Kosten des Errichters.

Geheimhaltung bei Bodendetektionssystemen

Im Kapitel 5 wurde bei den Detektionssystemen, die im Boden verlegt werden, aufgezeigt, dass es unterschiedliche Möglichkeiten gibt, diese mit entsprechenden Hilfsmitteln zu überwinden, was aber voraussetzt, dass die Lage der einzelnen Elemente bekannt ist. Um den vollen Nutzen aus den Detektionssystemen gewinnen zu können, sollte bei der Verlegung der Sensoren bzw. Rohrleitungen deren genaue Lage für Unbefugte nicht zu sehen bzw. nachvollziehbar sein.

Das bedeutet in erster Linie – schnellstmögliches Arbeiten!

So schnell, wie es am besten wäre zu arbeiten, ist bekanntlich selten möglich. Mit Verzögerungen, wenn auch vermeidbaren, muss immer gerechnet werden, sei es unzureichende Koordination, Probleme mit der Bodenbeschaffenheit, Ausfall von Maschinen usw. Dann ist nicht erst während der Verlegearbeiten zu überlegen, ob ein geeigneter Sichtschutz notwendig ist. Bei einer Mauer erübrigt sich dies in der Regel. Zäune dagegen sind meistens „durchsichtig", eignen sich aber sehr gut für die vorübergehende Anbringung von geeigneten Sichtschutzmatten.

Aber nicht nur an einen potentiellen Täter, der bereits in der Installationsphase das Gelände erkundet, ist zu denken. Ein ernst zu nehmendes Problem ist der ständig zunehmende Einsatz von Drohnen, mit denen aus sicherer Entfernung „mal eben" Aufnahmen vom Gelände gefertigt werden können.

Aber auch Satellitenaufnahmen, z. B. von Google Earth, können zu einem Problem werden. Die Qualität und Detailgenauigkeit dieser Bilder stellen ein Sicherheitsproblem dar. Zwar werden die abzurufenden Bilder nur in sehr großen Abständen aktualisiert. Geschieht diese Aktualisierung aber zufällig während der Verlegearbeiten, bedeutet das, jeder kann für lange Zeit (mehrere Jahre) im Internet die „Detailpläne" abrufen.

Feuchtigkeit

Da nicht alle Arbeiten bei idealem Wetter durchzuführen sind, muss auf den Feuchtigkeitsschutz besonderen Wert gelegt werden. Dies ist umso wichtiger, als in der Perimetersicherung durchaus Elektronikkomponenten im Außenbereich zu installieren sind. Beim Öffnen von Gehäusen im Freien ist auf die Umgebungstemperatur und die Luftfeuchtigkeit zu achten.

Warme Luft kann mehr Feuchtigkeit aufnehmen als kalte. Im Winter ist der Unterschied dann gut zu sehen, wenn bei Minusgraden außen und geheiztem Innenraum ein Fenster geöffnet wird. Die warme Luft entweicht nach draußen, wird dabei schlagartig so weit abgekühlt, dass sie die Feuchtigkeit nicht mehr halten kann. Es kommt zum Beschlagen der Scheibe, also dem Überschuss an Feuchtigkeit.

Auf die Perimetersicherung umgesetzt bedeutet dieser physikalische Vorgang im schlimmsten Fall, dass in einem Gehäuse bei warmen Tagestemperaturen entsprechend viel Feuchtigkeit in der Luft enthalten ist. In der Nacht kühlt die Luft im Gehäuse ab und der Überschuss an Feuchtigkeit setzt sich auf Leiterbahnen ab und kann zu Störungen oder sogar Kurzschlüssen führen. Kommt am nächsten Tag der Service zur Überprüfung, hat die Wärme des Tages die Feuchtigkeit schon wieder aufgenommen und nichts ist mehr nachvollziehbar.

WICHTIG!

Im Außenbereich müssen Gehäuse mit Elektronik immer gegen zu hohe und sich ablagernde Feuchtigkeit geschützt werden.

Für den Feuchtigkeitsschutz verwendet man meistens kleine Päckchen mit Silicagel, dessen Färbung im gebrauchsfähigen Zustand blau ist und nach der Aufnahme von Feuchtigkeit rosa bis klar wird.

Notstromakku

Im allgemeinen Sprachgebrauch gibt es zwei Bezeichnungen für Energiespeicher:

1. Batterien – In der Regel eine einzelne Zelle, die aufgrund der Herstellung ihre Ladung hat und deren reguläre Zellenspannung bei 1,2 V liegt (Einsatz in der Sicherheitstechnik überwiegend für die Speicherung von Geräteeinstellungen).
2. Akku – Eine Kombination mehrerer Zellen, die wiederaufladbar sind und deren Zellenspannungen bei 2,0 V liegen (Einsatz in der Sicherheitstechnik für die Notstromversorgung von Einzelgeräten bis zur zentralen Absicherung größerer Systeme).

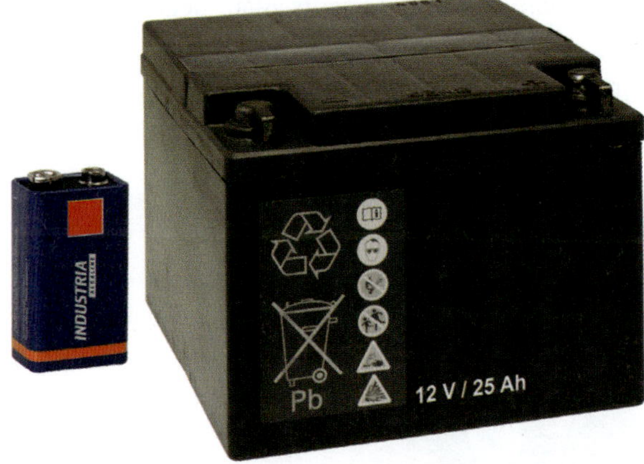

Abb. 9.2.2: Der „kleine" Unterschied

Die in der Sicherheitstechnik üblichen Blei-Gel-Akkus stellen bei einem unbeschädigten Zustand kein Gefahrgut dar, das einen besonderen Umgang erfordern würde. Allerdings sind für den Transport zum Objekt u. a. die Vorgaben der Hersteller zu beachten. Das bedeutet im Mindesten den aufrechten Transport, den Schutz gegen Beschädigung, den Schutz der Anschlusspunkte gegen Kurzschluss.

Beispiel

Ein typischer Kleinakku in der Sicherheitstechnik hat folgende Daten:

- Typ = 12 V/6,5 Ah
- Ladeschlussspannung = 13,8 V
- Kurzschlussstrom = 131 A

Im Falle eines Kurzschlusses bei voller Ladung wird eine Energie von 1,8 kW freigesetzt. Bei einem 25 Ah-Akku mit einem Kurzschlussstrom von 583 A sind dies bereits über 8 kW. Schon ein einzelner Akku bedeutet ungeschützt ein erhebliches Gefahrenpotential. Leider zeigen Blicke in Servicefahrzeuge, wie sorglos mit dieser Gefahr umgegangen wird.

Ein weiterer, immer wieder zu beobachtender Mangel bei den verschiedenen sicherheitstechnischen Anlagen ist das Alter der eingesetzten Akku. Diese werden zu einem bestimmten Zeitpunkt hergestellt, gelangen über den üblichen Weg zum Errichter, werden dort gelagert und zu einem späteren Zeitpunkt in die Anlagen eingebaut. In der VdS-Richtlinie (VdS 3143 2012-09) steht hierzu u. a. Folgendes (Zitat):

„Hinweis: Beim Tausch der Batterien sollten sie mit dem Einbaudatum versehen werden. Zusätzlich ist das Einbaudatum im Betriebsbuch einzutragen."

Hier zeigt sich deutlich, dass Richtlinien lediglich unverbindliche Empfehlungen darstellen (siehe Kapitel 10) und außerdem nicht den allgemein anerkannten Regeln der Technik entsprechen müssen. Immer wieder kommt es vor, dass „überlagerte" Akku eingesetzt werden. Es gibt allerdings keine Vorgabe, wie lange ein Akku max. ungenutzt und damit ohne eine kontinuierliche Erhaltungsladung beaufschlagt gelagert werden darf.

Bei der Überprüfung bestehender Anlagen wird immer wieder festgestellt, dass zwischen dem auf dem Akku unveränderlich angebrachten Herstellungsdatum und dem vom Errichter angebrachten Einbaudatum bis zu einem Jahr und mehr liegt.

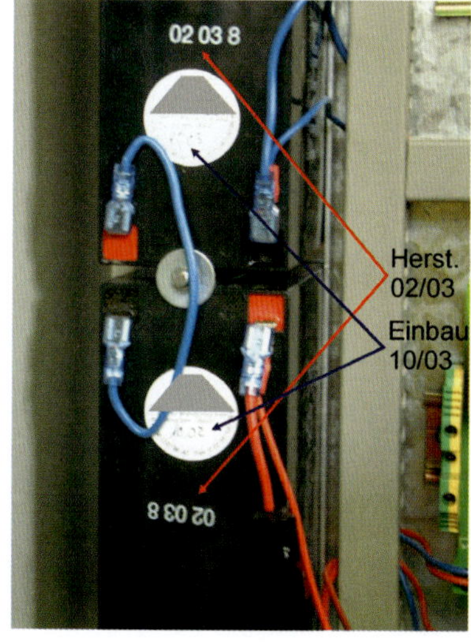

Abb. 9.2.3: Acht Monate bis zum Einbau

In der vorgenannten VdS-Richtlinie steht auch (Zitat):

„... Die Batterie(n) ist(sind), wenn im Zertifikat über die Anerkennung nichts anderes ausgesagt ist, mindestens vier Jahre nach Herstellungsdatum auszutauschen."

Dies würde bedeuten, dass ein Akku, dessen Herstellungsdatum bereits ein Jahr oder mehr zurück liegt, nicht nur bereits bis auf ca. 40 % seiner Ursprungsladung entladen ist, sondern auch bei Nichteinhaltung der Lagerparameter, insbesondere der vom Hersteller angegebenen kühlen Lagerung, Schaden genommen haben kann, was nicht nur ein finanzieller Schaden für den Kunden darstellt, sondern auch einen Mangel. Die Erfahrung zeigt, dass Kunden, die mitbekommen, dass sie „langzeitgelagerte" Akku als neu verkauft bekommen, sehr ärgerlich werden können.

HINWEIS!
Ein Akku ist keine langfristige Lagerware, sondern muss zeitnah installiert werden!

Darauf ist zu achten, selbst wenn in einer anderen VdS-Richtlinie (VdS 2311 2005-09) steht (Zitat):

„Hinweis: Es dürfen nur neue bzw. ungebrauchte Batterien aus dem Lagerbestand der Errichterfirma (Lagerzeit maximal ein Jahr) eingebaut werden..."

Das Vorgenannte zeigt, dass Richtlinien nicht frei von Unzulänglichkeiten sind. Die eingesetzten Akkus dürfen einerseits vor dem Einbau bereits 1 Jahr alt sein, andererseits sind sie dann nach min. 3 Jahren Betriebszeit (4 Jahre nach Herstellung) wieder auszubauen.

Bei einem Ausfall der Notstromversorgung während eines allgemeinen Stromausfalls, der u. U. einen erheblichen Schaden zur Folge haben kann, wird ein Sachverständiger auch diesen Punkt überprüfen.

9.3 Abnahmen

Projekte können über Jahre hinweg in Eintracht zwischen Auftraggeber (AG) und Auftragnehmer (AN) durchgeführt werden. Spätestens dann, wenn der Wunsch ansteht, der AG möge seine Zufriedenheit über die erbrachte Leistung bescheinigen, damit Rechnungen erstellt werden können, beginnen die Diskussionen. In der Planung des Fachplaners können Fehler enthalten sein, der Errichter hat die Vorgaben nicht genau gelesen, der AG hat sich etwas anderes vorgestellt usw.

Mit den Abnahmen sollte sich nicht nur der Errichter, sondern auch der beteiligte Fachplaner vorher auseinandersetzen.

9.3.1 Teilabnahmen

Teilabnahmen sind kein zwingendes Muss, sondern Teil einer schriftlichen Vereinbarung, die spätestens in der Auftragsbestätigung zu dokumentieren ist (siehe Abschnitt 9.1.5). Nach der allgemeinen Definition ist eine Teilabnahme dann möglich, wenn ein in sich abgeschlossenes

System (z. B. Zaundetektion) vollständig installiert und in Betrieb genommen wurde. Ist eine notwendige Verbindung, beispielsweise zu einer Alarmempfangsstelle, noch nicht herzustellen, so ist alternativ die Funktion als autarkes System nachzuweisen.

Erstellt der Planer ein umfangreiches Leistungsverzeichnis (LV), so kann er dabei Teilabnahmen bereits steuern, indem er insbesondere umfangreiche Kabel- und Leitungsverlegungen nicht in einem einzigen LV-Titel zusammenfasst, sondern die Titel so anlegt, dass teilabnahmefähige Systeme zusammenhängend ausgeschrieben werden.

Es ist zu unterscheiden zwischen einer Teilabnahme und einem Teilaufmaß. Bei Bodendetektionssystemen beispielsweise werden zuerst die Leitungen/Kabel im Boden verlegt und später die Sensoren angeschlossen und das System in Betrieb genommen. Um die Wiederherstellung der Landschaft zu ermöglichen, wird vorher ein gemeinsames Aufmaß der im Erdboden unterzubringenden Teile erstellt. Eine Teilabnahme gemäß allgemeiner Definition ist aber erst dann möglich, wenn dieses Detektionssystem (als Teil einer Gesamtsicherungsmaßnahme) als eine funktionsfähige Anlage inkl. aller dazugehörigen Komponenten in Betrieb genommen wurde und ggf. seinen Probebetrieb absolviert hat.

Sollen, insbesondere bei umfangreichen Verlegearbeiten im Boden, Teilbereiche schon vorher abgenommen und in Rechnung gestellt werden, so muss dies separat vereinbart werden.

9.3.2 Endabnahmen

Ganz zum Schluss steht die allgemein übliche Abnahme (Endabnahme), also der Vergleich des Auftrags mit den ausgeführten Leistungen (Abbildung 9.3.1). Diese erfolgt zwischen AG, beispielsweise vertreten durch den Architekten, und dem Auftragnehmer (AN).

Wird der Auftrag als mangelfrei bezeichnet und dem AN die Abnahme als frei von Mängeln bescheinigt, bedeutet das noch nicht, dass dem auch so ist. Es können immer noch Mängel enthalten sein, die sich evtl. erst zu einem späteren Zeitpunkt auswirken bzw. zu einem späteren Zeitpunkt erst feststellbar sind.

Bei verschiedenen Projekten besteht die Vorgabe, dass Anlagen oder Teile davon von einem Sachverständigen abzunehmen sind. Auch hierbei zeigt die Realität, dass eine derartige Abnahme ggf. nicht das Papier wert ist, auf dem es geschrieben wurde. Es gibt zudem Anlagen, die regelmäßig wiederkehrend zu prüfen sind. Diese Prüfungen müssen bescheinigt werden (Abnahme der Funktionsfähigkeit der Teile). Auch hier gilt, dass diese Bescheinigungen nicht von der eigenen Haftung freistellen. Sie sollten, müssen aber nicht – wie die Realität belegt – die Mängelfreiheit bescheinigen.

Vereinbarungen, wie sie ein GU bei einem Großprojekt als besondere Vertragsbedingung in seinem Vertrag hatte, dass die Endabnahme erst dann erfolgen werde, wenn alle korrespondierenden Anlagen anderer AN abgenommen wurden, sind rechtsunwirksam, denn sie benachteiligen den AN einseitig und in einem erheblichen Maße. Es war nicht abzuschätzen, wann die anderen Gewerke tatsächlich ihre Leistungen beenden und abnehmen lassen würden. Wenn nur einer der fremden AN vor der Fertigstellung Pleite geht, kann sich die Projektfertigstellung insgesamt um Jahre verzögern. Der Errichter hätte dann keine Möglichkeit, seine Leistungen bezahlt zu bekommen. Andererseits muss er aber seine eigenen Anlagen bis zur Endabnahme mängelfrei halten und seine Garantieansprüche gegenüber seinem Lieferanten sind erloschen, während nach der Endabnahme die Gewährleistungszeit gegenüber dem AG erst beginnt.

AGBs und besondere Vertragsbedingungen von GU sind genau zu prüfen, denn sie sind vertraglich vereinbart und damit zuerst einmal einzuhalten.

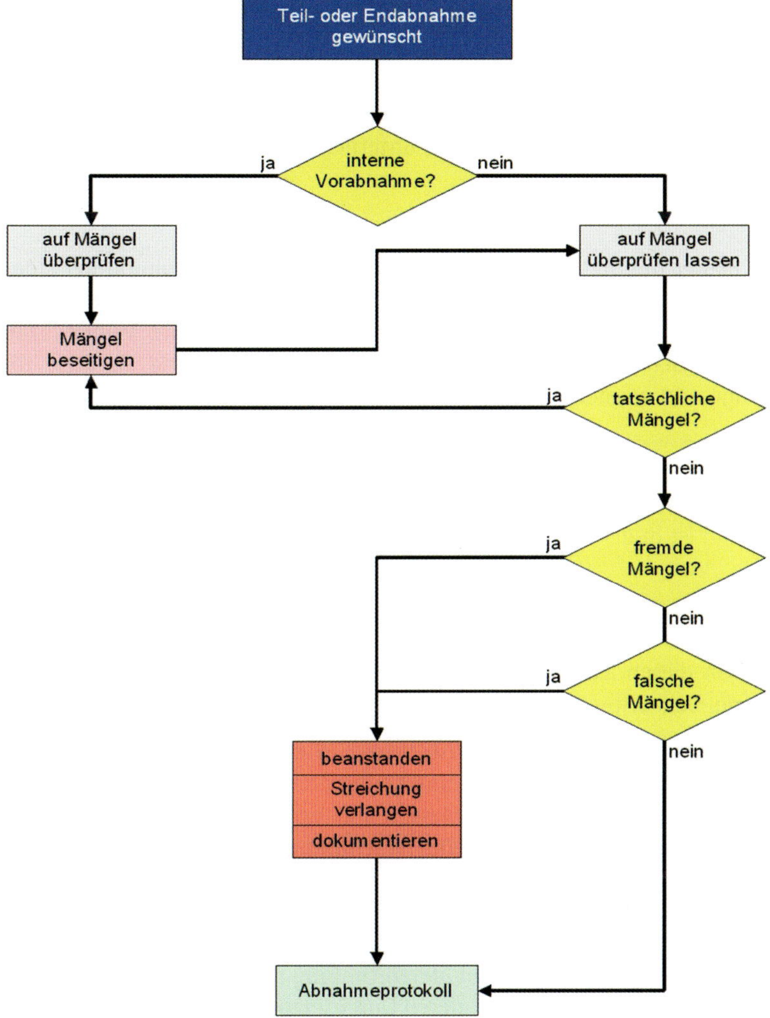

Abb. 9.3.1: Ablauf von Abnahmen

Bilddokumentation

Dank der digitalen Fotografie ist es ein Leichtes, im Zusammenhang mit der Abnahme alle relevanten Bereiche und Teile zu fotografieren und diese Bilder dann als Nachweis zu speichern. Dabei ist allerdings zu berücksichtigen, dass Bilder, die Teile des Objektgeländes, von Gebäuden, von Lagerstätten usw. zeigen, dem Urheberrecht des Eigentümers unterliegen. Folglich ist er vorher zu fragen und die erzeugten Bilder sind mit ihm abzustimmen, bevor sie abgespeichert oder weiterbearbeitet werden. Und danach unterliegen sie, wenn Personen auf den Bildern zu sehen sind, dem Datenschutz (Erzeugung, Verarbeitung und Speicherung personenbezogener Daten).

Was für einzelne Fotos gilt, ist selbstverständlich auch auf Videoaufzeichnungen anzuwenden, mit denen die Funktionen der Freigeländeüberwachung protokolliert werden sollen. Zusätzlich gilt, dass weder Fotos noch Videoaufzeichnungen anschließend ohne Genehmigung des Nutzers (Rechteinhaber) weitergegeben werden dürfen. Das betrifft auch Weitergaben im Rahmen von VdS- oder sonstiger Fremdabnahmen bis hin zu Maßnahmen im Rahmen von Auditierungen (ISO 9000...).

Weiterhin ist darauf zu achten, dass als Basis für Geländeübersichten keine Satellitenbilder, z. B. von Google Earth, verwendet werden. Auch diese Bilder unterliegen dem Urheberrecht.

9.3.3 Mängellisten

Jeder Errichter, aber auch Planer fürchtet sie, die Mängellisten. Sie zeigen die Qualität der eigenen Arbeit und außerdem sind sie gelegentlich ein Instrument unterschiedlicher Zielsetzungen der verschiedenen Parteien. In den nachfolgenden Betrachtungen werden jene Mängellisten außer Acht gelassen, die von den GU mitunter als Instrument der Macht und als Basis für zusätzliche Einnahmen eingesetzt werden.

MERKE!

Mängellisten sind allgemein ein Mittel, um im Rahmen von Teil- oder Endabnahmen die Differenz zwischen Soll und Ist in der Ausführung eines Auftrags festzuschreiben.

Sie sind aber keine einseitigen Dokumente, sondern solche, die von der Auftraggeberseite bzw. deren Vertretung (AG, Architekt, Planer usw.) erstellt und dann mit den ausführenden Unternehmen besprochen und von diesen akzeptiert werden müssten. Das ist nicht immer der Fall, weil auf Seiten des Auftraggebers unterschiedliche Interessen bestehen.

In einem großen Rechenzentrum gab es beispielsweise einen Sicherheitsverantwortlichen und direkten Ansprechpartner für Planer und Errichter. Seine Kenntnisse von der Sicherheitstechnik beschränkten sich auf Hochglanzprospekte sowie Messe- und Vertreterbesuche. Im Rahmen einer umfangreichen Überarbeitung der Freigeländeüberwachung und aller sicherheitstechnischen Anlagen versuchte er nach der Auftragserteilung durch das zuständige Staatliche Baumanagement (StBM) als Auftraggeber seine eigenen, z. T. überzogenen Ideen in Form von Änderungen, Ergänzungen bzw. Erweiterungen durchzusetzen. Nachdem dies nicht so recht gelingen wollte, erstellte er wiederholt Mängellisten, deren Umfang regelmäßig über 70 Positionen umfasste, und erwartete vom externen Planer deren Durchsetzung. Die Mängellisten wurden vom Planer aber Punkt für Punkt mit dem Auftrag und den bereits erstellten Dokumentationen verglichen und dann auf die tatsächlichen Mängel reduziert, die i. d. R. bei drei bis fünf Punkten lagen. Besagter Mitarbeiter hatte bei der Erstellung seiner Mängellisten nämlich auch andere Dinge einfließen lassen:

- Ein Großteil seiner Mängellisten beinhaltete Punkte, die keine Mängel, sondern lediglich Hinweise auf in der folgenden Baubesprechung zu klärende Fragen waren.
- Ein weiterer nicht unerheblicher Teil der angeblichen Mängel bestand aus Besprechungspunkten, die bereits in früheren Baubesprechungen abgehandelt wurden bzw. aus Mängeln, von denen allen Beteiligten bekannt war, dass sie bereits seit längerem erledigt waren.

Wer eine Mängelliste erhält, sollte sie zuerst einmal nach den unterschiedlichen Kriterien prüfen und, wenn dort vorsätzlich falsche Angaben enthalten sind, diese schriftlich beanstanden. Dies ist auch vorausschauend wichtig, denn es kann im Laufe eines längeren Auftrags zu allgemeinen „Unstimmigkeiten" kommen und Auftraggeber und Auftragnehmer treffen sich vor Gericht. Werden dann etliche Mängellisten mit jeweils über 70 Einzelpositionen vorgelegt, denen nicht sofort widersprochen wurde, ist das im Verfahren für den Planer/Errichter nicht gerade förderlich.

Insbesondere bei öffentlichen Aufträgen ist die Konstellation der einzelnen Parteien wichtig. Ein Errichter, der (angebliche) Mängel kostenfrei beseitigt, obwohl es sich um Zusatzwünsche des Betreibers handelt, hat keinen Anspruch auf Entlohnung im Rahmen seines Auftrags. Er kann lediglich Kosten gegenüber dem Betreiber in Rechnung stellen. Dies aber auch nur dann, wenn eine separate Beauftragung speziell von dem Betreiber in schriftlicher Form vorliegt.

Eine Möglichkeit, sich gegen unberechtigte Mängelrügen abzusichern und stattdessen aus Kundenwünschen bezahlte Zusatzaufträge zu generieren, ist, abhängig natürlich vom Projektumfang, Protokolle von Baubesprechungen selber zu schreiben und anschließend zu verteilen. Dabei besteht die Möglichkeit, auf Punkte konkret hinzuweisen, z. B.:

1. „Die vom Kunden zusätzlich gewünschte Ausführung von..." oder
2. „Der vom Auftraggeber an den Kameramasten zusätzlich geforderte Bewegungsmelder ist nicht Bestandteil des Auftrags."

Ein vom Auftraggeber erstelltes Protokoll, welches derartige Hinweise „versehentlich" nicht enthält, muss erst zeitintensiv angefochten und geändert werden. Demgegenüber ist die Erstellung eines kleineren Protokolls für den Errichter ein zu vernachlässigender Aufwand, der zudem Sicherheit in Bezug auf die Kostenübernahme bringt.

Mängellisten werden auch gerne dazu genutzt, die Qualität der Leistungen eines Errichters in ein schlechtes Licht zu rücken, um Zahlungen hinauszuzögern. Durch unberechtigte Mängelrügen, die darauffolgenden Widersprüche, die nächsten Rügen usw. lassen sich Zahlungsziele deutlich in die Länge ziehen. Insbesondere bei GU gibt es erfahrungsgemäß einzelne Mitarbeiter, die sich besonders gut auf derartige Abläufe verstehen.

Manchmal fehlen einem nicht nur die passenden Worte, sondern auch die richtigen Argumente, wenn eine offensichtlich falsche Mängelliste vorgelegt wird. Als ein probates Mittel hat sich eine Zug-um-Zug-Mängelliste erwiesen. Wer Planer und Errichter durch angebliche Mängel in Misskredit bringen und unberechtigte Leistungen von ihnen abverlangen will, muss seinerseits absolut einwandfreie Vorleistungen abgeliefert haben.

Wichtig ist nach wie vor, im eigenen Bereich alles Notwendige zu dokumentieren, um sich gegen unberechtigte Mängellisten zur Wehr setzen zu können. Gleichzeitig schadet es nichts, von Anfang an die Augen offen zu halten und allgemeine Auffälligkeiten zu dokumentieren.

Qualifizierte Arbeiten bieten keinen Anlass für Mängellisten. Darauf sollte immer hingewirkt werden. Bevor jedoch eine Mängelliste fälschlicherweise akzeptiert wird, ist zuerst genau festzustellen:

- Handelt es sich um tatsächliche Mängel, die in Verbindung zu den ausgeführten Leistungen stehen?

- Wurde die Mängellisten von einer dazu befugten Person erstellt?
- Steckt ggf. eine andere Absicht hinter dieser Mängelliste?

Mängellisten sollten in keinem Fall ungeprüft akzeptiert und abgearbeitet werden. Die damit einhergehende Anerkenntnis zieht i. d. R. Kosten nach sich, die bei eingehender Prüfung vermeidbar gewesen wären.

9.3.4 Probebetrieb

Immer wieder wird in Regelwerken explizit ein Probebetrieb gefordert, so auch in der VdS 3143 (Zitat):

„Perimeterschutz- und -detektionssysteme müssen zunächst, ohne dass die Alarmierungseinrichtungen in Funktion gesetzt werden bzw. ohne dass eine Intervention erfolgt, mindestens acht Tage lang probeweise betrieben werden (Probebetrieb)."

Bei der Perimetersicherung ist für einen Probebetrieb zunächst einmal der mögliche Ablauf zu analysieren, denn diese Systeme sind nicht vergleichbar z. B. mit einer EMA oder BMA.

1. Bei einem Probebetrieb soll die komplette Anlage für eine bestimmte Zeit in Betrieb sein, ohne dass die Alarmierung in Gang gesetzt wird und ohne dass eine Intervention stattfindet.
   - Die in der o. a. Richtlinie vermerkten 8 Tage sind unsinnig, denn eine Perimetersicherung am Zaun, im Boden und im Freigelände sollte (theoretisch) unter allen möglichen Bedingungen getestet werden. Daraus folgt, dass derartige Anlagen (theoretisch) mindestens 1 Jahr in Betrieb sein müssten, bevor sie bei allen Umgebungsbedingungen getestet und optimal einjustiert worden sind. Ein Probebetrieb während 8 Tagen bei einem dann gerade vorhandenen gemäßigten Klima hat keinerlei Aussagekraft.
   - Das Ausschalten der Alarmierung in dieser Zeit bedeutet, dass diese Funktion nicht von Anfang an getestet wird, sondern erst nach dem Probebetrieb. Die Alarmierung ist aber eine geforderte bzw. vorgesehene Funktion.
   - Wenn man davon ausgeht, dass bei mittelgroßen bis großen Projekten die Alarmierung auf eine interne Empfangsstelle geschaltet wird und eigene Sicherheitskräfte die Intervention durchführen, dann sollten diese auch von Anfang an üben, wie sie sich zu verhalten haben und welche Maßnahmen sie nacheinander abzuarbeiten haben, wenn ein Alarm erfolgt.
2. Wenn die Anlagen während des Probebetriebes einwandfrei funktionierten, erst dann sollen sie endgültig übergeben werden. Zitat VdS 3143:

   „Bei der Übergabe zur Inbetriebnahme des Perimeterschutz- und -detektionssystems müssen der Betreiber und die von vom Betreiber beauftragte(n) verantwortliche(n) Person(en) durch den Errichter hinsichtlich der geforderten bzw. vorgesehen Funktionen und in die Bedienung das Systems eingewiesen werden."

   - Die Inbetriebnahme einer oder mehrerer Anlagen erfolgt nicht erst nach der Abnahme. Der Nutzer kann auch schon vorher eine Anlage in Betrieb nehmen, und zwar dadurch, dass er sie aktiviert und den Schutz seines Objektes startet. Alarme werden in seiner

Sicherheitszentrale angenommen und bearbeitet. Tor- und Schrankenanlagen werden bereits in den Betriebsablauf integriert usw.

- Die Inbetriebnahme hat außerhalb eines empfehlenden Regelwerkes auch die Funktion, dass die Gewährleistungszeit im Sinne des Errichters startet. Durch einen Probebetrieb, dessen Anfang und Ende für den Errichter zuerst einmal nicht nachvollziehbar ist, kann der Nutzer entsprechend dem zuvor genannten Zitat mit nach seiner Meinung festgestellten Fehlfunktionen und Mängeln die Zeit des Probebetriebs immer weiter ausdehnen oder neu starten, ohne dass der Errichter die Möglichkeit hat, seine Gewährleistung zu starten.
- Zu berücksichtigen ist auch, dass es Teilinbetriebnahmen gibt, vor allem wenn mehrere Anlagen miteinander verknüpft funktionieren sollen, aber ein Teil der Anlagen noch nicht fertiggestellt werden konnte.
- Wenn der Errichter erst nach dem Probebetrieb damit beginnen soll, den Nutzer einzuweisen, wie kann dann der Nutzer während des Probebetriebes überhaupt feststellen, ob alle Funktionen einwandfrei sind? Die Einweisung des Nutzers muss deutlich früher geschehen, zumal deren vollständige Durchführung Bestandteil des Abnahmeprotokolls ist.

Was auf Papier niedergeschrieben wird und wie es in der Realität aussieht, dazwischen können erhebliche Unterschiede bestehen. Insbesondere was die vertragliche Beziehung zwischen AG und Errichter betrifft, so ist darauf zu achten, welche Maßnahmen in der korrekten Reihenfolge durchzuführen sind, um den (Werk-)Vertrag einwandfrei zu erfüllen und damit die für den Errichter und ggf. auch für den Fachplaner wichtigen Folgeschritte in Gang zu setzen, wie Beginn der Gewährleistungszeit, Möglichkeit der Erstellung der Endrechnung, Beendigung einer ggf. geforderten Vertragserfüllungsbürgschaft usw.

Um auf der sicheren Seite zu sein, sollten die Abläufe und die sich daraus ergebenden Konsequenzen individualvertraglich mit dem Kunden vereinbart werden; und nur mit diesem.

9.4 Betrieb und Service

Sind Anlagen der Perimetersicherheit an den Nutzer übergeben, bleibt i. d. R. die Verbindung zwischen ihm und dem Errichter weiter bestehen. Es sind während der Betriebszeit, je nach Anlagengröße, mehr oder weniger häufig Leistungen zu erbringen, wie die Funktion der Anlagen an sich verändernde örtliche Gegebenheiten anzupassen oder im Betriebsablauf erfolgte Schäden zu beseitigen.

In den meisten Fällen handelt es sich um nachträglich zu erbringende Zusatzleistungen. Das Fehlen einer klaren Definition von beispielsweise im Rahmen eines Wartungsvertrages zu erbringender Leistungen führt immer wieder zu Diskussionen, wenn der Nutzer der Meinung ist, er müsse diese Leistungen nicht bezahlen, da sie mit dem Wartungsvertrag abgedeckt seien. Wer dies nicht genau vorher festgeschrieben hat, wird bei der ersten Auseinandersetzung feststellen, wie gut eine ausführliche Dokumentation sein kann.

Es ist empfehlenswert, derartige Serviceleistungen über einen eigenen Servicevertrag abzuwickeln, um vor allem eine eindeutige Abgrenzung zum Wartungsvertrag zu bekommen.

Im Servicevertrag ist ein wichtiger Punkt, innerhalb welchen Zeitfensters eine Reaktion auf ein Ereignis und bis zu welchem maximalen Zeitpunkt zumindest mit einer Beseitigung von Störungen und Schäden zu beginnen ist:

- Reaktion bedeutet, dass z. B. auch am Wochenende der Nutzer den Errichter bzw. seinen Instandhaltungsdienst anrufen kann und dieser innerhalb kürzester Zeit sich beim Nutzer melden muss. Bei einem gut funktionierenden Störungsdienst sollte dies innerhalb von ein bis zwei Stunden maximal geschehen sein.
- Für die Beseitigung von Störungen kann man zwar ein Zeitlimit angeben, aber gerade in der Perimetersicherheit kann die Ursache von einer auszutauschenden Feinsicherung bis zum Erneuern eines größeren Zaunbereiches verschiedenster Art sein. Ein pauschales Zeitfenster sollte hierbei in keinem Fall vereinbart werden.

In Regelwerken wird gerne ein entsprechendes Ersatzteillager gefordert. Die Hersteller freut's, der Errichter kann's in vielen Fällen nicht gewährleisten. Insbesondere im Zaunbereich, wo ggf. auf den Kunden zugeschnittene Sonderanfertigungen verbaut wurden, ist eine Lagerhaltung nicht möglich.

Aber auch im Detektionsbereich ist eine geforderte Lagerhaltung von beiden Seiten zu betrachten. Einerseits bedeutet eine Ersatzteillagerung, dass Instandsetzungsarbeiten unverzüglich durchführbar sind. Andererseits bedeutet dies aber auch, dass bei einwandfrei funktionierenden Systemen, bei denen vielleicht erst nach vier Jahren ein spezielles defektes Teil zu tauschen ist, dann u. U. ein veraltetes Teil zum Einsatz kommt, für das der Errichter von seinem Lieferanten keine Garantie mehr erhält, er selber aber gegenüber seinem Kunden für eine Garantie geradestehen muss. Außerdem ist der Einbau eines solchen überalterten Teiles wiederum ein Mangel. Insbesondere bei nur für einen einzigen Kunden bevorratetem Material oder solchem, das im Laufe der Zeit allgemein nicht mehr eingesetzt wird, weil sich die Technik weiterentwickelt hat, bedeutet eine derartige Ersatzteilbevorratung totes Kapital, das spätestens nach einem Jahr Lagerzeit zu entsorgen und durch neues Material zu ersetzen ist. Zu dieser „Altersgrenze" bei neuwertigem Material von einem Jahr tendiert auch die Rechtsprechung.

Es ist mit dem Nutzer schriftlich zu vereinbaren, welche Teile bevorratet werden müssen und wie mit den übrigen Teilen zu verfahren ist. Es besteht auch die Möglichkeit, dass der Nutzer die wichtigsten Austauschteile selber bevorratet, insbesondere die, von denen anzunehmen ist, dass sie z. B. durch Vandalismus immer wieder einmal zu tauschen sein werden. Im Bereich Kritischer Infrastruktur (KI) ist dies sogar unumgänglich, um kürzeste Instandsetzungszeiten zu erreichen. Allerdings darf dabei nicht vergessen werden, dass für das beim Nutzer bevorratete Material der Errichter eine Garantie ab Verkauf geben kann, nicht erst ab dem Zeitpunkt der Montage.

9.4.1 Inspektion und Wartung

Für Inspektionen und Wartungen gibt es verschiedene Grundlagen:

- Empfehlungen in Normen und Richtlinien,
- zwingend einzuhaltende Herstellervorgaben,
- individuell mit dem AG zu vereinbarende Maßnahmen.

Allgemein üblich ist die viermal pro Jahr in gleichmäßigen Abständen durchzuführende Inspektion und die jährliche Wartung. Die dabei auszuführenden Arbeiten sollten schriftlich vereinbart werden (im Wartungsvertrag) und können zu Dokumentationszwecken als Tabelle ausgeführt sein, deren einzelne Punkte jeweils mit einem Namenskürzel als erledigt zu kennzeichnen sind. Diese Tabellen sind anschließend Teil der Wartungsdokumentation.

Die einzelnen durchzuführenden Arbeiten bei der Inspektion und bei der Wartung sind vorzugsweise der VDE 0833 zu entnehmen. Allerdings ist gerade bei den mechanischen Systemen und bei den verschiedenen Sensoren kein allgemeingültiger Maßnahmenplan möglich, zumal hier auch die Vorgaben der Hersteller eine wichtige Rolle spielen.

Wichtig für Anlagen mit gemeinsamer Mechanik und Elektronik, aber unterschiedlichen Errichtern ist deren Zusammenspiel. Inspektionen und Wartungen sind selten parallel auszuführen, da der zeitliche Umfang deutlich differiert. Dann muss die Reihenfolge so aussehen, dass die Mechanik zuerst inspiziert wird, damit bei dort vorzunehmenden Reparaturen, Änderungen oder nur bei der Nacharbeit von Befestigungspunkten im Anschluss der Errichter der Detektion seine Systeme ggf. an die neue Situation anpassen kann.

Zwar sind viele Überprüfungen von den Systemzentralen der Detektionssysteme aus durchführbar, allerdings reicht dies nicht aus. Bei der Perimetersicherung ist u. U. gutes Schuhwerk erforderlich. Die Einrichtungen, egal ob mechanisch oder elektronisch, müssen bei jeder Inspektion komplett und genau überprüft werden.

Der in neuerer Zeit immer häufiger auftauchende Begriff der „Fernwartung" sollte in der Perimetersicherung erst gar nicht ins Gespräch gebracht werden. Zwar ist es durchaus möglich, Servicearbeiten über einen sicheren Verbindungsweg mit den entsprechenden weiteren Schutzvorkehrungen vorzunehmen, um schnellstmöglich auf einen Vorfall oder eine Störung zu reagieren. Für Inspektionen und Wartungen kommen Fernwartungen nicht in Frage, da der überwiegende Arbeitsaufwand aus Sichtkontrollen besteht. Und diese Arbeiten sind selbst mittels Hochleistungskameras im Freigelände nur zu einem sehr kleinen Teil überhaupt durchführbar.

Notstromakku

Zu Inspektionen und Wartungen gehört als wichtiger Bestandteil die regelmäßige Überprüfung der Notstromversorgung, insbesondere der Akkus. Das beginnt bereits mit der äußeren Betrachtung. Je nach Einbausituation kann es sein, dass die Akkus bereits beginnen, sich zu verformen, ohne dass dies auf Anhieb erkennbar ist. Ggf. müssen die Akkus zur Inspektion sogar ausgebaut werden.

Die ausschließliche Messung der aktuellen Akku-Spannung ist eine unzureichende Arbeit. Es muss die allgemeine Stromversorgung der Anlage abgeschaltet werden, um auch unter realen Bedingungen eine Messung durchführen zu können. Dabei wird bei einem gemessenen Entladestrom nach einer definierten Zeit die verbleibende Spannung des Akkus ermittelt. Ein Vergleich mit dem zugehörigen Entladediagramm des Herstellers zeigt, ob der Akku noch eine ausreichende Kapazität aufweist.

Abb. 9.4.1: Die sogenannten „Dicken Backen"

Die korrekte Messung ist deshalb so wichtig, weil ein Akku zwar eine ausreichende Spannung aufweisen kann, aber durch Entladungen (Stromausfall) bis in den Tiefentladebereich bereits Schaden genommen hat.

ACHTUNG!

Nicht alle Akkus sind tiefentladesicher!

9.5 Dokumentation

Offensichtlich eine der ungeliebtesten Arbeiten bei der Abwicklung sicherheitstechnischer Projekte ist der gesamte Bereich der Dokumentation. Aber ohne sie sind Fehler und Mängel vorprogrammiert, bei der Ausführung, bei der Abnahme und während des Betriebes der Anlagen. Hinzu kommt, dass Planer und Errichter bei einer rechtlichen Auseinandersetzung mit dem Kunden eine schlechte Basis haben, wenn es darum geht, Absprachen, technische Details, Ausführungsergebnisse usw. zu belegen.

Aber auch der allgemeine Umgang mit Dokumentationen, bei denen es sich meist um vertrauliche Unterlagen handelt, ist ein nicht zu unterschätzendes Problem, wenn man nicht die einschlägigen Gesetze beachtet.

9.5.1 Anlagendokumentation

Die sowohl in früheren Zeiten als auch noch heute vereinzelt anzutreffende Meinung zur Anlagendokumentation, dass diese dazu führe, dass Mitbewerber die fertigen Anlagen übernehmen könnten und anschließend mit Wartungsverträgen Gewinne erzielen, ohne die Risiken bei der Installation der Anlage tragen zu müssen, hat seinen Ausgangspunkt in solch tatsächlichen Vorfällen; auch heute noch. Daraus abgeleitet wurden und werden Anlagendokumentationen auf ein Minimum reduziert, um der Konkurrenz die Arbeit zu erschweren und um möglichst wenig Know-how preiszugeben.

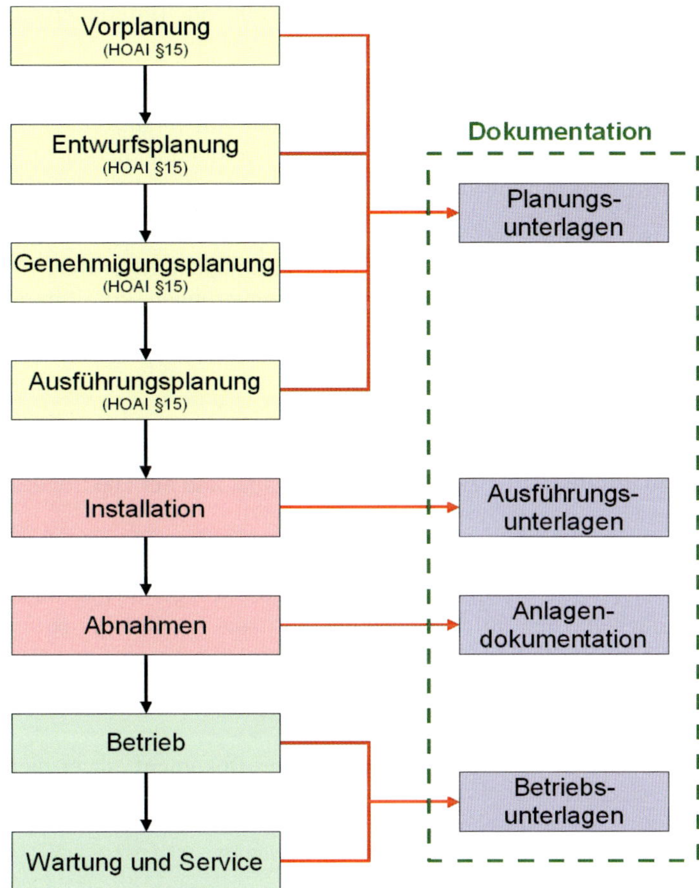

Abb. 9.5.1: Dokumentationsbereiche

Diese Ansicht mag in Einzelfällen verständlich sein, entspricht aber nicht der aktuellen Rechtslage. Außerdem besteht insofern ein Mangel, als bei Übergabe der Anlage an ein anderes Unternehmen dieses zuerst einmal eine mit Kosten verbundene Bestandsaufnahme durchführen muss. Diese Kosten sind ein Schaden, der dem Nutzer entsteht und die dieser ggf. von der ursprünglich ausführenden Firma durch eine Regressforderung zurückholen kann.

In Deutschland sind Dokumentationen in Deutsch abzuliefern. Problematisch wird es für den Errichter dann, wenn der Hersteller im Ausland ansässig ist und die Übersetzung der Dokumentation fehlerhaft ist. Dann übergibt er dem Nutzer eine mangelhafte Anlagendokumentation. Was bei Haushaltsgeräten zu allgemeiner Belustigung führt, kann in der Perimetersicherung aufgrund falsch beschriebener Funktionen und Maßnahmen u. U. zu einer Gefährdung von Personen und zu Sachbeschädigungen führen (z. B. Ansteuerung von Fahrzeugsperren).

Die korrekte und für Planer/Errichter sicherste Methode ist das Festschreiben der im Rahmen eines Auftrags abzuliefernden Dokumentation. So kann im Nachhinein auch der Nutzer keine unberechtigten Nachforderungen stellen oder durch „angeblich" noch fehlende Unterlagen die Begleichung von Rechnungen verzögern.

Auch die Argumentation, durch eine nur minimale Dokumentation den Kunden zu binden, greift nicht. Viele Auftraggeber und Kunden kennen mittlerweile die Notwendigkeit einer umfassenden Dokumentation. Wer diese nicht abliefert und möglicherweise dabei beobachtet wird, wie er im Störungsfall versucht, Fehler ohne Unterlagen zu finden, kann nicht mehr mit einer Kundenbindung rechnen.

Bei der Anlagendokumentation ist vor der Übergabe neben der Vollzähligkeit zu prüfen, ob während eines erfolgten Probebetriebes noch Änderungen an Programmierungen, Prioritätenlisten, Maßnahmeplänen erfolgt sind.

9.5.2 Betriebsunterlagen

Während des regulären Betriebes sind für alle Anlagen der gesamten Perimetersicherung Betriebsbücher zu führen. Dabei ist zu differenzieren zwischen der Mechanik und der Elektronik.

Mechanik

Zur Mechanik der Perimetersicherung sollte ein gemeinsames Betriebsbuch geführt werden. Darin sind sowohl vom Nutzer als auch von den Unternehmen der mechanischen Komponenten alle Unregelmäßigkeiten, Beschädigungen, Veränderungen und Ergänzungen zu dokumentieren. Wichtig sind hierbei vor allem auch Beschädigungen, die provisorisch instandgesetzt wurden und zu einem späteren Zeitpunkt noch überarbeitet werden müssen.

Für den Errichter der Detektionssysteme ist dies insofern ein wichtiges Dokument, als er hier nachvollziehen kann,

- warum es Probleme mit seinem Detektionssystem gegeben hat bzw. gibt,
- wo ggf. Sicherheitslücken durch Ergänzung der Detektionssysteme zu schließen sind.

Elektronik

Für jedes elektronische Sicherungssystem gehört ein Betriebsbuch zu einer mangelfreien Werkleistung. Hierin sind alle betrieblich relevanten Abläufe ebenso zu dokumentieren, wie

- Alarme und deren Ursachen,
- Störungen und deren Ursachen,
- Abschaltungen und deren Grund,
- Service-, Inspektions- und Wartungsarbeiten,
- Änderungen und Erweiterungen der Anlage,
- Änderungen der Programmierung usw.

Dabei ist zwei Punkten besonderes Augenmerk zu schenken:

- Bei Abschaltungen und Änderungen sollte immer derjenige eingetragen werden, der dies veranlasst hat. Wichtig ist auch dessen Unterschrift im Betriebsbuch.

- Bei allen Ereignissen, denen eine entsprechende Ursache zugrunde liegt, ist diese detailliert zu dokumentieren. Die in fast allen Betriebsbüchern zu findende Aussage „Ursache nicht feststellbar" ist oftmals nur ein Bequemlichkeitseintrag bzw. ein Indiz für mangelnde technische Kenntnisse.

Betriebsbücher sollen unmittelbar bei der zugehörigen Anlage deponiert werden. In Objekten, in denen ein eigener Technikraum für die Sicherheitstechnik zur Verfügung steht, ist dies kein Problem.

9.5.3 Fremdanlagen

Wer eine von einem fremden Errichter installierte Anlage übernimmt, wird immer wieder damit konfrontiert, dass keine Unterlagen zu finden sind, weder an den einzelnen Anlagen noch bei dem für die Technik zuständigen Mitarbeiter des Nutzers.

Bevor eine Fremdanlage übernommen werden kann, muss mit dem Nutzer vertraglich vereinbart werden, wie der Ablauf vonstatten gehen soll, wer für einzelne Maßnahmen verantwortlich ist und wie ggf. Gewährleistungsansprüche abgedeckt sind.

Eine unbekannte Fremdanlage sollte immer einer eingehenden und vollständigen Prüfung unterzogen werden. Dann sind die technischen Unterlagen zu prüfen und ggf. zu korrigieren bzw. zu ergänzen. Aber selbst dann besteht ein Restrisiko, wenn verdeckte Mängel vorhanden sind oder, insbesondere im Bereich der Mechanik, bereits Reparaturen oder Nachbesserungen stattgefunden haben (z. B. beschädigtes Tor), die in keinem Betriebsbuch vermerkt sind. Umgekehrt kann ein korrekt geführtes Betriebsbuch Aufschluss über den Zustand der Anlagen geben.

9.5.4 Referenzlisten

Wie in vielen Bereichen der Wirtschaft ist es auch in der Sicherheitstechnik üblich, die Leistung eines Unternehmens in Form von mehr oder weniger umfangreichen Referenzlisten darzustellen. Potentielle Auftraggeber wollen mit einfachsten Mitteln ein Bild ihres möglichen Vertragspartners erhalten. Damit ist der Bedarf nach Referenzlisten zwar gegeben, über die Folgen wird in den wenigsten Fällen nachgedacht.

Wer als Auftraggeber von einem Anbieter eine Referenzliste erwartet, muss gleichzeitig bereit sein, sein eigenes Objekt als Referenz zur Verfügung zu stellen. Aber nicht jeder ist dazu bereit, denn es handelt sich in der Regel um Maßnahmen zum Schutz von Personen und Sachwerten, deren Details nicht der Allgemeinheit zur Verfügung gestellt werden sollen. Folglich sind in diesem Zusammenhang einige Punkte zu beachten.

- In Referenzlisten sind generell nur „Vorzeigeobjekte" enthalten, also solche, die zur Zufriedenheit des Kunden abgewickelt wurden. Die Anzahl der in einer Liste enthaltenen Objekte sagt also nichts darüber aus, wie viele Anlagen insgesamt geplant, errichtet oder betreut wurden und welchen prozentualen Anteil daran die Referenzobjekte haben.
- Eine Referenzliste sagt nichts darüber aus, welchen tatsächlichen Umfang oder Schwierigkeitsgrad die aufgeführten Anlagen haben und ob sie mit dem zur Diskussion stehenden neuen Objekt vergleichbar sind. In großen Industrieunternehmen ist es zudem üblich, dass im sicherheitstechnischen Bereich nicht nur eine Firma tätig ist. Werden solch namhafte

Großobjekte als Referenz angeboten, ist wichtig, zu wissen, welcher Anteil an der gesamten Technik dieser einen Referenz zuzuordnen ist.

- Die in einer Referenzliste aufgeführten Arbeiten sollten in jedem Fall in einem angemessenen Zusammenhang mit der angebotenen Leistung stehen. Beziehen sich alle oder zumindest der größte Teil der Maßnahmen lediglich auf ein System, z. B. die Videotechnik, kann daraus keine Information abgeleitet werden, wenn beispielsweise eine Zutrittskontrolle anzubieten ist.

Ein sehr deutliches Beispiel ist eine im Internet zu findende Referenzliste mit namhaften Großprojekten im In- und Ausland, wobei kein Projekt im Zusammenhang mit einer sicherheitstechnischen Anlage zu sehen ist. Und doch ist der Urheber dieser Referenzliste öffentlich bestellter und vereidigter Sachverständiger u. a. für Einbruchmelde- und Videotechnik.

Der heute übliche Wunsch, bei umfangreicheren Objekten alles aus einer Hand zu erhalten und nur noch einen Ansprechpartner zu haben, führt dazu, dass (General-)Auftragnehmer die beauftragten Objekte in ihre Referenzlisten übernehmen, auch wenn die meiste Arbeit von Nachunternehmern ausgeführt wurde. Welche von den Unternehmen sollten das Objekt in ihrer Referenzliste führen?

Wird in einem Gespräch mit einem neuen Kunden über die Referenzobjekte diskutiert, so bleibt es nicht aus, dass der Kunde Detailinformationen haben möchte, um die Referenz bewerten zu können. Das geht erheblich über die einfachen Angaben von ggf. Objektname, Standort und Art der sicherheitstechnischen Einrichtungen hinaus. Derjenige, der einer Aufnahme seines Objektes in eine Referenzliste zugestimmt hat, hat es nicht mehr unter Kontrolle, welche zusätzlichen Informationen an welche Personen weitergegeben werden.

Die nur im Bedarfsfall hervorgeholten Referenzlisten gehören eher der Vergangenheit an. Aufgrund der heute üblichen Werbung im Internet werden derartige Listen jedem Interessierten zur Verfügung gestellt. Auch diese Art der Informationsverbreitung ist für die betroffenen Personen und Unternehmen nicht kontrollierbar. Die fehlende Kontrolle über die Eintragungen in Referenzlisten führt dazu, dass gelegentlich auch Projekte aufgeführt werden, für die es keine Erlaubnis gibt. Solange der bloße Eintrag als glaub- und vertrauenswürdig angesehen wird, fällt das nicht auf. Spätestens, wenn in einer Referenzliste Detailfotos aus dem Sicherheitsbereich einer Bank auftauchen, ist Vorsicht angebracht.

Auch tatsächlich genehmigte Eintragungen in Referenzlisten können sich als Fehler erweisen, insbesondere dann, wenn sie mit entsprechenden Fotos versehen sind. So werden gerne Fotos im Bereich von Tankstellen gezeigt. Was auf den ersten Blick als eine vorzeigbare Leistung zu werten ist, zeigt bei genauerem Hinsehen, dass, wie bei vielen Tankstellen üblich, über die Zu- und Ausfahrten hinweg unerlaubterweise der öffentliche Raum mit überwacht wird. Für den Betreiber des Referenzobjektes bedeutet das ggf., dass er sich aufgrund mangelnder Beratung strafbar macht und dass dies in der Öffentlichkeit unkontrolliert verbreitet wird. Auch sollte man in Bezug auf die Qualität der Leistungen, die eigentlich mit derartigen Referenzlisten dargestellt werden, skeptisch sein.

Wer Wert auf Referenzlisten legt und gleichzeitig sein Objekt für Referenzlisten zur Verfügung stellt, sollte spätestens bei der Auftragserteilung die notwendigen Vereinbarungen treffen und schriftlich dokumentieren:

- Welche Informationen dürfen in eine Referenzliste aufgenommen werden?
- Welche Bilder dürfen verwendet werden?

- Welche Form darf die Referenzliste haben (Papierform, Internet usw.)?
- Wer darf die Referenzlisten erhalten?
- Welche zusätzlichen Informationen dürfen mündlich dazu abgegeben werden?

Wer sein Objekt nicht in einer Referenzliste aufgeführt haben möchte, sollte dies ebenfalls schriftlich vereinbaren.

Zu berücksichtigen ist, dass insbesondere bei Referenzlisten mit begleitenden Fotos u. U. auch die Möglichkeit besteht, diese zur Vorbereitung und Ausführung von Straftaten zu verwenden!

9.6 Kosten vs. Nutzen

Eine Frage, die fast jeder Kunde stellt, ist:

„Was kostet mich die Maßnahme und welchen finanziellen Vorteil habe ich davon?"

Das Kosten-Nutzen-Verhältnis für einen gesamtheitlichen Perimeterschutz lässt sich nicht errechnen. Dazu Zahlenmaterial an den Kunden weitergeben zu wollen, ist riskant, denn dieser könnte später eine Nachkalkulation erstellen und zu einem viel schlechteren Ergebnis kommen, als ihm dies „vorhergesagt" wurde.

Um überhaupt eine annähernd konkrete Aussage treffen zu können, sind verschiedene Konstellationen zu betrachten und vor allem auch Faktoren, die ggf. außerhalb der Perimetersicherheit liegen. Zunächst einmal sind die einzelnen Faktoren, sowohl auf der Ausgabenseite als auch auf der Seite der möglichen finanziellen Vorteile einander gegenüber zu stellen (Abbildung 9.6.1).

Kosten Anlage	Kosten Kunde	Vorteile
Planungsleistung	Planungsleistung	
Installation	Projektbegleitung	
externe Abnahmen	Kosten für externe Abnahmen	
	Betriebskosten	Stromkostenreduktion bei Überarbeitung der Geländeausleuchtung
	Wachpersonal eigen	evtl. geringfügige Einsparung
	Wachpersonal Dienstleister	w.v.
	Alarmaufschaltung	
	Kosten für diverse Einsätze	
Wartungs- und Servicekosten	Personalstellung	
		vielleicht Reduzierung Versicherungsbeiträge

Abb. 9.6.1: Gegenüberstellung einzelner Posten

Alleine diese grobe Übersicht zeigt auf der Ausgabenseite mehr Punkte als auf der Vorteilsseite des Kunden. Daran lässt sich erkennen, dass Aussagen von Kunden, dass sie in die Sicherheitstechnik investieren wollen, um Personal einzusparen und um über Prämienreduzierung bei der Versicherung Gewinne zu erzielen, in den seltensten Fällen realistisch sind. (Ausnahmen bilden beispielsweise Brandmeldeanlagen.)

Da bei mehreren der vorgenannten Kosten immer wieder Fehler begangen werden bzw. reale Kosten ignoriert werden, was sich zum Schluss bei der Gewinnermittlung bemerkbar macht, folgen ein paar Hinweise, die das meist negative Kosten-Nutzen-Verhältnis erklären und bei den eigenen Arbeiten helfen können, negative Betriebsergebnisse zu vermeiden.

9.6.1 Planungskosten

Kunden lassen sich immer noch von einem „planenden" Errichter ein „kostenloses Angebot inklusive der zugehörigen Planung" erstellen, um sich die Kosten für einen Fachplaner zu sparen. Ihnen dürfte dabei genau bewusst sein, welche Arbeitsleistungen in einer vollständig ausgeführten Planung stecken und dass diese Leistungen bei einem externen Fachplaner entsprechend honoriert werden müssten. Solange immer noch Errichter kostenlose Planungsleistungen erbringen, „um den Auftrag zu bekommen", sparen sich Kunden diese Ausgabe.

Anhand der HOAI lässt sich leicht darstellen, welche Leistungen für jedes Angebot zu erbringen sind und welches Honorar dafür zu erwarten ist. Immer mehr Errichter gehen mittlerweile dazu über, sich ihre Planungsleistungen vom Kunden bezahlen zu lassen.

Es ist für einen Errichter heutzutage nicht mehr möglich, die eigenen Planungskosten zu reduzieren, indem nur der notwendigste Aufwand betrieben wird, um ein Angebot abgeben zu können. Um ein mangelfreies Werk zuerst einmal anbieten zu können, müssen selbst bei einem „kleinen Angebot" die in 9.1.1 beschriebenen Schritte eines Sicherheitskonzeptes abgearbeitet werden, wenn auch in deutlich geringerem Umfang, da ansonsten später nicht mehr nachzuweisen ist, aufgrund welcher Voraussetzungen das Angebot entstanden ist. Und dafür entstehen nun mal Lohnkosten.

9.6.2 Errichtungskosten

Ein wichtiger Aspekt bei den Kosten für die Errichtung des Perimeterschutzes sind die Kosten für die Außenbeleuchtung, insbesondere, wenn eine personelle Bestreifung vorgesehen ist oder wenn Videotechnik eingesetzt wird. Allerdings ist zwischen einer völlig neu zu errichtenden Beleuchtung und einer anzupassenden und zu erweiternden Beleuchtungsanlage zu unterscheiden.

Kunden sehen in erster Linie die dabei entstehenden Gesamtkosten. Bei bereits teilweise vorhandener Technik sind dem Kunden zwar diese Kosten mitzuteilen, allerdings in zwei Bereiche unterteilt und vor allem in der richtigen Reihenfolge:

1. Die anteiligen Kosten für die Instandsetzung bzw. Anpassung an den aktuellen Stand der Technik müsste der Kunde unabhängig von der Perimetersicherung bezahlen. Um dies zu verdeutlichen, kann auch der Arbeitsschutz der Mitarbeiter des Kunden und die allgemeine Verkehrssicherungspflicht hinzugezogen werden. In beiden Fällen sind Maßnahmen erfor-

derlich, die der Kunde aufgrund anderer rechtlicher Verpflichtungen zu vertreten hat. In der Rechtsprechung nennt man diese Kosten auch die „Sowieso-Kosten", weil sie unabhängig von der neuen Maßnahme anfallen.

2. Der vorgenannte Kostenanteil ist von den Gesamtkosten der Perimetersicherung abzuziehen, sodass die reinen Projektkosten übrig bleiben.

Da bei vielen Kunden der Nutzen, vor allem der finanzielle Nutzen, absolute Priorität hat, ist die Berechnung von Einsparungen, z. B. bei den Stromkosten, ein wichtiger Faktor der Errichtungskosten. Allerdings ist immer zu berücksichtigen, dass bereits genannte Summen im Kopf des Kunden festgeschrieben sind. Daher sollten die möglichen Einsparungen, insbesondere wenn die Gesamtinvestitionen des Kunden sehr hoch sind, zu allererst besprochen werden und nicht erst dann, wenn die Errichtungskosten als immenses Gesamtpaket bereits im Raume stehen.

9.6.3 Langzeitkosten

Verschiedene Kosten sind für den Augenblick betrachtet vernachlässigbar klein. Erst auf die Betriebszeit der gesamten Systeme bezogen werden sie zu einem bedeutenden Kostenfaktor. Dazu gehören u. a.:

- Kosten für das Personal des Nutzers (siehe Abschnitt 9.6.4),
- Landschaftsarbeiten für die Freihaltung der Überwachungsflächen,
- Instandhaltungskosten,
- Wartungs- und Servicekosten,
- Bereitstellung von Arbeitsmitteln bei Service und Wartung,
- Bereitstellung von Personal bei Service und Wartung,
- Abnutzung und Verschleiß,
- Anpassungen, insbesondere im Softwarebereich,
- Klimatisierung des Technikraumes,
- Stromkosten.

Insbesondere die Stromkosten werden immer wieder unterschätzt. Man darf nicht vergessen, dass bereits eine Standard-LED im Dauerbetrieb über 2 kWh pro Jahr benötigt und der Verbrauch einer umfangreichen Außenbeleuchtung in konventioneller Technik schnell im zweistelligen MW-Bereich liegt. Die Sicherheitstechnik selber wartet zwar mit immer niedrigeren Verbrauchswerten auf, trotzdem zählen die Summe aller Geräte und zusätzlich der in weitläufigen Arealen unvermeidbaren Verlust (Verbrauch) auf langen Leitungswegen.

All diese Kosten sind auf einen Zeitraum von maximal 10 Jahren hochzurechnen und dann den reinen Planungs- und Errichtungskosten hinzuzufügen, um zu den Gesamtkosten zu gelangen. Die genannten 10 Jahre sind dann einzusetzen, wenn man davon ausgeht, dass die Anlagen nach dieser Zeit technisch so veraltet sind, dass eine Anpassung oder ein Austausch entsprechend dem dann gültigen Stand der Technik erforderlich wird. Je nach Anlagengröße sind Zeitrahmen von 3 oder 5 Jahren ausreichend.

9.6.4 Personalkosten

Auch wenn es lukrativ erscheint, Personalkosten einsparen zu können, weil beispielsweise die Videotechnik Rundgänge mit nur einem Mitarbeiter (MA) ermöglicht, kann es durchaus passieren, dass unbemerkt die Personalkosten steigen.

Ein Überwachungsplatz, an dem die gesamten Perimetersysteme zusammengefasst werden, benötigt natürlich „Manpower". Wenn die Bestreifung des Geländes mittels Videotechnik erfolgen soll, werden trotzdem MA benötigt, die bei einem Alarm- oder Störungsfall sofort dort einsetzbar sind, wo eine Meldung ausgelöst wurde.

Dabei ist zu berücksichtigen, dass nicht die augenscheinlichen MA zählen, sondern die gesamte Mannschaft, denn ggf. muss im 3-Schicht-Betrieb überwacht werden. Für den MA am Überwachungsplatz muss ein Ersatz vorhanden sein, wenn dieser zum WC oder in die Pause gehen will. Ersatz muss auch für Urlaubs- und Krankheitsfälle eingeplant werden.

Weiterhin sind alle an einem Perimeterschutz beteiligten Mitarbeiter zu berücksichtigen. Das können u. a. sein:

- der Sicherheitsverantwortliche, der Planungs- und Überwachungsaufgaben wahrnimmt,
- der Elektrotechniker, der für zusätzliche Beleuchtung zuständig ist,
- die Sicherheitsfachkraft, die sich jetzt um mehr – die Sicherheit betreffende – Anlagen kümmern muss,
- die Fachkraft für Arbeitssicherheit, die zusätzliche Aufgaben in der Arbeitssicherheit erhält (eigene Servicearbeiten, Personenschutz an Türen und Toren usw.),
- Mehrarbeit der MA, die zum Personalrat gehören,
- Mehrarbeit des EDV-Administrators bei IP-Anlagen,
- MA, die bei Service- und Wartungseinsätzen die Techniker begleiten müssen (z. B. Wachpersonal in einer JVA oder in anderen Sicherheitsbereichen).

Selbst zunehmender Arbeitsaufwand im Personal-, Rechnungs-, Beschaffungs- und Lagerwesen muss mit berücksichtigt werden, denn diese MA erfüllen, wenn auch teilweise in kleinerem Umfang, zusätzliche Aufgaben, für die sie bezahlt werden. Diese Löhne müssen den Kosten für den Perimeterschutz zugerechnet werden, zumindest den laufenden Betriebskosten.

MERKE!

Wer richtig rechnet, kann nur zu dem Ergebnis kommen, dass Personaleinsparungen in fast allen Fällen illusorisch sind.

Wer mit der Einsparung von Mitarbeitern wirbt, sollte wissen, wie gut das Controlling des Kunden funktioniert. Da die Perimetersicherung den Schutz von Menschen und Sachwerten zum Ziel hat, dazu teilweise unverzichtbar und teilweise zwingend erforderlich ist, kann eine eventuelle Kosteneinsparung im Personalbereich letztlich nur als positiver Nebeneffekt angesehen werden, nicht als Zielsetzung.

10 Rechtliche Aspekte

10.1 Rechtliche Vorgaben

Zur Beantwortung der Frage, welche rechtlichen Vorgaben bei Planung und Ausführung von Sicherungssystemen zu beachten sind, muss zunächst das Sicherungsziel bestimmt werden. Denn je höher das Sicherungsziel, desto komplexer werden Planung und Ausführung der Sicherungsmaßnahme sein müssen. Häufig wird es sogar sinnvoll sein, unterschiedliche Sicherungsmaßnahmen miteinander zu kombinieren. Dies setzt dann ein optimales, aber komplexes Sicherungskonzept voraus, also eine gute fachliche Planung, bei der auch unterschiedliche Sicherungsmaßnahmen optimal aufeinander abgestimmt werden.

Ob und welche gesetzlichen und technischen Vorgaben, Richtlinien und Herstellerangaben in welcher Reihenfolge zu berücksichtigen sind, setzt ein grundsätzliches Verständnis des Normengefüges voraus.

WICHTIG!

Gesetzliche Vorgaben sind stets von technischen Vorgaben zu trennen.

10.1.1 Gesetze/Rechtsverordnungen/Richtlinien

Gesetzliche Vorgaben hat der Bundes- oder Landesgesetzgeber in einem förmlichen Gesetzgebungsverfahren aufgestellt und verabschiedet (= **Gesetz im formellen Sinn**). Gesetze im formellen Sinn beinhalten eine abstrakt-generelle Regelung mit Außenwirkung für jedermann und für eine Vielzahl von Fällen (= **Gesetz im materiellen Sinn**). Je nachdem, wer der legislative Gesetzgeber ist, spricht man dann von einem Bundes- oder Landesgesetzgeber, der eine Rechtsnorm erlassen hat. Es handelt sich mithin um die zivilrechtlichen und öffentlich-rechtlichen Gesetze des Bundes bzw. der Länder.

Hiervon zu unterscheiden sind die sogenannten **Rechtsverordnungen**. Auch hierbei handelt es sich um Gesetze im materiellen Sinn. Sie unterscheiden sich weder durch ihren Inhalt noch durch ihre Bindungswirkung von den formellen Gesetzen, sondern nur dadurch, wer die Rechtsnorm erlassen hat. Sie werden nämlich nicht durch den Bundes- bzw. Landesgesetzgeber, sondern durch die Exekutive, also die Verwaltung erlassen. Der Erlass einer solchen Rechtsverordnung setzt allerdings eine sogenannte Verordnungsermächtigung (Ermächtigungsnorm) voraus, in welcher der Bundes-/Landesgesetzgeber die Verwaltung ermächtigt, in eigener gesetzlicher Kompetenz bestimmte rechtliche Bereiche eigenverantwortlich zu regeln.

Mithin sind Rechtsverordnungen Gesetze im materiellen Sinn, ohne jedoch zugleich Gesetze im formellen Sinn zu sein. Eine der grundlegenden Ermächtigungsnormen für die Verwaltung ist Art. 80 Abs. 1 GG. Sie ist damit Gesetzesvollziehung und Gesetzgebung zugleich.

Richtlinien sind Handlungsvorschriften, jedoch keine förmlichen Gesetze, da sie das Gesetzgebungsverfahren nicht durchlaufen haben. Sie haben damit nur Empfehlungscharakter.

Ausnahmsweise dann, wenn sie von einem formell ermächtigten Gremium beschlossen wurden, können sie die Qualität einer Rechtsvorschrift im materiellen Sinn haben und damit verbindlich sein.

Ob und inwieweit Richtlinien rechtsverbindlich sind, ist also jeweils im konkreten Einzelfall zu überprüfen. Eine Vielzahl dieser Richtlinien im Sicherheitsbereich wurde durch die VdS Schadenverhütung GmbH erstellt, so beispielsweise die VdS 2252 und VdS 3456.

Beispiel

Die gesetzliche Grundlage der Regelungen für die Errichtung und den Betrieb von elektrischen Anlagen ist im Gesetz über die Elektrizitäts- und Gasversorgung (Energiewirtschaftsgesetz – EnWG) verankert. In § 49 Absatz 1 des EnWG ist ausgeführt, dass Energieanlagen so zu errichten und zu betreiben sind, dass die technische Sicherheit gewährleistet ist. Maßgeblich zu beachten sind dabei die allgemein anerkannten Regeln der Technik. In § 49 Abs. 2 EnWG wird auf die Bestimmungen des Verbandes der Elektrotechnik Elektronik Informationstechnik e. V. (VDE) verwiesen.

10.1.2 Technische Normen

Technische Normen, welche im Allgemeinen die anerkannten Regeln der Baukunst (anerkannte Regeln der Technik – aRdT) wiedergeben, finden sich auch im Bereich der Perimetersicherung, so beispielsweise in der DIN 18300, DIN EN 12433, DIN EN 12978, DIN EN 10223-1.

DIN-Normen sind keine Rechtsnormen, sondern vielmehr **private technische** Regeln. DIN-Normen als technische Normen sind nicht durch den Gesetzgeber erlassen worden, sondern entstehen vielmehr durch die Einigung fachlich interessierter Kreise wie Wissenschaftler, politische Amtsträger, Hersteller und Anwender. Sie haben somit zunächst einmal nur Empfehlungscharakter und sind unverbindlich (OLG Nürnberg, Urteil vom 25.7.2002, IBR 2002,602).

HINWEIS!

Als technische Norm soll eine DIN-Norm die anerkannten Regeln der Technik wiedergeben.

Anerkannte Regeln der Technik sind alle auf Erfahrungen und Erkenntnissen beruhende geschriebene und ungeschriebene Regeln der Technik, deren Befolgung beachtet werden muss, um Gefahren auszuschließen und die in den betreffenden Fachkreisen bekannt sind und als richtig anerkannt werden, wobei sie sich bewährt haben müssen (vergleiche EN 45020).

Welche technische Norm gilt, hängt zunächst davon ab, was die Parteien vertraglich vereinbart haben. Findet sich keine ausdrückliche vertragliche Vereinbarung, ist der Vertrag entsprechend auszulegen, was die Parteien bei Vertragsschluss gewollt haben, also was das versprochene Werk im Sinne des § 631 (1) BGB sein soll. Hierbei wird man zu dem Ergebnis kommen, dass das versprochene Werk funktionieren soll. Ein solches Werk, also die sicherheitstechnische Anlage funktioniert aber in der Regel, wenn sie den anerkannten Regeln der Technik entspricht. Denn diese haben sich dauerhaft bewährt und funktionieren.

Wird eine vertragliche Leistung, also beispielsweise eine Zaundetektionsanlage, entgegen den anerkannten Regeln der Technik und den einschlägigen DIN-Normen ausgeführt, so entsteht eine, allerdings **widerlegbare**, Vermutung dahingehend, dass die ausgeführte Leistung mangelhaft ist (vgl. BGH, Urteil vom 14.5.1988, VII ZR 184/97).

DIN-Normen geben jedoch nicht aus sich heraus die allgemein gültigen anerkannten Regeln der Technik/Baukunst wieder. DIN-Normen sind nämlich nur dann anerkannte Regeln der Technik, wenn sie auch den allgemeinen Prüfungsmaßstab wiedergeben. Sie können darüber hinausgehen oder aber auch dahinter zurückbleiben. Ein Verstoß gegen die DIN-Norm bedeutet deshalb nicht zwingend ein Mangel des Gewerkes und begründet damit nicht zwingend, dass die anerkannten Regeln der Technik verletzt werden (vgl. OLG Nürnberg, Urteil vom 25.7.2002, IBR 2002,602; BGH, Urteil vom 14.5.1998 – VII ZR 184/97).

10.2 Planung

Wie bereits einleitend dargestellt, ist eine sorgfältige Planung durch einen Fachplaner erforderlich, je umfassender und komplexer das Sicherungsziel ist. Dies setzt zunächst voraus, dass der Fachplaner ein sogenanntes Sicherungskonzept erstellt. Die **herstellerneutrale** Planung eines Perimeterschutzes soll erkennen lassen, mit welchen Sicherungsmaßnahmen das im Sicherungskonzept definierte Schutzziel erreicht wird.

Hierbei ist für den Fachplaner zu beachten, dass die Planung (Planungskonzept/Planungsdokumentation) so detailliert und ausführlich ist, dass eine Projektierung daraus abgeleitet werden kann und Dritte, nämlich der Errichter und seine eventuell eingesetzten Nachunternehmer, ohne genauere Kenntnisse der örtlichen Gegebenheiten die Planung zur Erstellung einer Ausführungsplanung verwenden können.

Deshalb sind bereits in der Planungsphase frühzeitig nicht nur die örtlichen Gegebenheiten, sondern auch bauliche, technische und organisatorische Schnittstellen zu berücksichtigen ebenso wie die Leistungen unterschiedlicher weiterer Gewerke, wie Tiefbauer, Garten- und Landschaftsgestalter, Elektrotechniker, Wach- und Schließgesellschaften. Diese Fachplanung orientiert sich an dem Leitbild der HOAI, wobei gerade wegen der Vielzahl der Schnittstellen zu anderen Gewerken große Sorgfalt auf die vertragliche Gestaltung, insbesondere im Bereich der schriftlichen Dokumentation gelegt werden sollte.

10.2.1 Besondere Gesetze

Nachbarrechtsgesetz (z.B. NachbG NRW)

Im Bereich der Perimetersicherheit wird allgemein davon ausgegangen, dass es keine verbindlichen gesetzlichen Regelungen gibt, die Art, Umfang, Standort usw. von Zäunen und Ähnlichem betreffen. Bereits der Planer sollte aber wissen, dass es sowohl im Landesrecht als auch im Bundesrecht durchaus gesetzliche Vorgaben gibt, die verbindlich zu beachten sind.

§ 921 BGB Grenzeinrichtung

„Werden zwei Grundstücke durch ... einen Graben, eine Mauer, Hecke, ...oder andere Einrichtung, die zum Vorteil beider Grundstücke dient, voneinander geschieden, so wird vermutet, dass die Eigentümer der Grundstücke zur Benutzung der Einrichtung gemeinschaftlich berech-

tigt sind, sofern nicht äußere Merkmale darauf hinweisen, dass die Einrichtung einem Nachbarn alleine gehören soll."

An einer Grenzanlage, also einer Mauer, die auf der Grenze steht, besteht kein hälftiges Miteigentum, sondern lotrecht gespaltenes (Allein)Eigentum des jeweiligen Nachbarn (vgl. BGH, Urteil vom 27.03.2015 – V ZR 216/13). Gleichwohl darf keiner den Zaun oder die Mauer eigenmächtig abreißen. Die Kosten der Instandhaltung und Instandsetzung tragen beide Nachbarn.

Die Verwaltung einer solchen Anlage steht nach § 922 BGB beiden Eigentümern zu und folgt den Regeln der Gemeinschaft nach §§ 741 ff BGB.

Will man diese nachteiligen Folgen vermeiden, sollte tunlichst darauf geachtet werden, dass die Perimetersicherung ausschließlich auf dem eigenen Grundstück errichtet wird. Aber auch dann sind gesetzliche Vorgaben zu beachten, wie beispielsweise die Nachbargesetze der Bundesländer, hier am Beispiel des Nachbarrechtsgesetzes des Landes Nordrhein-Westfalen (NachbG NRW) aufgezeigt:

Nachbargesetz des Landes Nordrhein-Westfalen (NachbG NRW).

§ 32 Einfriedigungspflicht

(1) Innerhalb eines im Zusammenhang bebauten Ortsteils ist der Eigentümer eines bebauten oder gewerblich genutzten Grundstücks auf Verlangen des Eigentümers des Nachbargrundstücks verpflichtet, sein Grundstück an der gemeinsamen Grenze einzufriedigen ..."

§ 33 Einfriedigungspflicht des Störers

„Gehen unzumutbare Beeinträchtigungen von einem bebauten oder gewerblich genutzten Grundstück aus, so hat der Eigentümer dieses auf Verlangen des Eigentümers des Nachbargrundstücks insoweit einzufriedigen, als dadurch die Beeinträchtigungen verhindert oder, falls dies nicht möglich oder zumutbar ist, gemildert werden können." [typische Beispiele sind JVA und Forensik]

§ 35 Beschaffenheit

„(1) Die Einfriedigung muß ortsüblich sein. Läßt sich eine ortsübliche Einfriedigung nicht feststellen, so ist eine etwa 1,20 m hohe Einfriedigung zu errichten. Schreiben öffentlich-rechtliche Vorschriften eine andere Art der Einfriedigung vor, so tritt diese an die Stelle der in Satz 1 und 2 genannten Einfriedigungsart."

§ 36 Standort der Einfriedigung

„(1) Die Einfriedigung ist auf der Grenze zu errichten, wenn sie
a) zwischen bebauten oder gewerblich genutzten Grundstücken oder
b) zwischen einem bebauten oder gewerblich genutzten und einem Grundstück der in § 32 Abs. 2 genannten Art liegt.
In allen übrigen Fällen ist sie entlang der Grenze zu errichten.

(2) Die Einfriedigung muß von der Grenze eines Grundstücks, das außerhalb eines im Zusammenhang bebauten Ortsteils liegt und nicht in einem Bebauungsplan als Bauland festgesetzt ist, 0,50 m zurückbleiben, ..."

§ 39 Ausnahmen

„Die §§ 32 bis 38 gelten nicht für Einfriedigungen zwischen Grundstücken und den an sie angrenzenden öffentlichen Verkehrsflächen, öffentlichen Grünflächen und oberirdischen Gewässern."

Grundsätzlich darf ein eigenes Grundstück mithin durch eine Mauer oder einen Zaun eingefriedet werden, wobei aber die gesetzlichen Beschränkungen zu beachten sind. Diese Beschränkung kann im Einzelfall dazu führen, dass eine Einfriedung verboten ist, wenn sie nicht ortsüblich ist.

Abb. 10.2.1: Grenzmauer zwischen Industriegeländen

Mit dem letzten Satz des § 36 wird der Schutzstreifen entlang eines Zaunes in einem Gesetz definiert und ist in diesem Fall bindend einzuhalten.

Eine Einfriedung im Sinne der §§ 31 ff. NachbG NRW kann, muss aber nicht auf der Grenze errichtet werden. Soll die Einfriedung jedoch auf der Grenze errichtet werden, liegt zugleich eine Grenzeinrichtung im Sinne von § 921 BGB vor (s. o.).

Straßen- und Wegegesetz (StrWG NRW)

Auch für die Gestaltung und Absicherung von Grundstückszufahrten gibt es gesetzliche Regelungen, die im Straßen- und Wegegesetz des Landes Nordrhein-Westfalen (StrWG NRW) zu finden sind. Das bedeutet, dass die Empfehlungen aus der VdS-Richtlinie 3143 zuerst einmal auf ihre rechtliche Zulässigkeit hin zu überprüfen sind.

StrWG NRW

§ 20 Straßenanlieger, Zufahrten, Zugänge

„(1) Zufahrten sind die für die Benutzung mit Fahrzeugen bestimmten Verbindungen von anliegenden Grundstücken und von nicht öffentlichen Wegen mit Straßen. Die Anlage neuer oder die wesentliche Änderung bestehender Zufahrten oder Zugänge zu einer Landesstraße oder einer Kreisstraße außerhalb von Ortsdurchfahrten gilt als Sondernutzung ...

(2) § 18 Abs. 4 findet mit der Maßgabe Anwendung, daß die Straßenbaubehörde von dem Erlaubnisnehmer alle Maßnahmen hinsichtlich der örtlichen Lage, der Art und Ausgestaltung der Zufahrt oder des Zugangs verlangen kann, die aus Gründen der Sicherheit oder Leichtigkeit des Verkehrs erforderlich sind.

(5) Werden durch die Änderung oder Einziehung einer Straße Zufahrten oder Zugänge zu Grundstücken auf Dauer unterbrochen oder wird die Benutzung erheblich erschwert, so hat der Träger der Straßenbaulast einen angemessenen Ersatz zu schaffen oder, soweit dies nicht zumutbar ist, eine angemessene Entschädigung in Geld zu leisten ...

(7) Soweit es die Sicherheit oder Leichtigkeit des Verkehrs erfordert, kann die Straßenbaubehörde nach Anhörung der Betroffenen anordnen, daß Zufahrten oder Zugänge geändert oder verlegt oder, wenn das Grundstück eine anderweitige ausreichende Verbindung zu dem öffentlichen Straßennetz besitzt, geschlossen werden ..."

§ 25 Bauliche Anlagen an Straßen

„(1) Außerhalb der Ortsdurchfahrten bedürfen Baugenehmigungen oder nach anderen Vorschriften notwendige Genehmigungen der Zustimmung der Straßenbaubehörde, wenn bauliche Anlagen jeder Art
1. längs der Landesstraßen und Kreisstraßen in einer Entfernung bis zu 40 m, gemessen vom äußeren Rand der für den Kraftfahrzeugverkehr bestimmten Fahrbahn, errichtet, erheblich geändert oder anders genutzt werden sollen;
2. über Zufahrten oder Zugänge an Landesstraßen und Kreisstraßen unmittelbar oder mittelbar angeschlossen oder bei bereits bestehendem Anschluß erheblich geändert oder anders genutzt werden sollen.

(2) Die Zustimmung nach Absatz 1 darf nur versagt oder mit Bedingungen und Auflagen erteilt werden, wenn eine konkrete Beeinträchtigung der Sicherheit oder Leichtigkeit des Verkehrs zu erwarten ist oder Ausbauabsichten sowie Straßenbaugestaltung dies erfordern... Diese Belange sind auch bei der Erteilung von Baugenehmigungen innerhalb der Ortsdurchfahrten von Landesstraßen und Kreisstraßen zu beachten."

Bauordnung NRW

§ 65 Abs. 1 BauO NRW

„Die Errichtung oder Änderung folgender baulicher Anlagen sowie anderer Anlagen und Einrichtungen im Sinne des § 1 Abs. 1 Satz 2 bedarf keiner Baugenehmigung:

§ 65 Abs. 1 Nr. 13 BauO NRW

Einfriedungen bis zu 2,00 m an die öffentliche Verkehrsfläche bis zu 1,00 m Höhe über der Geländeoberfläche."

Öffentlich-rechtlich können mithin Zäune und Mauern dann verboten sein, wenn die öffentliche Frei- oder Verkehrsfläche nicht mehr einsehbar ist. Bis zu einer maximalen Höhe sind nach den Vorstellungen der Länder Zäune und Mauern baugenehmigungsfrei. Wird jedoch diese Höhe innerhalb bebauter Ortsteile überschritten, besteht eine Verpflichtung, sich diesen Zaun/diese Mauer als baugenehmigungspflichtige Anlage durch die Baubehörde genehmigen zu lassen. Oft schreiben auch textliche Vorgaben in qualifizierten Bebauungsplänen konkret vor, ob Zäune/Mauern in welcher Ausführung zulässig sind.

Das bedeutet, dass Sicherungsmaßnahmen, wie Findlinge, kurvige Straßenführung, Fahrzeugsperren, auch dann genehmigungsbedürftig sein können, wenn die Zufahrt ab den öffentlichen Verkehrswegen auf dem Grundstück des Grundstückseigentümers verläuft (Abbildung 10.2.2).

Abb. 10.2.2: Ggf. genehmigungspflichtig

Zu beachten ist auch § 6 (11) BauO NRW, wonach geschlossene Einfriedungen, also typischerweise Mauern, Abstandsflächen zum Nachbargrundstück auslösen, wenn die baugenehmigungsfreie Höhe überschritten wird.

10.3 Ausführung

Grundsätzlich kann jeder Eigentümer mit seinem Grund und Boden so verfahren, wie es ihm beliebt (§ 903 BGB) und damit andere vom Betreten seines Grundstückes ausschließen. Eigentümer und Besitzer können mithin zur Prävention und Repression Sicherungsmaßnahmen einleiten, die Grundstücke, Gebäude und Sachwerte vor unzulässigem Zugriff Dritter schützen.

Planung und Ausführung einer Sicherungsmaßnahme müssen aber so gestaltet sein, dass sich Dritte nicht verletzen können. Dies ist beispielsweise nicht der Fall, wenn aus einem Poller auf einem Einkaufsgelände Schrauben bis zu 4 cm herausstehen und sich daran ein Kunde verletzt (Brandenburgisches OLG Urteil vom 01.04.2008, 11 U 147/07).

Auch dürfen versenkbare Poller nicht ohne entsprechende Warnhinweise aufgestellt und betrieben werden (Saarländisches OLG, Urteil vom 15.5.2012, 4 U 54/11) (siehe Abschnitt 3.4.2 in diesem Buch).

Gleiches gilt, wenn ein niedriger Zaun mit Natodraht bewehrt wird (VG Minden, Beschluss vom 11.07.2003, 11 L 603/03) (siehe Abschnitt 2.3.8 in diesem Buch).

Abb. 10.3.1: Verletzungsgefahr durch S-Draht

In allen zuvor genannten Fällen haben die Gerichte die Verletzung einer **Verkehrssicherungspflicht**, sei es durch einen Bürger oder aber auch staatliche Behörden bejaht. Grundgedanke ist, dass jeder, der eine Gefahrenquelle schafft, dafür Sorge zu tragen hat, dass Leib und Leben Dritter nicht verletzt werden. Andernfalls hat der Betreiber einer solchen Anlage Schadensersatz zu leisten oder die Anlage zu entfernen. Die Ansprüche ergeben sich aus unerlaubter Handlung nach §§ 823 ff BGB oder bei öffentlich-rechtlichen Körperschaften aus der Amtshaftung nach Artikel 34 GG in Verbindung mit § 839 BGB.

MERKE!

Orte, die der Allgemeinheit oder einem bestimmten Personenkreis zugänglich sind, sind deshalb auch zu deren Schutz so abzusichern, dass eine Gefährdung und/oder Verletzung ausgeschlossen wird.

Der Fachverband Metallzauntechnik e. V. hat deshalb empfohlen, zum Zwecke des Personenschutzes auf Überstände bei Metallzaunanlagen bis 1,80 m Bespannungshöhe zu verzichten. Bereits die Unfallverhütungsvorschriften (Sport- und Freizeiteinrichtungen, Kindertageseinrichtungen, Schulen und Spielplätze, Arbeitsstätten) untersagen deshalb Einfriedungen jeglicher Art mit etwaigen Spitzen oder scharfen Kanten. Wie der Fachverband zutreffend ausführt, ist dieses latente Verletzungspotential auch in privaten, gewerblich-industriellen und öffentlichen Bereichen vorhanden.

Darüber hinaus hat der Fachverband Metallzauntechnik e. V. ein Merkblatt zum Schutz und zur Sicherheit für öffentlich zugängliche Areale durch Zaun- und Toranlagen verfasst. Nicht nur der Auswahl von Zaun- und Toranlagen, sondern auch der Montage und dem Betrieb der Anlage sowie Kontrolle und Wartung sind besondere Aufmerksamkeit zu widmen, damit es nicht zu einer Verletzung von Verkehrssicherungspflichten durch den Betreiber der Anlage kommt und sich Planer und Errichter der Haftung ausgesetzt sehen.

Abb. 10.3.2: Typische Zaungestaltung niedriger Höhe

10.3.1 Besondere Gesetze

Hammerschlags- und Leiterrecht

Errichter sollten wissen, dass es im Landesrecht aller Bundesländer das Nachbarrechtsgesetz (beispielhaft NachbG NRW) gibt. Darin sind Vorgaben enthalten, die mit der Ausführung von Barrieren, speziell Mauern/Zäune, im Zusammenhang stehen. So kann es vorkommen, dass die Errichtung eines Sicherheitszaunes nicht nur auf dem eigenen Grundstück erfolgen kann, sondern man darauf angewiesen ist, dass zur Errichtung des eigenen Sicherheitszaunes auch das Nachbargrundstück als fremdes Grundstück betreten werden muss. Das Hammerschlags- und Leiterrecht findet sich ebenfalls in allen Nachbargesetzen der Bundesländer, mit Ausnahme der Bundesländer Bayern, Bremen und Mecklenburg-Vorpommern.

NachbG NRW

V. Abschnitt Hammerschlags- und Leiterrecht

§ 24 NachbG NRW

„(1) Der Eigentümer und die Nutzungsberechtigten müssen dulden, daß ihr Grundstück einschließlich der baulichen Anlagen zum Zwecke von Bau- oder Instandsetzungsarbeiten auf dem Nachbargrundstück vorübergehend betreten und benutzt wird, wenn und soweit
1. die Arbeiten anders nicht zweckmäßig oder nur mit unverhältnismäßig hohen Kosten durchgeführt werden können,
2. die mit der Duldung verbundenen Nachteile oder Belästigungen nicht außer Verhältnis zu dem von dem Berechtigten erstrebten Vorteil stehen,
3. ausreichende Vorkehrungen zur Minderung der Nachteile und Belästigungen getroffen werden und

4. das Vorhaben öffentlich-rechtlichen Vorschriften nicht widerspricht.

(2) Das Recht ist so schonend wie möglich auszuüben. Es darf nicht zur Unzeit geltend gemacht werden.

(3) Für die Anzeige und die Verpflichtung zum Schadenersatz gelten die §§ 16, 17 entsprechend.

(4) Absatz 1 findet auf die Eigentümer öffentlicher Verkehrsflächen keine Anwendung."

Der Errichter darf also nicht ohne Weiteres das fremde Grundstück betreten. Der Kunde bzw. Auftraggeber ist in der Pflicht, mindestens einen Monat vor Beginn der Arbeiten (§ 16) bei den Grundstücksnachbarn die Erlaubnis, am besten schriftlich, einzuholen, unabhängig davon, dass dieses Recht nicht verwehrt werden darf (reiner Duldungsanspruch). Bevor dies nicht definitiv geklärt ist, sollte kein fremdes Grundstück betreten werden. Allerdings muss der Auftraggeber frühzeitig, mindestens einen Monat vor Aufnahme der Arbeiten, schriftlich (§ 16 NachbG NRW) darauf hingewiesen werden, dass und welche Arbeiten vom Nachbargrundstück aus erforderlich sind und wie lange die bauliche Maßnahme dauern wird. Auf Verlangen ist eine Sicherheitsleistung, beispielsweise durch Vorlage einer Bürgschaft oder Versicherungspolice, zu stellen (§ 16 NachbG NRW). Vorher dürfen die Arbeiten nicht aufgenommen werden.

Die zulässige Ausübung des Hammerschlags- und Leiterrechtes ist an vier Voraussetzungen gebunden:

1. Die beabsichtigten Arbeiten dürfen anders nicht zweckmäßig oder nur mit unverhältnismäßig hohen Kosten verbunden sein. Als unverhältnismäßig hoch sind die Kosten anzusehen, wenn sie bei Ausführung der Arbeiten unter Inanspruchnahme des Nachbargrundstückes deutlich niedriger sein würden. Die Differenz muss so erheblich sein, dass die andere Ausführungsart nicht mehr wirtschaftlich vertretbar ist.
2. Die mit der Duldung verbundenen Nachteile dürfen nicht außer Verhältnis zu dem vom Berechtigten erstrebten Vorteil stehen. Dabei kommt es nicht nur auf wirtschaftliche Vorteile an, sondern auch auf Beeinträchtigungen durch Geräusche, Staub usw. Eine Leiter darf über das fremde Grundstück getragen und an den Zaun angelehnt werden. Ein Fahrzeug darf aber nicht über das fremde Grundstück fahren, um die Leiter unmittelbar am Zaun abzuladen. Auch ist z. B. der Einsatz einer Leiter (wo möglich) dem Einsatz eines Hubsteigers vorzuziehen.
3. Ferner müssen ausreichend Vorkehrungen zur Minderung der Nachteile und Belästigungen getroffen werden, so beispielsweise eine Staubwand errichtet werden, wenn mit erheblichem Staub im Zuge der baulichen Maßnahme zu rechnen ist.
4. Das Vorhaben darf auch nicht öffentlich-rechtlichen Vorschriften widersprechen, also muss entweder baugenehmigungsfrei oder aber durch eine Baugenehmigung legalisiert sein.

Hinzu kommt, dass die Nutzung des fremden Grundstücks durch den Errichter nicht unnötig hinausgezogen werden sollte, denn nach § 25 NachbG NRW wird bei einer Nutzung über einen Monat hinaus eine Entschädigung in Höhe einer ortsüblichen Miete fällig. Das sind ebenfalls Kosten, die der Auftraggeber an den Errichter weitergeben kann, wenn dieser nicht zügig gearbeitet hat.

§ 25 Nutzungsentschädigung

„(1) Wer ein Grundstück länger als einen Monat gemäß § 24 benutzt, hat für die darüber hinausgehende Zeit der Benutzung eine Entschädigung in Höhe der ortsüblichen Miete für einen dem benutzten Grundstücksteil vergleichbaren Lagerplatz zu zahlen. Die Entschädigung ist nach Ablauf je eines Monats fällig."

Das Vorgenannte gilt nicht nur für den Einsatz von Leitern, sondern für alle Arbeiten, gleichgültig, ob mit Hilfsmitteln oder ohne. Je nach Grundstücksbeschaffenheit und eingesetztem Gerät sind im Vorfeld genaue Überlegungen anzustellen, wie die Geräte über das fremde Grundstück zu transportieren und anschließend an der Grundstücksgrenze aufzustellen sind (Gerüste, Hubsteiger usw.).

10.4 Sonstige Rechtsfälle

Datenschutz bei der Projektbearbeitung

Üblicherweise werden bei Planung und Ausführung sicherheitstechnischer Anlagen Objektdaten und Objektpläne zwischen den fachlich Beteiligten ausgetauscht und teilweise auch unkontrolliert durch Bauherren, Planer und Errichter an Dritte weitergegeben.

Hier stellt sich natürlich die Frage, ob und inwieweit eine Weitergabe an Dritte überhaupt zulässig und darüber hinaus auch erforderlich ist.

Baupläne eines Architekten genießen häufig – wenngleich nicht immer in ihrer Gesamtheit – Urheberschutz (§§ 1, 2 Urheberrechtsgesetz – UrhG). Dieses Urheberrecht erfasst in aller Regel auch die Bearbeitung und Umgestaltung, also Veränderung der Planunterlagen (§ 14 UrhG). Der planende Architekt wird deshalb ein gesteigertes Interesse daran haben, dass wesentliche personenbezogene Daten sich auf den Planunterlagen, Skizzen und sonstigen Unterlagen wiederfinden, damit das urheberrechtlich geschützte Werk ihm zuzuordnen ist.

Häufig finden sich aber in diesen Genehmigungs- und Ausführungsplänen auch relativ genaue Angaben zum Objekt sowie zu persönlichen Daten des Bauherrn oder genaue Angaben zum Unternehmen. Hierbei ist zu überprüfen, ob es sich um sogenannte „personenbezogene Daten" handelt (vgl. § 3 (1) BDSG).

Solange diese Daten über öffentlich zugängliche Einrichtungen für jedermann zugänglich sind, wie beispielsweise das im Handelsregister eingetragene Unternehmen mit namentlicher Benennung des Geschäftsführers, handelt es sich nicht um personenbezogene Daten im Sinne des Datenschutzgesetzes. Etwas anderes kann gelten, wenn beispielsweise in einem Attest aufgeführt ist, wer in einem Unternehmen für die Sicherheit oder die Betreuung der Sicherheitstechnik zuständig ist. Hier greift der Datenschutz, weil diese Informationen nicht allgemein zugänglich sind.

Im Ablauf einer (größeren) sicherheitstechnischen Maßnahme, z. B. in einem Industrieobjekt, gibt es mehrere Stufen, bei denen Objektunterlagen und -daten ausgetauscht und weitergegeben werden. Sicherlich besteht hierfür häufig eine Notwendigkeit, meist aber eben nicht. Die einzelnen im Folgenden genannten Stufen sind jeweils für sich zu betrachten und zu bewerten.

Der Kunde setzt für die anstehende Maßnahme einen Planer ein. Dieser kann ohne entsprechende Unterlagen seine Aufgaben nicht erfüllen. Daher sind Objektpläne sowie technische und personelle Daten für seine Arbeit notwendig. Der Kunde muss sie dem Planer zur Verfügung stellen. Der Planer ist jetzt verpflichtet, die ihm übergebenen Unterlagen und Daten über persönliche und sachliche Verhältnisse seines Kunden nach den vorgenannten gesetzlichen Grundlagen zu behandeln und entsprechend sicher zu verwahren.

Ist der Planer nicht oder in Teilbereichen nicht ausreichend qualifiziert, wird er sich i. d. R. eines Helfers bedienen. Handelt es sich bei dem Planer um einen Architekten, wird er möglicherweise einen Sonderfachmann für diesen Bereich hinzuziehen. Architekt und Planer können sich aber auch, was immer noch üblich ist, an Systemhersteller, Lieferanten oder dergleichen wenden und sich zuarbeiten lassen.

Diese Zusammenarbeit ist ohne entsprechende Unterlagen nicht immer möglich bzw. nicht sinnvoll. Demzufolge werden die Unterlagen, die der Kunde zunächst nur an den Planer übergeben hat, kopiert und weitergegeben, allerdings häufig, ohne dass der Kunde hiervon erfährt. Selbst wenn er darüber informiert wird, so gilt für den nachgeordneten (Teil-)Planer das gleiche in Bezug auf die Rechtsgrundlagen und vor allem den sicheren und geschützten Umgang.

Hersteller bzw. Distributoren wollen zudem Details von Projekten, um die eigenen Angebote, mit einem entsprechenden Projektrabatt versehen, später den entsprechenden Materialbestellungen zuordnen zu können. Die dafür oft zur Verfügung gestellten Unterlagen enthalten dann detaillierte Gebäudedaten des Objektes, was in den Bereich Urheberrecht fällt, und Eintragungen in den Plänen, die z. B. zeigen, welcher Mitarbeiter wo seinen Arbeitsplatz hat und ggf. welche Funktion er dabei ausübt, was personenbezogene Daten nach dem BDSG sind.

Nach der Planung werden geeignete Ausführungsfirmen zur Abgabe von Angeboten aufgefordert. Auch hierbei werden immer wieder detaillierte Pläne und u. U. auch Unternehmensdaten mit weitergegeben. Es sollte dem Kunden bekannt sein, wenn Ausschreibungen nicht nur in Form eines reinen Leistungsverzeichnisses verteilt werden.

Während das Unternehmen, das den Zuschlag erhält, mit den Unterlagen und Informationen aus der Ausschreibung nun den Auftrag ausführen soll, verbleiben i. d. R. die Ausschreibungsunterlagen bei den abgelehnten Bietern. Der Kunde hat dann keine Kontrolle mehr darüber, was mit diesen Daten geschieht.

Aber auch Bieter vereinfachen sich die Arbeit mit der Angebotsausarbeitung und geben ihre Unterlagen an Hersteller und Lieferanten von Systemen, um sich von diesen ein entsprechendes Angebot einzuholen. Dass hier ein Informationsfluss und Datenaustausch stattfindet, dürfte den Kunden in den seltensten Fällen bekannt sein.

Nach der Auftragserteilung erfolgt die nächste Stufe der Datenweitergabe. Immer dann, wenn der Auftragnehmer die Maßnahme nicht oder nicht vollständig selber ausführt, werden Nachunternehmer eingeschaltet, die ohne die notwendigen Daten und Unterlagen ihre Arbeiten nicht ausführen können, zu denen u. U. aber keine Rechtsbeziehung von Kundenseite her besteht.

Die bisherigen Ausführungen entsprechen den allgemeinen Abläufen für Maßnahmen im sicherheitstechnischen Bereich. Davon ausgenommen sind aber einzelne Maßnahmen, deren Abläufe besonders zu berücksichtigen sind, z. B. die Errichtung und der Betrieb einer Brandmeldeanlage nach DIN 14675. Im Extremfall sind an erster Stelle folgende Parteien vom Kunden mit Daten und Unterlagen zu versehen:

- Planer nach 6.1
- Planer nach 6.2
- Errichter
- Gutachter
- Unternehmen für die Abnahme
- Wartungs- und Servicefirma

Jedes dieser Unternehmen kann in einer weiteren Stufe mit Nachunternehmern, Lieferanten oder Herstellern zusammenarbeiten, ohne dass der Kunde seine Zustimmung zur Weitergabe von Daten und Unterlagen abgegeben hat oder dass eine Kontrollmöglichkeit für den Kunden über die sichere Verwahrung und den Verbleib dieser Daten besteht.

Neben den direkt an der Umsetzung der jeweiligen Maßnahme beteiligten Unternehmen gibt es noch eine Reihe von Institutionen, die indirekt beteiligt sind. Zu diesen zählen Baubehörden, Polizei, Feuerwehr, Versicherungen, Verbände usw. Hier ist nicht nur durch den Kunden zu prüfen, wer alles Daten und Unterlagen seines Unternehmens bzw. seines Objektes erhält, sondern ob diese überhaupt berechtigt sind, Daten und Unterlagen des Kunden einzufordern. Sensibilisierung ist hier geboten.

An erster Stelle ist die untere Baubehörde zu nennen, die in verschiedenen Bereichen sicherheitstechnischer Einrichtungen aufgrund der Baugesetzgebung und des Bauordnungsrechtes Anordnungen zur Ausführung treffen und deren Ausführung überwachen darf.

Hier treffen die gesetzlichen Voraussetzungen und die Notwendigkeit zur Weitergabe von Daten und Unterlagen zusammen. Es müsste lediglich allgemein geprüft werden, welche Schutzmaßnahmen bei den Baubehörden getroffen werden, damit die schützenswerten Daten und Unterlagen nicht unberechtigten Personen zugänglich sind.

Allgemein bekannte Institutionen sind Polizei und Feuerwehr. Die Polizei tritt in den Vordergrund, wenn es um besonders schützenswerte Objekte bzw. um zu schützende Personen geht. In diesen Fällen, aber auch bei Aufschaltungen sicherheitstechnischer Anlagen auf Leitstellen der Polizei, kann i. d. R. davon ausgegangen werden, dass die zur Ausübung ihrer hoheitlichen Aufgaben notwendigen Daten und Unterlagen in Abstimmung und mit dem Einverständnis des Kunden ausgetauscht und entsprechend sicher verwahrt werden.

Bei der Feuerwehr ist die Situation prinzipiell ähnlich, wenn es um die Aufschaltung sicherheitstechnischer Anlagen auf Leitstellen der Feuerwehren geht. Allerdings ist hier zu berücksichtigen, dass neben der Aufgabenbeschreibung im Feuerwehrgesetz der Länder die einzelnen Feuerwehren Technische Anschaltbedingungen aufstellen, die keinen Gesetzescharakter haben, nach denen aber Daten und Unterlagen zur Übergabe gefordert werden, die für die Erfüllung ihrer hoheitlichen Aufgaben irrelevant sind.

Hier ist vom Kunden bzw. dem von ihm beauftragten Planer/Errichter genau zu prüfen, für welche Daten und Unterlagen die jeweilige Feuerwehr ein berechtigtes Interesse und vor allem die rechtliche Grundlage besitzt. Und allgemein müsste geprüft werden, welche Schutzmaßnahmen dort getroffen werden, damit die schützenswerten Daten und Unterlagen nicht unberechtigten Personen zugänglich sind.

Für Versicherer besteht aus der mit dem Kunden bestehenden Vertragsbindung ein berechtigtes Interesse an Daten und Unterlagen im Zusammenhang mit Einrichtungen zur Reduzierung des Versicherungsrisikos. Der Austausch erfolgt i. d. R. in gegenseitigem Einvernehmen und direkt zwischen dem Nutzer (Versicherungsnehmer) und dem Versicherer. Welche Schutzmaßnahmen seitens des Versicherers für die übergebenen Daten und Unterlagen getroffen werden, ist dem Nutzer (Versicherungsnehmer) i. d. R. nicht bekannt und für Planer und Errichter nicht relevant.

Wie bei allen Berufsgruppen üblich, gibt es bei den Versicherern einen Verband zur Interessenvertretung für die eigenen Mitglieder. Dieser Verband besteht aus Eigeninteresse und nicht aufgrund gesetzlicher Bestimmungen. Innerhalb der Verbandsstruktur gibt es die VdS Schadenverhütung GmbH, die es ebenfalls nicht aufgrund gesetzlicher Bestimmungen gibt, sondern die ein Unternehmen mit eigenwirtschaftlichen Interessen ist. Auch von diesem Unternehmen werden im Zusammenhang mit sicherheitstechnischen Maßnahmen Daten und Unterlagen in nicht unerheblichem Umfang von den Nutzern und von den an den Maßnahmen beteiligten Unternehmen eingefordert.

Über den Schutz der übernommenen Daten und Unterlagen gibt es keine Information gegenüber den Nutzern und beteiligten Unternehmen. Im Gegenteil hält sich die VdS nach ihren eigenen Bedingungen für Errichteranerkennungen für berechtigt, jederzeit in den Räumen des anerkannten Errichters dessen Unterlagen einzusehen. Hier wird ohne Rechtsgrundlage der Einblick in vertrauliche Daten und Unterlagen des Nutzers gefordert, worüber der Nutzer keine Kontrolle hat.

In umgekehrter Richtung kann die VdS jederzeit durch die für sie zuständige Akkreditierungsstelle überprüft werden, wobei der Zugang zu den bereits ohne Rechtsgrundlage erhaltenen Daten einem weiteren Unternehmen gewährt wird, das noch weniger mit dem Nutzer gemein hat, von dem die Daten und Unterlagen ursprünglich stammen. Diese Form des unberechtigten Zugriffs auf Daten und Unterlagen besteht im Übrigen bei jedem Unternehmen, das sich hat zertifizieren lassen, also auch bei den ausführenden Errichtern und sonstigen Unternehmen.

Zusammenfassend sind mehrere Punkte festzuhalten:

- Der Kunde, egal ob Privatmann oder freier Unternehmer oder gar die öffentliche Hand, sollte sich bereits vor einer Auftragserteilung darüber im Klaren sein, dass er Daten und Unterlagen weitergeben muss, damit die gewünschte sicherheitstechnische Maßnahme durchgeführt werden kann.
- Mit den Unternehmen, mit denen er eine direkte vertragliche Bindung eingeht, ist schriftlich festzulegen, was mit diesen Daten und Unterlagen geschehen darf, an wen sie ggf. weitergegeben werden dürfen und wie sie zu verwahren bzw. zu sichern sind.
- Mit den Empfängern von Daten und Unterlagen sollte festgelegt werden, was geschieht, wenn sie vorsätzlich oder fahrlässig in falsche Hände geraten und dadurch ein Schaden entsteht.

- Bei Empfängern von Daten und Unterlagen, z. B. während einer Ausschreibung, ist festzulegen, was an Daten und Unterlagen wann zurückzugeben ist.
- Sicherheitssensible Daten und Unterlagen sollten möglichst persönlich oder auf einem sicheren Weg übergeben werden. Der einfache Dateiversand über das Internet ist dafür nicht geeignet.

Die Rückgabe nicht mehr benötigter Daten und Unterlagen kann ein geeignetes Mittel sein, deren Verbreitung einzugrenzen. Dabei ist allerdings zu berücksichtigen, dass bei vertraglichen Bindungen, z. B. zwischen dem Nutzer und dem Errichter, eine Gewährleistungsregelung besteht. Das bedeutet, dass selbst bei besonders sicherheitssensiblen Einrichtungen nicht pauschal nach Beendigung der Maßnahme die relevanten Daten und Unterlagen zurückgefordert werden können. Soll keine langfristige Bindung zwischen den beiden Parteien bestehen, so können die Daten und Unterlagen erst zurückgefordert werden, wenn keine gegenseitigen Ansprüche mehr gestellt werden können.

Die Umsetzung einer sicherheitstechnischen Maßnahme beruht hauptsächlich auf einer Vertrauensbasis. Trotzdem sind solche – für den schutzbedürftigen Nutzer ggf. überlebenswichtige – Transaktionen zu reglementieren und zu dokumentieren.

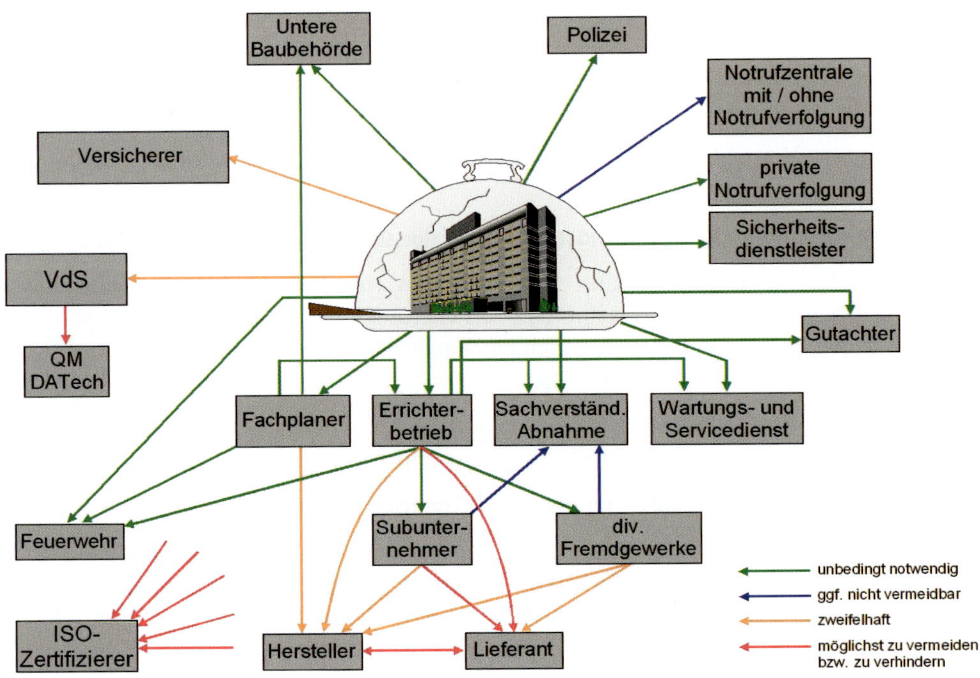

Abb. 10.4.1: Wege persönlicher Daten

10.5 Versicherungsschutz

In Abschnitt 9.1.1 unter „Risiko und Restrisiko" wurde als Ergebnis des Sicherungskonzeptes und hier speziell der Risikoanalyse aufgezeigt, was nach entsprechenden Sicherungsmaßnahmen an Restrisiken verbleibt, weil sie nicht oder nicht wirtschaftlich zu beseitigen sind. Diese Restrisiken trägt zunächst einmal der Nutzer, dessen Entscheidung den Umfang des Restrisikos definiert. Ein Teil dieser Risiken lässt sich durch einen entsprechenden Versicherungsschutz abdecken.

Dafür ist eine vertragliche Vereinbarung zwischen dem Nutzer und dem Versicherer maßgeblich, die den Planer/Errichter zunächst einmal nicht tangiert. Trotzdem entstehen auch für die letztgenannte Gruppe Risiken, u. a. bei der Planung, die sich versichern lassen. Andererseits kann dieser Versicherungsschutz durch falsches Verhalten von unbemerkt bis vorsätzlich verloren gehen.

Anhand der nachfolgenden Zusammenstellung, bei der freundlicherweise der Industrieversicherer HDI unterstützend mitgewirkt hat, werden ein paar besondere Situationen dargestellt. Dabei ist aber zu berücksichtigen, dass die Perimetersicherheit, anders als z. B. Einbruch- und Brandmeldetechnik, nicht schematisch zu sehen ist. Jedes Projekt und die dabei zum Tragen kommenden Maßnahmen sind versicherungsrechtlich immer neu zu bewerten.

Die folgenden Fragen enthalten Verweise auf jene Stellen im Buch, die den Ursprung der Fragen darstellen.

Fragen zur Planungshaftpflicht in der Perimetersicherung

Gibt es eine Versicherung, die die Perimetersicherung explizit berücksichtigt oder ist der Bereich mit Standardversicherungen abgedeckt? [Abschnitt 9.1]

Die Planung von Vorrichtungen zur Perimetersicherung ist über die normale Planungshaftpflicht-Versicherung abgedeckt.

Gibt es dabei besondere Versicherungsrichtlinien, die zu beachten sind? [Abschnitt 10.1]

Deckungskonzepte stoßen immer dann an ihre Grenzen, wenn pflichtwidrig gehandelt wird. In diesen Fällen bietet die Planungshaftpflicht-Versicherung keine Deckung. Das gilt sowohl bei Verstößen gegen Recht und Gesetz als auch bei vorsätzlichen Verstößen gegen gültige Richtlinien.

Im Schadenfall wird seitens des Versicherers geprüft, ob zum Beispiel DIN-Normen und rechtliche Regelungen wie Nachbarschaftsrecht oder Baurecht eingehalten wurden.

Werden z. B. Elektronikkomponenten der Perimetersicherung ggf. ausgeschlossen?

Der Versicherungsschutz umfasst über die Planungshaftpflicht ausschließlich die Planung, darunter auch solche, die die Verwendung von Elektronikkomponenten vorsieht. Die Anwendung der zur Sicherung verwendeten Elektronikkomponenten (z. B. Schließmechanismen, Überwachungsanlagen) selbst ist dagegen vom Deckungsschutz der Planungshaftpflicht nicht erfasst. Versichert ist auch die Verwendung von Bausoftware (BIM-Software) bei der Planung, durch die große Gebäude digital am Bildschirm erfassbar werden. Die Nutzung eines digitalen Aufmaßes ist ebenfalls versichert.

An ihre Grenzen stößt die Deckung außerdem beispielsweise dort, wo Software nicht nur für einen Einsatz z. B. zur Steuerung von Schließmechanismen eingeplant, sondern speziell für diesen Einsatz modifiziert wird. In diesem Fall würde der Planer als Programmierer tätig werden. Hier greift die sogenannte Berufsbildklausel. Das heißt, dass das versicherte Berufsbild nicht überschritten werden darf.

Wie sieht es mit der Absicherung gegen Blitzschäden bei Geräten im Freigelände aus? [Abschnitt 8.2]

Sollte bei der Planung einer Sicherungsanlage die Planung des Blitz- und Überspannungsschutzes vergessen oder nicht fachgerecht vorgenommen worden sein, ist dieser Fehler in der Regel wie alle anderen Planungsfehler über die Planungshaftpflicht-Versicherung gedeckt.

Welche Absicherung ist beim Planer/Errichter möglich, um einen Schaden durch Überwindung der fertiggestellten Perimetersicherung abzudecken? [Abschnitt 9.1]

In der Regel ist ein Schaden durch Überwindung von Sicherungsanlagen dann durch die Planungshaftpflicht-Versicherung gedeckt, wenn die Planungen für diese aus Fahrlässigkeit hinter den geschuldeten Maßnahmen zurückbleiben. Dazu gehört zum Beispiel auch eine fahrlässige Abweichung von einem für die Sicherung ggf. vorgeschriebenen gesetzlichen Soll.

Kommt es in Folge der Überwindung der Sicherungsanlagen zu Vermögensschäden, ist der Einzelfall zu prüfen. Zentral steht dann die Frage im Raum, ob der Folgeschaden automatisch auf die Überwindung der Sicherungsmaßnahme zurückzuführen ist. Hier muss die Ursache bzw. ggf. das Zusammenspiel verschiedener Schadenursachen ermittelt werden, um die Haftungsfrage zu klären.

Wie sieht es mit Schäden aus, die durch falsch funktionierende oder falsch bediente Systeme entstehen, z. B. zu früh herabgelassene Schranke, hochfahrende Poller, wenn ein Kfz darüber fährt usw.? [Kapitel 3]

Schäden, die durch falsch funktionierende Systeme entstehen, wobei die Ursache der Fehlfunktion in einer fehlerhaften Planung liegt, sind entsprechend den vereinbarten Bedingungen der Planungshaftpflicht-Versicherung gedeckt.

Bei falsch bedienten Systemen stünde zunächst die Frage im Raum, ob der Bedienungsfehler, der zu einem Schaden geführt hat, tatsächlich auf eine fehlerhafte Planung des Systems zurückzuführen ist. Grundsätzlich ist bei der Haftungsbeurteilung immer der Einzelfall zu betrachten. Bei der überwiegenden Zahl von Schäden, die durch falsche Bedienung entstehen, dürfte jedoch der Bediener bzw. das mit der Bedienung der Anlage befasste Unternehmen haftpflichtig sein.

Worunter fällt eine Schadensregulierung, wenn sich ein Täter z. B. beim Überwinden eines Zaunes am S-Draht verletzt? [Abschnitt 2.3.8]

Grundsätzlich dürfte ein Täter keinen Rechtsanspruch haben, verletzungsfrei den Zaun überklettern zu können. Wenn der Planer in deckungsrechtlicher Hinsicht Versicherungsschutz haben sollte, dürfte unter haftungsrechtlichen Gesichtspunkten die Anspruchsabwehr im Vordergrund stehen. Grundsätzlich muss jedoch immer der einzelne und konkrete Schadenfall bewertet werden.

Wo endet die Versicherbarkeit, wenn durch Planungsfehler Menschen oder Sachen zu Schaden kommen, z. B. durch S-Draht, Graben vor dem Zaun, Stromzaun usw.? [Abschnitt 2.1/ 4.7.1]

Ein Kriterium bei der Beurteilung, ob ein über die Planungshaftpflicht versicherter Schaden vorliegt oder nicht, ist, ob die Sicherungsmaßnahme sachgemäß und entsprechend geltender Richtlinien geplant wurde. Die Versicherbarkeit eines Planungsfehlers kann in der bewussten Nichteinhaltung vorgegebener DIN-Normen oder sonstiger Rechtsvorschriften oder in der vorsätzlichen Verwendung nicht zulässiger Sicherungsmaßnahmen enden.

Sobald ein Planer bewusst pflichtwidrig handelt, besteht kein Versicherungsschutz.

Welche Regelung gibt es bezüglich der Detailpläne über Sicherungsmaßnahmen, die grundsätzlich nur beim Nutzer, dem Planer und dem Errichter vorliegen sollten, aber oft noch weiter verteilt werden, z. B. Weitergabe an einen Hersteller zwecks Projektrabatt oder zur Angebotseinholung? [Abschnitt 9.5.4/10.2]

Bei Haftpflichtschäden, die durch die bewusste Weiterleitung von geheimen Daten oder Plänen entstehen, besteht, da es sich um Vorsatz handelt, in der Regel keine Deckung durch die Planungshaftpflicht-Versicherung.

Grundsätzlich muss jedoch immer der einzelne und konkrete Schadenfall bewertet werden.

Gibt es bei besonders zu schützenden Projekten Vorgaben seitens einer Versicherung, aus der explizit hervorgeht, welche vor allem mechanischen Sicherungsmaßnahmen einzusetzen sind? [Abschnitt 9.1]

Das kann bei einzelnen Objektsicherungen durchaus der Fall sein. Pauschal lässt sich diese Frage jedoch nicht beantworten, da es hier in hohem Maße auf den konkreten Einzelfall ankommt.

Frage zur Versicherung von Subunternehmerleistungen

Wie muss sich ein Errichter absichern, wenn er für die mechanischen Komponenten einen Sub beauftragt und dieser verdeckte Mängel hinterlässt oder sogar in die Insolvenz geht? [Abschnitt 9.1.6]

Hier ist nicht die Planungshaftpflicht-Versicherung gefordert, sondern die Betriebshaftpflicht-Versicherung des Errichters. Natürlich steht es ihm frei, Subunternehmer zu beauftragen. In diesem Fall gelten jedoch die gesetzlichen Haftungsregeln. Diese besagen, dass der Errichter haftet, wobei die Vertragserfüllung als solche nicht versichert ist. Dieser kann dann den Subunternehmer in Regress nehmen. Ist der Sub jedoch insolvent, kann es eng für den Erreichter werden, da er gegenüber seinem Auftraggeber haftet.

A Anhang

A.1 Schlussbemerkungen

Die Betrachtung allein eines Zaunes war gestern. Heute ist das Themengebiet Perimetersicherung so vielfältig geworden, dass in diesem Werk nur die notwendigen Grundlagen dargelegt und Denkanstöße für den weiteren Weg der Informationsbeschaffung gegeben werden können.

Wer auf diesem Gebiet, sei es dem Kerngebiet der Mechanik oder der Detektion, eine qualifizierte Fachkraft werden will, ist selber in der Pflicht, sein Wissen

- auf das gesamte Gebiet der Perimetersicherung auszudehnen,
- auf die dieses Gebiet berührende Nachbargewerke zu erweitern,
- über Detektionssysteme und deren detaillierte Funktionsweisen zu erweitern,
- über die Techniken und deren Funktionsweisen möglichst anhand praktischer Ausführungen zu erlangen,
- über die rechtlichen Bedingungen im Zusammenhang mit der Perimetersicherung ständig zu aktualisieren und zu erweitern,
- über die im Zusammenhang mit der Perimetersicherung anzuwendenden Regelwerke ständig zu aktualisieren und zu erweitern.

Ein ganz wichtiger Punkt dabei ist der, dass alles Lesen und Schrauben alleine noch nicht ausreicht. Zu einem Profi gehört eine jahrelange Erfahrung, die auch beinhaltet, über den Tellerrand hinauszuschauen und nicht nur auf der Stelle zu stehen, sondern immer mehrere Schritte vorauszudenken und nach dem Prinzip „was wäre, wenn ..." zu planen und diese Planung umzusetzen.

A.2 Abkürzungsverzeichnis

Nachfolgend eine Übersicht der verwendeten Abkürzungen.

Abkürzungen allgemeiner Begriffe

AG	Auftraggeber
AN	Auftragnehmer
AÜA	Alarmübertragungsanlage
BG	Berufsgenossenschaft
BHE	Bundesverband Sicherheitstechnik e. V.
BKA	Bundeskriminalamt
BSI	Bundesamt für Sicherheit in der Informationstechnik
Datech	Deutsche Akkreditierungsstelle Technik
DIBt	Deutsches Institut für Bautechnik
DIN	Deutsches Institut für Normung
DNA	Deutscher Normenausschuss e. V.
GdV	Gesamtverband der Deutschen Versicherungswirtschaft
GU	Generalunternehmer
GÜ	Generalübernehmer
GUVV	Gemeindeunfallversicherungsverband
HVBG	Hauptverband der VBG (siehe VBG)
KI	Kritische Infrastruktur (z. B. Kernkraftwerk)
LASI	Länderausschuss für Arbeitsschutz und Sicherheitstechnik
LKA	Landeskriminalamt
MA	Mitarbeiter
NU	Nachunternehmer/Subunternehmer
RAL	RAL-Institut, Deutsches Institut für Gütesicherung und Kennzeichnung e. V.
Sub	Sub- bzw. Nachunternehmer
TGA	Trägergemeinschaft für Akkreditierung GmbH
VBG	Verwaltungs-Berufsgenossenschaft gesetzliche Unfallversicherung
VDE	Verband der Elektrotechnik, Elektronik und Informationstechnik e. V.
VDI	Verband deutscher Ingenieure e. V.
VDMA	Verband Deutscher Maschinen- und Anlagenbau e. V.
VdS	VdS Schadenverhütung GmbH
ZVEI	Zentralverband Elektrotechnik- und Elektronikindustrie e. V.

Abkürzungen technischer Begriffe

AE	Alarmempfangseinrichtung
AES	Alarmempfangsstelle
AMS	Alarmmanagementsystem
AWAG	Automatisches Wähl- und Ansagegerät
AWUG	Automatisches Wähl- und Übertragungsgerät
bps	bit per second, Bits pro Sekunde
Byte	Zusammenfassung von 8 Bit
CCD	Charge Coupled Device, Lichtempfindlicher Halbleiter (Kamera)
DKS	Dachkantensicherung
DKZ	Dachkantenzaun
EMA	Einbruchmeldeanlage
EMZ	Einbruchmeldezentrale
FM	Facility Management
FRT	Flucht- und Rettungswegtechnik
GLT	Gebäudeleittechnik
GMA	Gefahrenmeldeanlage
GMS	Gefahrenmanagementsystem
HSZ	Hochsicherheitszaun
IR	Infrarot
IS	Integrierte Sicherheitslösung
IT	Informationstechnik
kBit	kiloBit, Zusammenfassung von 1.024 Bit
LAN	Local Area Network, leitungsgebundenes lokales Datennetz
LS	Lichtschranke
LWL	Lichtwellenleiter
MK	Magnetkontakt (MS)
MKS	Mauerkronensicherung
MP	Megapixel (-kamera)
MS	Magnetschalter (MK)
NSL	Notruf- und Serviceleitstelle

PSA	Persönliche Schutzausrüstung
PVA	Personenvereinzelungsanlage
RFID	Radio Frequency Identification
S/N	Schwenk-Neige-Kamera
SZ	Sicherheitszentrale
TCP/IP	Übertragungsprotokoll
TEL	Technische Einsatzleitung
TGA	Technische Gebäudeausrüstung
TK	Telekommunikationsanlage
TWG	Telefonwählgerät
uP	Unterputzverlegung
USV	Unterbrechungsfreie Stromversorgung
VMS	Videomanagementsystem
VS	Vertikale Sicherung
VÜA	Video-Überwachungsanlagen
VÜT	Video-Überwachungstechnik
WAN	Wide Area Network
WLAN	Wireless Local Area Network, drahtloses lokales Datennetz
WS	Wannensicherung
ZK	Zutrittskontrolle
ZKS	Zutrittskontrollsystem

Abkürzungen mit rechtlichem Hintergrund

aaRdT	Allgemein anerkannte Regeln der Technik
AGB	Allgemeine Geschäftsbedingungen
ArbSchG	Arbeitsschutzgesetz
ArbStättV	Arbeitsstättenverordnung
aRdT	Anerkannte Regeln der Technik
aSdT	Aktueller Stand der Technik
ASR	Arbeitsstättenrichtlinie
BDSG	Bundesdatenschutzgesetz
BGB	Bürgerliches Gesetzbuch

BGG	Berufsgenossenschaftliche Grundsätze
BGH	Bundesgerichtshof
BGI	Berufsgenossenschaftliche Informationen
BGR	Berufsgenossenschaftliche Regel
BGV	Berufsgenossenschaftliche Vorschriften
BVT	Beste verfügbare Technik
CEN	Comité Européen de Normalisation, Europäisches Komitee für Normung
DSG	Datenschutzgesetz der Länder
EN	Europäische Norm
ENV	Europäische Vornorm
ETB	Einheitliche Technische Baubestimmungen
GG	Grundgesetz
ISO	International Organization for Standardization, Internationaler Normungsausschuss
LBO	Landesbauordnungen
LV	LASI-Veröffentlichung
LV	Leistungsverzeichnis
MBO	Muster-Bauordnung
OWiG	Ordnungswidrigkeitengesetz
RdB	Regeln der Baukunst
RDG	Rechtsdienstleistungsgesetz
RdT	Regeln der Technik
SdT	Stand der Technik
SdW	Stand der Wissenschaft
SG	Sicherungsklasse (VdS)
StBM	Staatliches Baumanagement
StGB	Strafgesetzbuch
StPO	Strafprozessordnung
TR	Technische Regeln
TRBS	Technische Regeln für Betriebssicherheit
UVV	Unfallverhütungsvorschrift
VOB	Verdingungsordnung für Bauleistungen

ZPO	Zivilprozessordnung
ZTV	Zusätzliche technische Vertragsbedingungen (LV-Vortext)

Begriffe

cut-off tool	Justierkontrolle
Enviromental Alarm	Umweltmeldung
Equipment Alarm	Störmeldung
Nuisance Alarm	Falschalarm/Falschmeldung/Täuschungsalarm
Operational Alarm	Betriebsmeldung
road-blocker	Durchfahrtsperre
Speedgates	Schnelllauftore
Tamper Alarm	Sabotagealarm
Taut Wire	Drahtzugmelder/Spanndrahtmelder
True Alarm	echter Alarm/echte Meldung
Tyre Killer	Reifenkiller
Unknown Alarm	Fehlalarm/Fehlmeldung
Unwanted Alarm	Unerwünschter Alarm/unerwünschte Meldung

A.3 Gesetze und Vorschriften

Die nachfolgend aufgeführten Gesetze bzw. Verordnungen und sonstigen Regelwerke erheben keinen Anspruch auf Vollständigkeit. Aufgrund ständiger Änderungen im Gesetzesbereich können einzelne Angaben im Laufe der Zeit nicht mehr gültig sein. In Zweifelsfällen ist immer, z. B. im Internet, nachzusehen, ob es zwischenzeitliche Änderungen gegeben hat (siehe A.1). Die nachfolgend aufgeführten Gesetze bzw. Verordnungen und sonstigen Regelwerke haben einen direkten oder indirekten Einfluss auf Sicherheitsbelange und Sicherheitseinrichtungen im Bereich der Perimetersicherung.

Allgemeine Gesetze

GG	Grundgesetz
BGB	Bürgerliches Gesetzbuch
StGB	Strafgesetzbuch
StPO	Strafprozessordnung
BDSG	Bundesdatenschutzgesetz

LDSG NRW	Landesdatenschutzgesetz
NachbG NRW	Nachbarrechtsgesetz NRW
StrWG NRW	Straßen- und Wegegesetz NRW
StVO	Straßenverkehrsordnung
LBO NRW	Landesbauordnung
SBauVO NRW	Sonderbauverordnung NRW
VStättVO	Versammlungsstättenverordnung
HOAI	Honorarordnung für Architekten und Ingenieure
VOB	Verdingungsordnung für Bauleistungen
BImSchG	Bundes-Immissionsschutzgesetz
TA Lärm	Technische Anleitung Lärm
TKG	Telekommunikationsgesetz
ElektroG	Elektro- und Elektronikgerätegesetz
UrhG	Gesetz über Urheberrecht und verwandte Schutzrechte
KunstUrhG	Gesetz betreffend das Urheberrecht an Werken der bildenden Kunst und der Photographie
ISPS	International Ship and Port Facility Security Code

Normen

VDE 0675	Überspannungsschutz (DIN EN 61643-x)
VDE 0800I	Informationstechnik (DIN EN 61643-x)
VDE 0845	Überspannungsschutz (DIN EN 61663-x)
VDE 0833	Gefahrenmeldeanlagen
	und weitere DIN-Normen
DIN EN 18320	(identisch mit der VOB)
DIN EN 62305-x	Blitzschutz (VDE 0185)

Richtlinien

LAR NRW	Leitungsanlagen-Richtlinie NRW
DIBt-Richtlinien	Deutsches Institut für Bautechnik (diverse)
VdS 2311	Einbruchmeldeanlagen, Planung und Einbau
VdS 3143	Sicherungsleitfaden Perimeter

Handlungshilfen

BHE	Freigeländeüberwachung BHE-Planungsgrundlagen
BHE	Praxis-Ratgeber Sicherungstechnik

Arbeitssicherheitsrecht

ArbSchG – Gesetz über die Durchführung von Maßnahmen des Arbeitsschutzes zur Verbesserung der Sicherheit der Beschäftigten bei der Arbeit (Arbeitsschutzgesetz)

ArbStättV – Verordnung über Arbeitsstätten (Arbeitsstättenverordnung)

ASR – Technische Regeln für Arbeitsstätten

Die Arbeitsstättenrichtlinien gelten, obwohl derzeit als Richtlinie nicht mehr gültig, entsprechend der offiziellen Begründung zur Arbeitsstättenverordnung bis zu ihrer Überarbeitung als „Stand der Technik" weiter, und zwar solange die ASR nicht in neue Technische Regeln umformuliert worden sind. Da in der neuen ArbStättV nur noch allgemeine Schutzziele angegeben sind, können den ASR auch künftig Vorgaben bzw. präzisierte Angaben zur Erreichung dieser Schutzziele entnommen werden.

ASR A2.3	Fluchtwege und Notausgänge, Flucht- und Rettungsplan
ASR A1.7	Türen, Tore
ASR A1.8	Verkehrswege
ASR A3.4	Beleuchtung

BaustellV– Baustellenverordnung

Arbeitsplatzbezogene Verordnungen

- ASiG – Gesetz über Betriebsärzte, Sicherheitsingenieure und andere Fachkräfte für Arbeitssicherheit (Arbeitssicherheitsgesetz)
- BetrSichV – Verordnung über Sicherheit und Gesundheitsschutz bei der Bereitstellung von Arbeitsmitteln und deren Benutzung bei der Arbeit, über Sicherheit beim Betrieb überwachungsbedürftiger Anlagen und über die Organisation des betrieblichen Arbeitsschutzes
- BildscharbV – Verordnung über Sicherheit und Gesundheitsschutz bei der Arbeit an Bildschirmgeräten
- LV 14 – LASI Handlungsanleitung zur Beurteilung der Arbeitsbedingungen bei der Bildschirmarbeit
- LV 21 – LASI Spezifikation zur freiwilligen Einführung, Anwendung und Weiterentwicklung von Arbeitsschutzmanagementsystemen (AMS)
- LV 22 – LASI Arbeitsschutzmanagementsysteme – Handlungshilfe zur freiwilligen Anwendung von AMS für kleine und mittlere Unternehmen (KMU)
- LV 35 – LASI Leitlinien zur Betriebssicherheitsverordnung

- LV 37 – LASI Handlungsanleitung für den Umgang mit Arbeits- und Schutzgerüsten
- LV 40 – LASI Leitlinien zur Arbeitsstättenverordnung
- LV 46 – LASI Leitlinien zum Geräte- und Produktsicherheitsgesetz
- PSA-BV – Verordnung über Sicherheit und Gesundheitsschutz bei der Benutzung persönlicher Schutzausrüstungen bei der Arbeit vom 04.12.1996
- SGB VII – Sozialgesetzbuch, siebtes Buch vom 24.04.2006
- DGUV Vorschrift S1 – Unfallverhütungsvorschrift für Schulen
- DGUV Vorschrift S2 – Unfallverhütungsvorschrift für Kitas
- DGUV Vorschrift 38 – Unfallverhütungsvorschrift Bauarbeiten

A.4 Internetadressen

Rechtsinformationen

- Bundesministerium für Verkehr, Bau und Stadtentwicklung
  www.bmvbs.de/Service/-,1639/Gesetze-und-Verordnungen.htm
- Bundesministerium des Innern
  www.bmi.bund.de/cln_028/nn_122688/Internet/Navigation/DE/Gesetze/Gesetze.html__nnn=true
- Bundesministerium der Justiz
  www.gesetze-im-internet.de/
- Bundesministerium für Wirtschaft und Technologie
  www.bmwi.de/BMWi/Navigation/Service/gesetze.html
- Bundestagsdrucksachen
  http://dip.bundestag.de/parfors/parfors.htm
- Arbeits- und Umweltschutz
  http://sifa.iuk-nrw.de/auswahl.htm
- Allgemeines Recht und Umweltrecht
  www.umwelt-online.de/recht/index.htm
- Rechtsquellen in der freien Enzyklopädie Wikipedia
  http://de.wikipedia.org/wiki/Kategorie:Rechtsquelle_(Deutschland)
- AMEV – Arbeitskreis Maschinen- und Elektrotechnik staatlicher und kommunaler Verwaltungen
  www.amev-online.de/
- BHE – Bundesverband der Hersteller und Errichter
  www.bhe.de/
- DIBt – Deutsche Institut für Bautechnik
  www.dibt.de/

- DIN – Deutsches Institut für Normung e. V.
  www.din.de/
- FVLR – Fachverband Tageslicht und Rauchschutz e. V.
  www.fvlr.de/index.htm
- VDE – Verband der Elektrotechnik, Elektronik und Informationstechnik e. V.
  www.vde.de
- vfdb – Vereinigung zur Förderung des Deutschen Brandschutzes e. V.
  www.vfdb.de/
- HVBG – Hauptverband der Verwaltungs-Berufsgenossenschaft
  www.hvbg.de/d/pages/service/publik/bestell/index.html
- LASI – Länderausschuss für Arbeitsschutz und Sicherheitstechnik
  www.lasi.osha.de/de/gfx/publications/publications.php

Gerichtsurteile

Gerichtsurteile aus allen Bereichen

- www.finanztip.de
- www.urteilfinden.de
- www.jurawelt.com/gerichtsurteile
- www.juraforum.de/urteile/
- www.baurechtsurteile.de/
- www.ibr-online.de/IBRUrteile/index.php?zg=0
- www.rechtsindex.de/baurecht
- www.ra-pauli.de/beratung/baurecht/urteile/2016

Allgemeines

- Informationen zur Überprüfung von Sachverständigen
  www.brd.nrw.de/BezRegDdorf/autorenbereich/Dezernat_35/PDF/Qualitaetsmonitoring.pdf
- Download der TRBS
  www.bauordnungen.de/html/deutschland.de
- Download der TRBS
  www.baua.de/de/Themen-von-A-Z/Anlagen-und-betriebssicherheit/TRBS/TRBS.html
- Technische Baubestimmungen des DIBt
  www.dibt.de/de/aktuelles_technische_baubestimmungen.html
  - **Zuordnung der Erdbebenzonen und Untergrundklassen** (Februar 2015): Erdbebenzonen
  - **Zuordnung der Windzonen nach Verwaltungsgrenzen** (April 2015): Windzonen
  - **Zuordnung der Schneelastzonen nach Verwaltungsgrenzen** (Februar 2015): Schneelastzonen

A.5 Bildnachweis

Wir danken den verschiedenen Firmen, die uns mit Informationsmaterial und vor allem mit Bildmaterial unterstützt haben. Nachfolgend sind die verwendeten Bilder entsprechend ihrer Herkunft aufgelistet. Nicht aufgeführte Bilder und Grafiken stammen von den Autoren.

Fa. Berlemann Torbau GmbH

- Abbildung 3.2.6 3a Berlemann Tor Drehkreuz
- Abbildung 3.3.1 1 Berlemann FMO
- Abbildung 3.3.5 2 Berlemann Tor_Schranke
- Abbildung 4.4.1 8 Berlemann VibraTek 3G beschriftet
- Abbildung 4.4.2 5 Berlemann PeriNet Clip1
- Abbildung 4.5.3 4a Berlemann PeriNet_Punktsensor_Dreifachstabgitter
- Abbildung 4.5.4 10b Berlemann SW Alarmverlauf KS
- Abbildung 4.5.4 10b 10c Berlemann SW Alarmverlauf Neigung
- Abbildung 4.5.4 10d Berlemann SW DvAlarmverlauf Analog
- Abbildung 7.3.2 PeriNet
- Abbildung 7.3.4 PeriNet Manager

Fa. Esser by Honeywell

- Abbildung 9.2.2 MF018051_xxxxx_GEPE_SF3C
- Abbildung 9.2.2 MF018006_xxxxx_GEPE_SF3C

Fa. Haverkamp GmbH

- Abbildung 2.3.20 GlasGARD® (2)
- Abbildung 4.3.1 WaveGARD®
- Abbildung 5.5.2 StepGARD®

Fa. GPS Perimeter Systeme GmbH

- Abbildung 5.1.3 beforeafter
- Abbildung 5.1.3 HPIM0398
- Abbildung 5.2.1 07
- Abbildung 5.2.2 R0300036
- Abbildung 6.4.4 DSCF0002
- Abbildung 8.1.5 HPIM0026

Fa. LASE Industrielle Lasertechnik GmbH

- Abbildung 6.3.2 SYSTEM~2
- Abbildung 6.3.2 SYSTEM~3

Fa. SIPATEC GmbH & Co. KG

- Abbildung 4.5.1 Bild zu System_2
- Abbildung 4.5.2 Bild zu System_3

Fa. SL-Technology Ingenieurgesellschaft für Sicherheitstechnik mbH

- Abbildung 4.5.5 AT02_Alu2.png

Fa. Tescon security systems GmbH & Co. KG

- Abbildung 3.3.2 TESCON – Crashtest Toranlage
- Abbildung 3.3.3 TESCON – Toranlage (2)
- Abbildung 3.3.4 TESCON – Speedgate
- Abbildung 3.3.6 TESCON – Schranke
- Abbildung 3.4.4 TESCON – Sperrpoller (2)
- Abbildung 3.4.5 TESCON – Durchfahrtssperre
- Abbildung 3.4.6 TESCON – Fahrzeugbarrikade
- Abbildung 3.4.7 002
- Abbildung 3.4.8 Tyre-Killer mit Fundament 3D
- Abbildung 3.4.8 Tyre-Killer Zusammenbau 3D

Fa. TRACTO-TECHNIK GmbH & Co. KG

- Abbildung 8.1.2 Schema_Drill_Verkehrswegeunterquerung
- Abbildung 8.1.3 Schema_Erdrakete
- Abbildung 8.1.4 Rohreinzug

Fotodatenbank pixabay.com

- Abbildung 1.1.3 gradara-660490 Giuliamar
- Abbildung 1.3.8 quadcopter-619128 LubosHouska
- Abbildung 2.2.6 wall-582334 LubosHouska
- Abbildung 2.2.9 stones-207880 meineresterampe, stones-254122 geralt, stones-304151 markus53
- Abbildung 2.3.13 fence-266639 shangrilamayakarma
- Abbildung 2.3.16 fence-59597 hans

- Abbildung 2.3.21 natodraht-279700 bykst
- Abbildung 2.3.22 wiring-58541 Alexis
- Abbildung 6.3.1 warehouse-1026496 McLac2000
- Abbildung 8.2.1 lightning-351195 Witizia
- Abbildung 8.2.2 storm-605464 howerla
- Abbildung 8.2.3 high-voltage-line-94450 GREGOR
- Abbildung 10.2.1 factory-289160 sarangib
- Abbildung 10.2.2 stone-679669 bykst
- Abbildung 10.3.1 ecb-197239 khfalk
- Abbildung 10.3.2 factory-289160 antranias

Fotodatenbank pixelio.de

- Abbildung 1.1.1 536053_original_R_by_Anne Bermüller_pixelio.de
- Abbildung 1.1.2 537677_original_R_by_Bernd Deschauer_pixelio.de
- Abbildung 1.2.1 396936_original_R_K_by_Peter von Bechen_pixelio.de
- Abbildung 1.3.3 623473_original_R_B_by_Karl-Heinz Laube_pixelio.de
- Abbildung 2.1.1 457038_original_R_K_B_by_Kurt Michel_pixelio.de
- Abbildung 3.1.1 707237_original_R_by_Oliver Klas_pixelio.de
- Abbildung 3.2.1 545629_original_R_by_Hartmut910_pixelio.de
- Abbildung 3.2.5 457301_original_R_K_B_by_Jörg Siebauer_pixelio.de
- Abbildung 5.1.2 123564_original_R_K_B_by_Thomas Max Müller_pixelio.de
- Abbildung 5.1.2 320410_original_R_K_B_by_RainerSturm_pixelio.de

Stichwortverzeichnis

T

U

V

W

Y

Z

VDE
VERLAG
Technik. Wissen.
Weiterwissen.
KRAHECK | ZAHN | PIOCH
GRUNDLAGEN DER EINBRUCH-MELDETECHNIK
Mechanische und elektronische Sicherung von der Gebäudeaußenhaut bis zum gesicherten Objekt
NEU
Auf Technikwissen bauen:
Grundlagen der Sicherungsmöglichkeiten in Verbindung mit der Einbruchmeldetechnik!
Von der Planung über die Installation bis zur Dokumentation erfahren Sie in diesem Buch alles Notwendige, um in der Praxis kompetent die Einbruchmeldetechnik zu realisieren.
2016. ca. 288 Seiten
Erscheint im Oktober 2016
ca. 42,00 € (Buch/E-Book)
ca. 58,80 € (Kombi)
e-Book
Preisänderungen und Irrtümer vorbehalten. Das Kombiangebot bestehend aus Buch und E-Book ist ausschließlich auf www.vde-verlag.de erhältlich.
Bestellen Sie jetzt: (030) 34 80 01-222 oder www.vde-verlag.de/160342

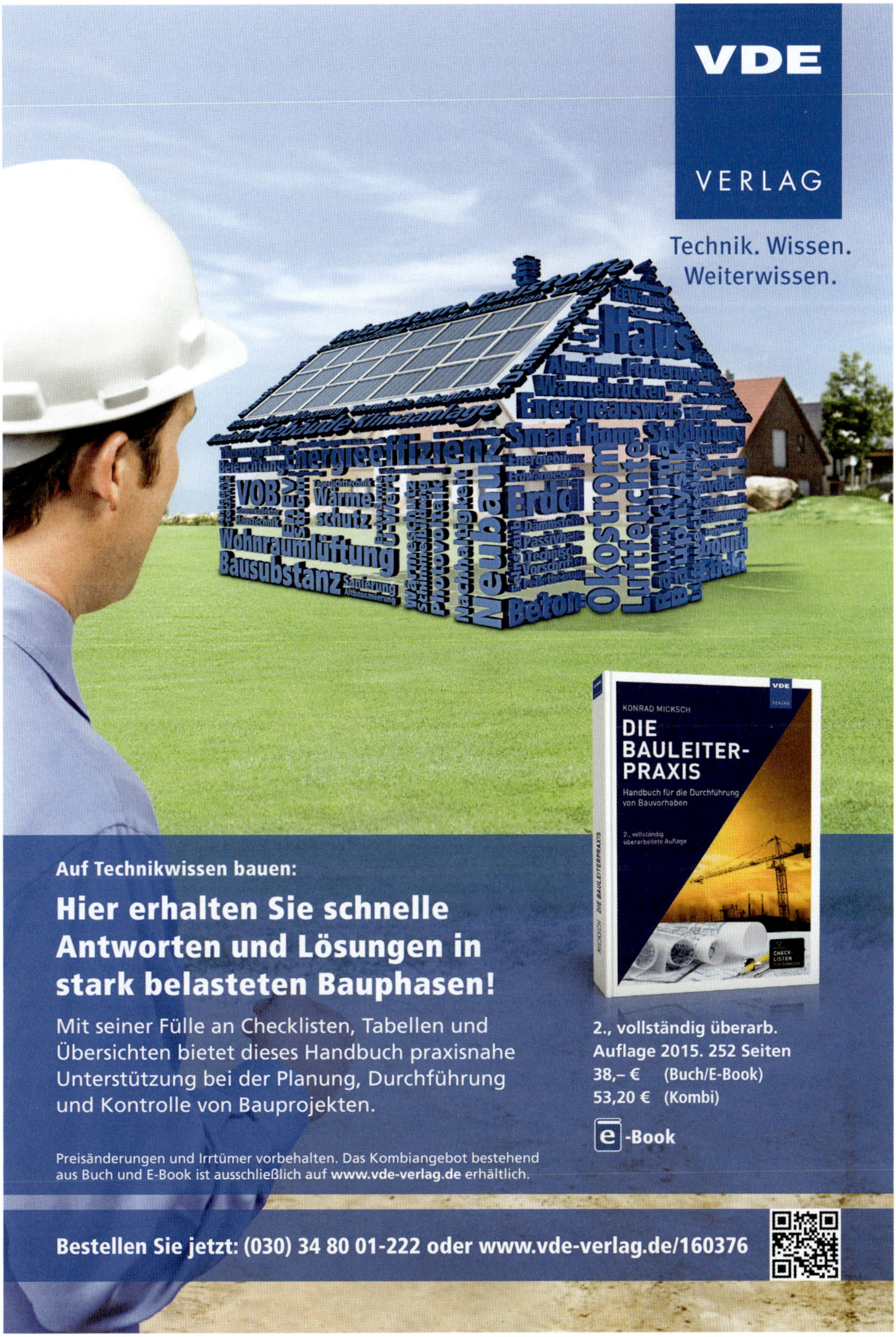
VDE
VERLAG
Technik. Wissen. Weiterwissen.
KONRAD MICKSCH
DIE BAULEITER-PRAXIS
Handbuch für die Durchführung von Bauvorhaben
2., vollständig überarbeitete Auflage
Auf Technikwissen bauen:
Hier erhalten Sie schnelle Antworten und Lösungen in stark belasteten Bauphasen!
Mit seiner Fülle an Checklisten, Tabellen und Übersichten bietet dieses Handbuch praxisnahe Unterstützung bei der Planung, Durchführung und Kontrolle von Bauprojekten.
2., vollständig überarb. Auflage 2015. 252 Seiten
38,– € (Buch/E-Book)
53,20 € (Kombi)
e-Book
Preisänderungen und Irrtümer vorbehalten. Das Kombiangebot bestehend aus Buch und E-Book ist ausschließlich auf www.vde-verlag.de erhältlich.
Bestellen Sie jetzt: (030) 34 80 01-222 oder www.vde-verlag.de/160376

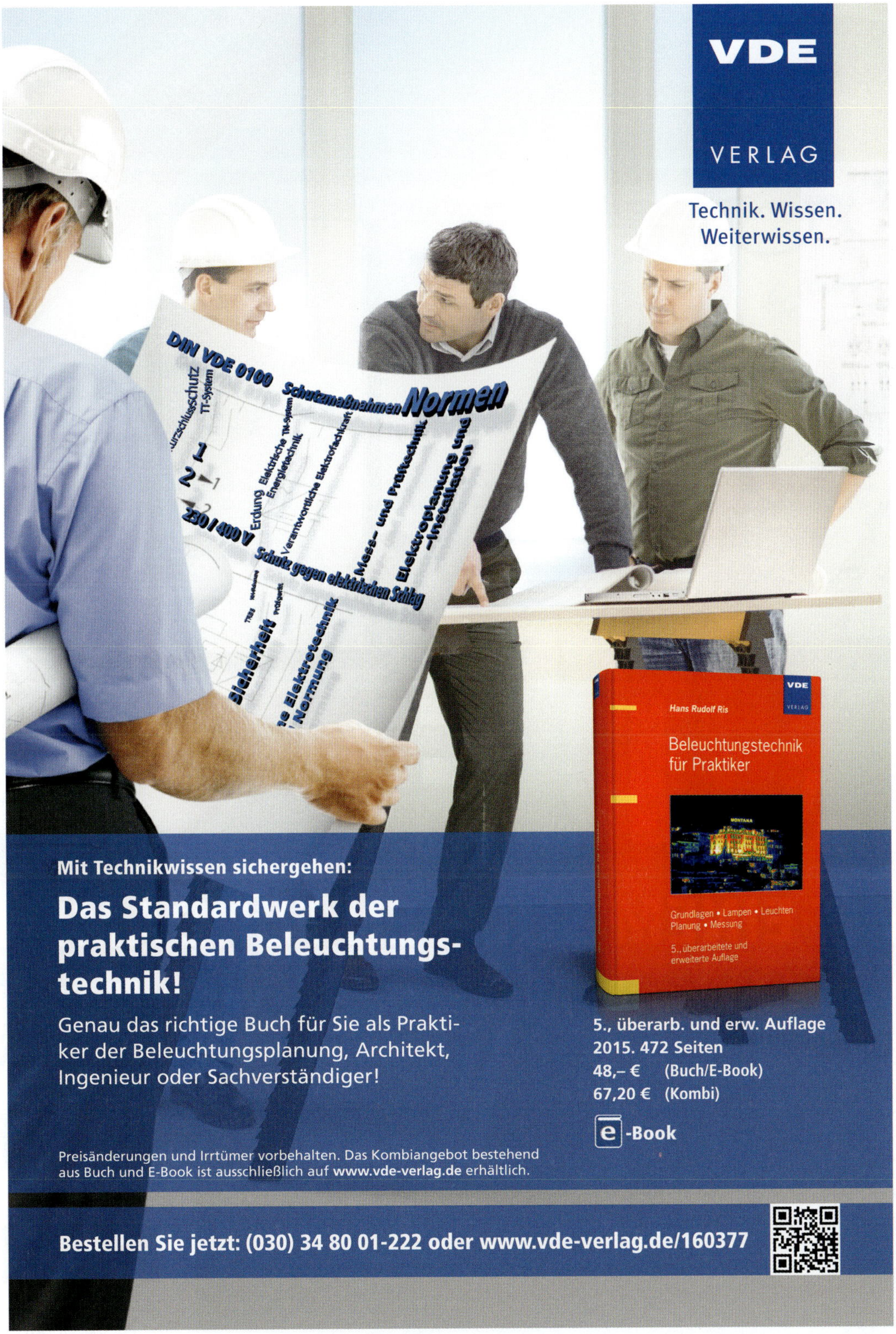
VDE
VERLAG
Technik. Wissen.
Weiterwissen.
DIN VDE 0100
Schutzmaßnahmen
Normen
Schutz gegen elektrischen Schlag
230 / 400 V
Hans Rudolf Ris
Beleuchtungstechnik für Praktiker
Grundlagen • Lampen • Leuchten
Planung • Messung
5., überarbeitete und erweiterte Auflage
Mit Technikwissen sichergehen:
Das Standardwerk der praktischen Beleuchtungstechnik!
Genau das richtige Buch für Sie als Praktiker der Beleuchtungsplanung, Architekt, Ingenieur oder Sachverständiger!
5., überarb. und erw. Auflage
2015. 472 Seiten
48,– € (Buch/E-Book)
67,20 € (Kombi)
e-Book
Preisänderungen und Irrtümer vorbehalten. Das Kombiangebot bestehend aus Buch und E-Book ist ausschließlich auf www.vde-verlag.de erhältlich.
Bestellen Sie jetzt: (030) 34 80 01-222 oder www.vde-verlag.de/160377